U0150099

"十四五"时期国家重点出版物出版专项规划项目

网络通信关键技术丛书

卫星互联网
——构建天地一体化网络新时代

申志伟　张　尼　王　翔

薛继东　朱肖曼　高松林　编　著

许凤凯　吴云峰　郭　烁

电子工业出版社

Publishing House of Electronics Industry

北京·BEIJING

内 容 简 介

本书首先介绍我国卫星互联网相关政策及其发展态势，分别从中央、部委、省（直辖市）政府层面解读政策/文件，分析卫星互联网产业所面临的发展机遇；然后对卫星互联网体系结构设计、通信协议选取和软件、硬件的技术要求提出规划，给出了卫星互联网技术体系的设计发展思路，为卫星互联网系统硬件、软件、协议、存储控制和拓扑设计形式提供了标准；接下来，从卫星互联网组网及安全防护关键技术出发，从天基、地基、边缘和安全四个方面对卫星互联网的相关技术进行了详细的介绍；最后，从卫星互联网产业链上、中、下游三个层面对产业模式和应用前景进行了深入剖析，探讨了卫星互联网本身存在的安全问题、衍生安全问题，提出了对卫星互联网产业发展的思考。

本书主要面向卫星通信、卫星网络组网、空间信息网络、卫星互联网等产业的从业者和分析师，也适合高等院校电子、通信专业的师生阅读和参考。

图书在版编目（CIP）数据

卫星互联网：构建天地一体化网络新时代 / 申志伟等编著. —北京：电子工业出版社，2021.10
（网络通信关键技术丛书）

ISBN 978-7-121-42040-5

Ⅰ. ①卫…　Ⅱ. ①申…　Ⅲ. ①卫星－互联网络－研究　Ⅳ. ①TN927

中国版本图书馆 CIP 数据核字（2021）第 188693 号

责任编辑：李树林　　　文字编辑：苏颖杰
印　　刷：北京天宇星印刷厂
装　　订：北京天宇星印刷厂
出版发行：电子工业出版社
　　　　　北京市海淀区万寿路 173 信箱　　邮编：100036
开　　本：720×1000　1/16　印张：21　字数：353 千字
版　　次：2021 年 10 月第 1 版
印　　次：2024 年 12 月第 10 次印刷
定　　价：128.00 元

序 ●

　　卫星通信由位于地球静止轨道卫星上的转发器控制，在地球上相距数千千米的地球站间架设通信信道。卫星并不直接连接用户，卫星通信仅起到信道中继作用，或者说只是嵌入地面网络中的一段空中链路。地球静止轨道卫星至少需要 3 颗才能覆盖全球，这 3 颗卫星可以各自覆盖一定区域，但要实现全球互通，则需要跨区域的卫星地球站通过地面光纤传输系统互联。从这个意义上说，卫星通信总是需要天地互联的。

　　低轨道卫星的出现使地面的车载终端、背负终端，甚至手持终端都能直接上星，但这些轨道上的卫星相对于地面是运动的，特定的某颗卫星不会总处于某个地面位置的上空，因此往往需要部署数量较多的卫星才能使特定地区的用户持续地获得服务。这些协作工作的卫星群称为"卫星星座"，其数量取决于轨道的高度。卫星间可以通过地球站和地面链路互联，也可以通过星间激光链路互联，或者通过中轨道卫星或静止轨道卫星桥接。多星互联实现了卫星组网。不过，低轨道卫星目前的工作频段是 Ka 和 Ku 频段，未来可能还会使用 V 频段与地面通信，因卫星通信与 Wi-Fi 信号及地面移动通信使用不同频段，所以低轨道卫星需要配备相应频段的专用地面终端才能接收信号。

　　地面互联网（即传统互联网）的快速发展与普及催生了卫星互联网的概念。现在往往将卫星链路能够连接到地面互联网的系统看作卫星互联网，这一认识相当于把卫星互联网的出现追溯到与地面互联网的诞生几乎同期。美国太空探索技术公司积极推进 SpaceX 项目，计划发射 4.2 万颗卫星并组成"星链"系统，据称其平均下载速度可达 80 Mbps，借助卫星可将互联网覆盖到全球，为当前地面网络尚未覆盖的区域的消费者、企业和政府提供高速宽带服务，可形成一个与地面互联网重叠的卫星互联网。目前，国内外都有一些类似卫星互联网的项目在规划或实施。卫星互联网中的每颗卫星都相当于一个移动通信基站，除有转发功能外，还可以有路由或交换功能。

　　近年来，"天空地一体化"或"天地一体化"卫星互联网成为热词，人们对 6G 设想的主要目标之一也是"天地一体化"，不过人们对卫星互联网一体化内涵的理解尚未取得共识。如果"一体化"要求卫星互联网采用现有地面互联网的协议，则在实现上将面临不少挑战，因为当卫星链路时延较高时，如果仍采用 TCP/IP，则效率将受影响，除非开发出一种既适合地面互联网，又能够对卫星互联网优化的通用协议；如果将卫星互联网与地面互联网集中运营管理看作一体化，虽实现难度并不大，但效果并不显著。关于天地一体化的目标与实现方式还需要认真研究。我国《国民经济和社会发展第十四个五年规划和 2035 年远景目标纲要》中明确提出"打造全球覆盖、高效运行的通信、导航、遥感空间基础设施体系"，可见全球覆盖和高效运行是天地一体化的基本要求之一。

本书虽然对天地一体化的卫星互联网未给出明确的定义，但将卫星互联网放在未来天地一体化网络新时代中研究其技术与应用，研究了卫星互联网与地面网络、4G/5G、云计算、人工智能、区块链、量子计算、无人机、边缘计算等的融合，详细介绍了卫星通信技术与组网技术。本书不仅研究技术，而且讨论了应用领域、行业政策、产业规划、产业模式等，内容涵盖网络研究、设计、开发、建设、运营、服务与业务开发等方面，对卫星互联网进行了较为全面的解读。中国的地面网络相对发达，但在海外可落地的网络是短板，中国卫星互联网的发展在政策与应用模式上都有自身的特点。希望本书的出版能引发更多读者对发展有中国特色的、自主可控的卫星互联网的思考，加大创新力度，推进卫星互联网更好地服务于国民经济、社会生活和国家安全。

中国工程院院士 邬贺铨

2021 年 4 月 22 日

前言

卫星互联网主要依托天基卫星星座网络和地基互联网络,不受地形和地域限制,极大地拓展了地面网络覆盖边界,可实现全球范围的互联网无缝连接,向终端用户直接提供宽带互联网服务,是继有线互联、无线互联之后的第三代互联网基础设施,是新一代通信基础设施发展的必然趋势,将直接影响国家网络发展与应用,直接影响国家战略安全。同时,由于卫星轨道和频谱资源有限,卫星互联网还关乎国家安全和空间主动权,具有重要的战略意义。

2020 年 4 月,卫星互联网成为了国家战略性工程,首次被国家发展和改革委员会(以下简称国家发改委)列入新型基础设施范围,是我国天地一体化信息系统建设的重要组成部分。卫星互联网将与新一代地面通信系统(5G)、人工智能、物联网、工业互联网等深度融合,形成天空地一体化网络体系。目前,国外已进入小卫星密集部署阶段,而中国卫星互联网还处于早期探索阶段,卫星批量化制造、星间组网、星座运营控制、网络协议和星间链路设计等问题还没有完全解决,与国外尚存在一定差距。

卫星互联网面向国家重大战略需求,是未来网络领域的重要发展方向。在国际卫星网络快速发展所带来的激烈竞争情形下,2021 年 4 月 28 日,中国卫星网络集团有限公司正式成立,这标志着我国要通过中央企业来建设、运营自己的卫星互联网,并以此来牵引整个产业链的整合和发展。本书从全面解读国家相关政策/文件入手,对卫星互联网进行了顶层规划设计,从天基、地基、边缘和安全四个方面深度剖析了卫星互联网所涉及的关键技术,随后给出了对卫星互联网产业发展的思考。

本书由申志伟统筹设计和组织编写,张尼负责总体指导,全书分为 4 篇,共 15 章。朱肖曼负责第 1 篇的编写,申志伟负责第 2 篇的编写,王翔负责第 3 篇的主体编写和统稿工作,薛继东负责第 3 篇的总体指导,许凤凯和吴云峰负责第 11 章的编写,高松林、郭烁负责第 4 篇的编写。

第 1 篇(第 1～4 章):卫星互联网政策/文件及发展态势解读,分别从中央、部委、省（直辖市）政府三个层面对政策/文件进行详细解读，阐述卫星互联网产业所面临的发展机遇及与创新技术的融合，总结卫星互联网发展现状。

第 2 篇（第 5～7 章）：卫星互联网顶层规划设计，从顶层设计的角度出发，对卫星互联网体系结构设计、通信协议选取和软件、硬件的技术要求提出规划，给出了卫星互联网技术体系的设计发展思路，为卫星互联网系统硬件、软件、协议、存储控制和拓扑设计形式提供参考标准。

第 3 篇（第 8～11 章）：卫星互联网关键技术架构剖析，从天基、地基、边缘和安全四个方面，对卫星互联网涉及的关键技术架构进行了详细阐述和方案设计。

第 4 篇（第 12～15 章）：卫星互联网产业发展思考，全面分析了卫星互联网上、中、下游产业链发展现状，深入剖析了卫星互联网产业模式和应用前景，最后提出了对卫星互联网产业发展的一些思考。

本书的编写得到了国务院政府特殊津贴获得者、载人航天测控通信系统专家祝转民博士的全程指导，在此表示由衷的感谢；参与科技部天地一体化信息网络重大项目的密码专家宋宁宁博士也给本书提出了非常宝贵的建议，在此致以最诚挚的谢意。另外，感谢电子工业出版社李树林编辑的大力支持和极其认真、细致的工作。

卫星互联网属于新兴领域且覆盖面非常广泛，所涉及的一些关键技术仍在研发攻关阶段，产业模式还有待进一步明晰，因此书中难免存在不当之处，敬请读者谅解，并给予宝贵意见。

编著者

2021 年 9 月

目录 ●

第1篇　导论篇

第 2 篇 规划篇

第 3 篇　技术篇

导 论 篇

第 1 章　卫星互联网与新型基础设施建设融合的政策/文件解析

新型基础设施建设（以下简称"新基建"）于 2019 年被列入国务院政府工作报告，由 2020 年 1 月召开的国务院常务会议、2 月召开的中共中央全面深化改革委员会会议、3 月召开的中共中央政治局常委会会议持续密集部署。从中央各种重要会议内容来看，新基建侧重 5G 网络、数据中心、人工智能、工业互联网、物联网等新一代信息技术。其中，卫星互联网首次被纳入新基建范围，与 5G、物联网、工业互联网一并列为通信网络基础设施。

本章主要围绕新基建与卫星互联网融合的新技术（如 5G、人工智能、区块链、大数据及量子计算等）进行相关政策/文件的分析和解读，同时介绍了融合新技术的发展沿革、建设意义、实践推进等。

1.1　新基建的沿革

随着政府、科研机构、企业等推动新一代信息技术进一步发展，与卫星互联网融合的 5G、人工智能、区块链、大数据、量子计算等新技术也取得了长足发展，按照其各自特点，与卫星互联网相融合的新基建的沿革可划分为酝酿期、发展期和应用期。

1. 酝酿期：提出概念或形成专业术语

1）卫星互联网

卫星互联网通过卫星为全球提供互联网接入服务。卫星互联网早在 20 世纪 90 年代就已经出现提供通信和网络服务的卫星星座，包括美国铱星（Iridium）、全球星（Globalstar）、轨道通信卫星（Orbcomm）等。多家公司曾试图建立一个天基网络，销售独立的卫星电话或上网终端，与地面电信运营商争夺用户[1]。

2）5G

2015 年 6 月，国际电信联盟明确了 5G 的名称、发展愿景和技术时间表等关键内容，并指出了 5G 的主要应用场景。

3）人工智能

1956 年夏，麦卡锡、明斯基等科学家开会研讨"用机器模拟人的智能"，首次提出"人工智能"概念，标志着人工智能学科的诞生。互联网网络技术的发展加速了人工智能的发展，促使人工智能走向实用化。典型的标志性事件为"深蓝"超级计算机战胜了国际象棋世界冠军加里·卡斯帕罗夫。

4）区块链

区块链概念起源于比特币。2008 年，中本聪发表《比特币：一种点对点的电子现金系统》[2]一文，详细阐述了基于 P2P（Peer to Peer）网络技术、加密技术、时间戳技术、区块链技术等电子现金系统的构架理念，这标志着比特币的诞生。两个月后，比特币理论存储实践。2009 年第一个序号为 0 的创世区块诞生，随后序号为 1 的区块诞生，序号为 1 的区块与序号为 0 的区块连接形成了链，标志着区块链的诞生[3]。2014 年，"区块链"作为关于去中心化数据库的术语引起关注。

5）大数据

《自然》杂志于 2008 年 9 月推出名为"大数据"的专刊。从 2009 年开始，"大数据"成为互联网行业的热门词汇。2011 年 6 月，麦肯锡公司率先发布关于大数据的报告，该报告对大数据的影响、关键技术和应用领域等进行了详尽的分析，并得到各行各业的高度重视。此后，大数据应用正式拉开序幕。

6）量子计算

量子计算概念最早由阿贡国家实验室提出，其核心理念为二能阶的量子系统可以用来仿真数字计算。费曼于 1981 年勾勒出以量子现象实现计算的愿景。直到 1985 年，牛津大学提出量子图灵机的概念，量子计算才开始具备数学的基本形式。

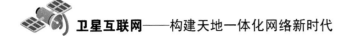

2．发展期：上升为国家战略，各国纷纷布局新一代技术高地

1）卫星互联网

卫星互联网以"铱星"星座系统为代表，主要作为地面通信手段的补充。目前，国内外多家企业提出了基于低轨道卫星的互联网星座计划，部分企业已进入密集部署状态。

2）5G

2019 年 6 月，工信部正式向中国电信、中国移动、中国联通和中国广电发放 5G 商用牌照。目前，我国 5G 中频段系统设备、终端芯片、智能手机等产业处于全球第一梯队，完全具备了 5G 商用部署的条件。

3）人工智能

2016 年 8 月，国务院发布《"十三五"国家科技创新规划》，明确了人工智能成为新一代信息技术发展的主要方向。2017 年 7 月，国务院颁布《新一代人工智能发展规划》，该计划包含了研发、工业化、人才发展、教育和职业培训、标准制定和法规、道德规范与安全等方面的战略。该规划的总体目标是到 2030 年，中国人工智能理论、技术与应用总体达到世界领先水平，成为世界主要人工智能创新中心。

4）区块链

2016 年，国务院印发《"十三五"国家信息化规划》，将区块链技术列为战略性前沿技术。2018 年，《工业互联网发展行动计划（2018—2020 年）》发布，鼓励区块链等前沿技术在工业互联网中的应用与探索研究。2019 年，区块链技术正式上升为国家战略层面。

5）大数据

2014 年，大数据首次被列入中央政府工作报告。2015 年，"十三五"规划提出"实施国家大数据战略"。2017 年，十九届中央政治局第二次集体学习时强调实施国家大数据战略，加快建设数字中国。

6）量子计算

1994 年，贝尔实验室的应用数学家首先提出利用量子计算可以在很短的时间内将整数分解成质因子的乘积[4]。自此，建造一部量子计算机来执行这些量子算法，便成为物理学家的首要任务。光子的偏振、腔量子电动力学、离子阱及核磁共振等多种量子系统都曾被作为量子计算机的基础架构。考虑系统的可扩展性和操控精度等因素，2017 年，离子阱与超导系统从众多基础架构中脱颖而出。

3．应用期：技术落地及新技术之间的融合

1）卫星互联网

卫星互联网旨在为全球用户提供干线数据传输和蜂窝数据回程业务，卫星网络将作为地面网络的补充，并将地面电信运营商作为其客户和合作伙伴。例如，O3b 中轨道卫星星座和已经成熟的高轨高通量卫星星座数据传输速率已经大大超过了"铱星"和"全球星"系统。虽然其系统容量无法与地面通信手段相比，但对于地面设施无法覆盖的地区，已经能够满足其基本的宽带需求。

2）5G

为推动全球 5G 应用，我国 IMT-2020（5G）推进组对 5G 的主要场景、技术需求和关键技术等进行了深入研究，并从中提炼出 5G 的概念和技术路线。

Release 15 中的第一阶段提出的 5G 规范是为了适应早期的商业部署；Release 16 中的第二阶段于 2020 年 4 月完成，作为 IMT-2020 技术的候选项提交给国际电信联盟。IMT-2020 规范要求的速度高达 20Gbps，支持宽信道带宽和大容量 MIMO 技术。

3）人工智能

人工智能覆盖了广泛的应用领域，人工智能产业正在全面发展。未来，中国将聚焦人工智能基础理论和关键技术，支持人工智能交叉学科的研究，重点关注人工智能在农业、金融、制造、交通、医疗、商务、教育、环境等领域的应用。

4）区块链

公有链、联盟链、私有链等多种区块链混合，可实现各个中心化网络之间的互通，即建立一个巨大的混合网络，信息与应用出现在不同的网络中，实现网络与人的互通，不同的人在不同的环节上有不同的权限。世界上的所有资源都将接入该网络，全部采用数据化方式确定权益[5]。

5）大数据

我国大数据产业发展迅速，涵盖航空航天、汽车制造、健康医疗、金融保险、现代物流等方向，向着有序多元的方向发展。大数据推动了云通信行业的发展，诸如阿里云、创蓝、任信了等平台都已布局大数据。在大数据环境下，用户行为记录、分析对企业十分重要，对企业业务拓展也具有战略性意义。

6）量子计算

量子计算技术发展预计分为近期、中期与远期三个阶段。近期的量子计算仅为技术研发初期的一种特有概念形式，距离真正的量子计算机仍有很大距离；中期将建立量子计算机系统，实现对复杂物理过程的高效量子模拟；后期，量子计算机将与经典计算机功能互补，通用量子计算机将对大数据、人工智能、密码破译等领域产生颠覆性影响。

1.2 新基建的政策/文件解析

自中央首次提出新基建以来，各级政府给予了高度重视。本节主要从中央层面、部委层面和省（直辖市）政府层面解析与卫星互联网融合的新技术相关的代表性政策/文件。

1.2.1 中央层面政策/文件解析

"十三五"期间，对新基建的重视不断被强化，相关政策路线图日趋清晰，国家持续密集部署新基建。作为数字经济的发展基石、转型升级的重要支撑，新基建已成为高质量发展的重要因素。在中央层面，表1-1列出了有代表性的、与卫星互联网融合的新技术相关的政策/文件。

表 1-1 截至 2020 年 5 月中央层面与卫星互联网融合的新技术相关的政策/文件

序号	发布时间	发布部门	政策/文件	内　　容
1	2015 年 5 月	国务院	关于加快高速宽带网络建设，推进网络提速降费的指导意见	到 2020 年，技术先进、应用繁荣、保障有力的大数据产业体系基本形成
2	2015 年 8 月	国务院	促进大数据发展行动纲要	培养高端智能、新兴繁荣的产业发展新生态

（续表）

序号	发布时间	发布部门	政策/文件	内　容
3	2015 年 7 月	国务院	国务院关于积极推进"互联网+"行动的指导意见	固定宽带网络、新一代移动通信网和下一代互联网加快发展，物联网、云计算等新型基础设施更加完善
4	2016 年 3 月	国务院	"十三五"国家科技创新规划	将智能制造和机器人列为"科技创新 2030 项目"重大工程之一
5	2016 年 5 月	国务院	国家创新驱动发展战略纲要	完善空间基础设施，推进卫星遥感、卫星通信、导航和位置服务等技术开发应用，完善卫星应用创新链和产业链
6	2016 年 11 月	国务院	"十三五"国家战略性新兴产业发展规划	加快构建以遥感、通信、导航卫星为核心的国家空间基础设施，加强跨领域资源共享与信息综合服务能力建设，积极推进空间信息全面应用，为资源环境动态监测预警、防灾减灾与应急指挥等提供及时准确的空间信息服务，加强面向全球提供综合信息服务能力建设，大力拓展国际市场
7	2017 年 1 月	国务院	关于促进移动互联网健康有序发展的意见	加快建设并优化布局内容分发网络、云计算及大数据平台等新型应用基础设施
8	2017 年 10 月	国务院	深化"互联网+先进制造业"发展工业互联网的指导意见	构建与我国经济社会发展相适应的工业互联网生态体系，并提出"三步走"目标
9	2017 年 12 月	国务院	关于推动国防科技工作军民融合深度发展的意见	推进网络空间领域建设，促进通信卫星等通信基础设施统筹建设，大力发展网络安全、电磁频谱资源管理等技术、产品和装备。推动天地一体化信息网络工程实施，优化军工电子信息类试验场布局和建设，在服务武器装备科研生产的同时，更好地服务国民经济发展
10	2018 年 12 月	—	中央经济工作会议精神	加快制造业技术改造和设备更新，加快 5G 商用步伐，加强人工智能、工业互联网、物联网等新基建，加大对城际交通、物流、市政基础设施等的投资力度

（续表）

序号	发布时间	发布部门	政策/文件	内　容
11	2019 年 9 月	国务院	交通强国建设纲要	推动大数据、互联网、人工智能、区块链、超级计算等新技术与交通行业深度融合；推进北斗卫星导航系统应用
12	2020 年 1 月	—	国务院第四次常务会议精神	大力发展先进制造业，出台信息网络等新型基础设施投资支持政策，推进智能、绿色制造
13	2020 年 2 月	—	中共中央全面深化改革委员会精神	基础设施是经济社会的重要支撑，要以整体优化、系统融合为导向，统筹存量和增量、传统和新基建的发展，打造集约高效、经济适应、智能绿色、安全可靠的现代化基础设施体系。要分类放宽服务业准入限制，构建监管体系，深化重点领域改革，健全风险防控机制，完善相关法律法规，提升供给质量和效率
14	2020 年 2 月	—	中共中央政治局会议精神	加大对试剂、药品、疫苗研发的支持力度，推动生物医药、医疗设备、5G 网络、工业互联网等加快发展
15	2020 年 5 月	—	2020 年国务院政府工作报告	重点支持"两新一重"（新型基础设施建设，新型城镇化建设，交通、水利等重大工程建设）建设[6]
16	2020 年 5 月	国务院	关于新时代推进西部大开发形成新格局的指导意见	从推动高质量发展、加大西部开发力度、加大美丽西部建设力度、深化重点领域改革等 7 个方面提出 36 条举措，涉及政策、基建、产业和规划等，对新时代推进西部大开发形成新格局做出部署

1.2.2　部委层面政策/文件解析

　　紧跟党中央和国务院会议及文件精神，各部委（包括财政部、国家发改委、科技部、工信部、中央网信办、国家能源局等）密集出台了一系列支持性政策/文件，为新基建发展提供了重要政策支撑。在部委层面，有代表性的、与卫星互联网融合的新技术相关的政策/文件见表 1-2。

表 1-2　截至 2020 年 5 月部委层面与卫星互联网融合的新技术相关的
政策/文件

序号	发布时间	发布部门/机关	政策/文件	内　容
1	2015 年 10 月	国家发改委 财政部 国防科工局	国家民用空间基础设施中长期发展规划（2015—2025 年）	巩固加强骨干卫星业务系统，优化卫星载荷配置与星座组网，合理布局地面系统站网与数据中心，坚持国家顶层规划和统筹管理，制定和完善卫星制造及其应用的国家标准、卫星数据共享、市场准入等政策法规，建立健全民用空间基础设施建设、运行、共享和产业发展机制
2	2016 年 5 月	国家发改委 科技部 工信部 国家网信办	"互联网+"人工智能三年行动实施方案	到 2018 年国内要形成千亿元级的人工智能市场应用规模
3	2016 年 12 月	工信部	信息通信行业发展规划（2016—2020 年）	信息通信业整体规模进一步壮大，综合发展水平大幅提升，"宽带中国"战略各项目标全面实现，基本建成高速、移动、安全、泛在的新一代信息基础设施，初步形成网络化、智能化、服务化、协同化的现代互联网产业体系，自主创新能力显著增强，新兴业态和融合应用蓬勃发展，提速降费取得实效，信息通信业支撑经济社会发展的能力全面提升，推动经济提质增效和社会进步的作用更为突出，为建设网络强国奠定坚实基础
4	2017 年 3 月	第十二届全国人民代表大会	2017年政府工作报告	"人工智能"首次被写入政府工作报告
5	2017 年 12 月	工信部	促进新一代人工智能产业发展三年行动计划（2018—2020 年）	以新一代人工智能技术的产业化和集成应用为重点，推进人工智能和实体经济深度融合
6	2018 年 6 月	工信部	工业互联网发展行动计划（2018—2020 年）	到 2020 年年底我国实现"初步建成工业互联网基础设施和产业体系"的发展目标，具体包括建成 5 个左右标识解析国家顶级节点，遴选 10 个左右跨行业领域平台，推动 30 万家以上工业企业上云，培育超过 30 万个工业 App 等内容

（续表）

序号	发布时间	发布部门/机关	政策/文件	内　　容
7	2018 年 11 月	工信部	关于工业通信业标准化工作服务于"一带一路"建设的实施意见	在北斗卫星导航领域，推动终端模块化、低功耗、高集成度芯片设计标准的制定与实施；深化中俄北斗/格洛纳斯双模车载卫星导航终端研发合作与澜湄流域北斗卫星定位导航服务系统建设及与民生领域的应用合作，推动北斗应用终端标准"走出去"
8	2018 年 12 月	国家发改委 工信部	关于组织实施 2019 年新一代信息基础设施建设工程的通知	重点面向中西部和东北地区，组织实施中小城市基础网络完善工程，以及省外单位开展相关区域内县城和乡镇驻地域域传输网、IP 域网节点设备的新建和扩容
9	2019 年 3 月	中央全面深化改革委员会	关于促进人工智能和实体经济深度融合的指导意见	构建数据驱动、人机协同、跨界融合、共创分享的智能经济形态
10	2019 年 5 月	工信部 国资委	关于开展深入推进宽带网络提速降费、支持经济高质量发展 2019 专项行动的通知	重点任务之一是继续推动 5G 技术研发和产业化。在 5G 网络建设方面，指导各地做好 5G 基站站址规划等工作，进一步优化 5G 发展环境。继续推动 5G 技术研发和产业化，促进系统、芯片、终端等产业链进一步成熟
11	2019 年 5 月	国防科工局 中央军委装备发展部	关于促进商业运载火箭规划有序发展的通知	引导商业航天有序发展，促进商业运载火箭技术创新；国家有关单位将建立促进和支持商业运载火箭创新发展协同机制，完善商业航天和安全监管政策法律环境，培育一批服务咨询机构，加快航天科技成果转化，促进商业航天健康有序发展
12	2019 年 6 月	工信部	关于规范对地静止轨道卫星固定业务 Ka 频段设置使用动中通地球站相关事宜的通知	设置、使用 Ka 频段动中通地球站，不得对同频段其他依法设置、使用的无线电台（站）产生有害干扰，同时应采取必要措施提高自身的抗干扰性能力，避免受到来自其他合法无线电台（站）的干扰，也不得提出免受其他合法无线电台（站）干扰的保护要求

（续表）

序号	发布时间	发布部门/机关	政策/文件	内　容
13	2019 年 8 月	工信部 国家广电总局	关于进一步加强广播电视卫星地球站干扰保护工作的通知	明确各单位在广播电视卫星地球站保护工作中的职责，要求各相关单位进一步提高政治站位，充分认识做好广播电视卫星地球站干扰保护工作的重要性，建立省级 5G 基站与广播电视卫星地球站统一协调机制，明确统一协调具体工作流程和应急处置机制，加速推进广播电视卫星地球站，特别是涉及安全播出的重要卫星地球站的技术改造和干扰保护工作
14	2019 年 11 月	国家发改委	产业结构调整指导目录	直接提及人工智能的条目共计 18 条，全部为鼓励性政策
15	2019 年 12 月	交通运输部	交通运输部"加快交通强国建设"专题发布会精神	推进基于 5G、物联网等技术的指挥交通信息基础设施示范建设
16	2019 年 12 月	国家发改委等七部门	关于促进"互联网+社会服务"发展的意见	加快布局新型数字基础设施，加快构建支持大数据应用和云端海量信息处理的云计算基础设施，支持政府和企业建设人工智能基础服务平台

1.2.3　省（直辖市）政府层面政策/文件解析

自 2020 年提出"加快新基建"以来，全国 20 多个省（直辖市）政府先后发布重点项目投资计划，科技企业也纷纷投入新基建浪潮中，使我国新基建进入加速推进阶段。省（直辖市）政府与卫星互联网融合的新技术相关的政策/文件见表 1-3。

表 1-3　截至 2020 年 5 月省（直辖市）政府层面与卫星互联网融合的新技术相关政策/文件

发布地区	发布时间	政策/文件	内　容
重庆市	2020 年 1 月	2019 年重庆市政府工作报告	完善人工智能、智慧广电等新型基础设施，打造"千兆城市"
山东省	2020 年 1 月	2019 年山东省政府工作报告	在新一代人工智能、云计算、大数据、智能机器人等领域，实施好 100 项左右重大科技创新工程项目
	2020 年 3 月	关于山东省数字基础设施建设的指导意见	加速发展融合 5G、全光网、卫星通信和量子通信等新一代信息通信网络设施，进一步提高网络容量、通信治理和传输速率；加快数据中心高水平建设，推动云计算、边缘计算、高性能计算协同发展，提升人工智能、区块链等应用场景支撑能力，全力打造"中国算谷"；积极部署低时延、高可靠、广覆盖、强感知的物联网与工业互联网基础设施，完善泛在互联、标识统一、动态控制、实时协同的智能感知体系

（续表）

发布地区	发布时间	政策/文件	内　　容
江苏省	2020 年 1 月	2019 年江苏省政府工作报告	加强人工智能、大数据、区块链领域等技术创新
浙江省	2020 年 1 月	2019 年浙江省政府工作报告	超前布局量子信息、类脑芯片、第三代半导体、下一代人工智能等未来产业
	2020 年 2 月	杭州市 5G 通信设施布局规划（2020—2022 年）	杭州共设置 5G 综合接入局 1 087 座，新建基站集群 12 600 余处，至 2022 年实现全市中心镇以上城区 5G 全覆盖
海南省	2020 年 1 月	2019 年海南省政府工作报告	运用大数据、云计算、人工智能、区块链等技术手段提升政府效能
湖南省	2020 年 1 月	2019 年湖南省政府工作报告	力争在人工智能、区块链、5G 与大数据等领域培养形成一批新的增长点
北京市	2017 年 12 月	北京市加快科技创新培育人工智能产业的指导意见	到 2020 年，新一代人工智能总体技术和应用达到世界先进水平，部分关键技术达到世界领先水平，形成若干重大原创基础理论和前沿技术标志性成果；培育一批具有国际影响力的人工智能领军人才和创新团队，以及一批特色创新型企业；创新生态体系基本建成，初步成为具有全球影响力的人工智能创新中心
	2020 年 1 月	2019 年北京市政府工作报告	加大对交通、新型基础设施、基本公共服务等领域的投资
河北省	2020 年 1 月	信息通信工作会议精神	力争到 2020 年年底建设 5G 基站 1 万个，实现省内全部地级市覆盖 5G 网络
吉林省	2020 年 1 月	2019 年吉林省政府工作报告	抢抓 5G 规模商用契机，加快布局 5G 网络通信基础设施
甘肃省	2020 年 2 月	2019 年甘肃省政府工作报告	加强 5G 网络基础设施建设，基本实现地级市城区 5G 基站全覆盖
广西壮族自治区	2020 年 1 月	2019 年广西壮族自治区政府工作报告	完成下一代互联网基础设施 IPv6 改造，全面开启 5G 网络建设
湖北省	2020 年 1 月	2019 年湖北省政府工作报告	实施城市供电能力提升工程，超前布局新基建，改造提升机遇互联网的教育、医疗等网络硬件平台，加快 5G、工业互联网、冷链物流等新型基础设施建设
广东省	2020 年 1 月	2019 年广东省政府工作报告	加快完善全省云网基础设施，促进数据共享共用、业务系统互联互通
	2020 年 3 月	广东省 2020 年重点建设项目计划	基础设施聚焦以城际轨道、5G 为代表的新基建

（续表）

发布地区	发布时间	政策/文件	内　　容
上海市	2016 年 2 月	上海市推进"互联网＋"行动实施意见	深化宽带城市、无线城市、通信枢纽建设，实施下一代互联网（IPv6）升级、软件定义网络、网络功能虚拟化接入，为"互联网＋"提供高速可靠的基础网络支撑
贵州省	2020 年 1 月	2019 年贵州省政府工作报告	大力推进新型基础设施建设，加快建设"万兆园区、千兆城区、百兆农村"光纤

1.3　新基建的分类

2020 年 4 月 20 日，国家发改委明确了新型基础设施的概念和范围。新型基础设施是以新发展理念为引领，以技术创新为驱动，以信息网络为基础，面向高质量发展需要，提供数字转型、智能升级、融合创新等服务的基础设施体系[7]。根据以上定义，新基建的分类主要涉及信息基础设施、融合基础设施和创新基础设施三个方面，其分类标准如图 1-1 所示。

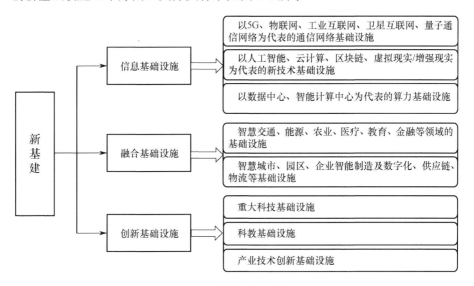

图 1-1　新基建的分类标准

1.3.1　信息基础设施

信息基础设施主要是指由新一代信息技术衍生而来的基础设施，如以 5G、物联网、工业互联网、卫星互联网为代表的通信网络基础设施，以人工智能、

云计算、区块链等为代表的新技术基础设施，以数据中心、智能计算中心为代表的算力基础设施等。

1.3.2　融合基础设施

融合基础设施主要是指应用工业互联网、大数据、人工智能等新技术，由传统基础设施转型升级，即新旧融合的基础设施，如智能交通基础设施、智慧能源基础设施等。

1.3.3　创新基础设施

创新基础设施主要是指支撑基础科学研究、技术开发、产品研制的具有公益属性的基础设施，如重大科技、科教、产业技术创新基础设施等。

1.4　新基建的意义

基础设施建设是国家经济发展、社会稳定的重要支撑，基础设施状况直接反映国家经济实力和发展水平，优先保障基础设施建设是我国取得巨大发展成就的重要经验。改革开放以来，我国基础设施建设突飞猛进，部分领域的基础设施处于世界领先水平，有力支撑了我国经济社会的持续稳定发展。

2018 年 12 月，中央经济工作会议把人工智能、工业互联网、物联网等作为"新基建"的重要内容，给予基础设施新的内涵。2020 年 3 月，中共中央政治局常委会召开会议，强调"加快 5G 网络、数据中心等新型基础设施建设进度"助力新冠肺炎疫情防控和推进经济社会运行[8]。

因此，加快推进新型基础设施建设，不仅能够促进短期经济增长、提振社会信心，而且能够推动经济转型升级、促进产业高质量发展。

在科技革命推动下，人类社会由工业社会进入数字社会，对新型基础设施的需求迅猛增长。新型基础设施既包括服务数字经济与数字社会的新型数字基础设施，如 5G 网络和物联网等；也包括为适应数字经济发展而进行数字化、智能化改造的传统基础设施，如智能电网、智能交通等。新型基础设施可分为硬件和软件两个层面，硬件包括服务器和密钥存储设备等，软件包括底层开发平台、开发者工具等。

1．加快新基建，是实现我国经济由大向强转变的加速器

我国处在数字经济的起步阶段，新型基础设施是数字经济发展的短板。一方面，与新型基础设施相关的硬件制造能力、产品质量与实际需求仍有差距；另一方面，体现科技创新的软件设计能力也与实际需求存在差距。

目前，新型基础设施存在配置不到位、数据缺乏、缺少自主可控的数据互联共享平台的问题，因此我国数字信息技术与实体经济融合不够深入，数字经济发展规模受到制约。要抓住科技革命的历史机遇，形成竞争新优势，推动数字经济发展，推动新旧动能转换，促进经济转型升级，就必须加快新型基础设施建设。

与传统基础设施相比，新型基础设施面向数字经济发展新需要，支持数据收集、存储、加工与运用。新基建初期投入巨大，产出效益高、产业带动性强，对我国经济发展具有长远的积极影响。此外，我国是人口大国、制造大国和互联网大国，新型基础设施具有丰富的应用场景和广阔的市场空间，具有其他国家无可比拟的数字经济发展的市场规模条件。

2．加快新基建，是培育经济发展新动能的重要举措

信息技术的快速发展和深度应用，推动面向个人用户的互联网科技服务逐步向制造业渗透，构建以工业物联为基础、以大数据为要素的工业互联网，推动形成新的工业生产制造和服务体系。

随着数字技术的发展，人类活动的数据规模呈爆炸式增长，生产数据经过大数据技术处理、分析和转换后接入实际生产过程，数据将成为影响经济发展的新要素。在现实经济活动中，数据收集、存储、计算、分析、开发利用及智能化的能力决定数据能否真正成为生产要素。数据要素不能独立存在，而存在于与实体经济运行相关的各种数字化基础设施之中。云计算、人工智能、大数据、物联网、区块链技术共同组成数字经济基础，为数字经济发展提供技术保障和实现手段，营造数字产业的生态环境[9]。

在数字经济中，产品的生产、运输、销售和服务各个环节都离不开新型基础设施的支持，新型基础设施的数量、质量等将决定数字经济发展的速度和高度。构建以数字为基础、网络通信为支撑的服务平台，为经济转型发展注入新的生产要素，是我国推进新基建的重要目标。

3．加快新基建，是实现高质量发展的重要引擎

传统基础设施建设的投入多以自然资源为主，往往只关联某些部门和行业，如与铁路、公路等基础设施建设直接相关的主要是交通运输部门。新基建的投入则以信息技术为主，兼有公共服务产品和新兴产业的特性，是一种新型的业务形态。

新型基础设施作为公共产品，汇集数字收集、存储、分析、运用的相关产业并接入网络，使消费者、生产者信息实现实时共享、对接，整合物流、支付、信用管理等配套服务，实现信息共享互通，打破信息壁垒，打破沟通和协作的时空约束，减少中间环节，降低交易成本、提高交易效率，推动平台经济、共享经济等新经济模式快速发展。

新型基础设施的普及将带来全球数据量的爆炸式增长，为数据分析处理及其运用创造条件。因此，新型基础设施涉及的产业越多、集聚的数字资源越多，其产业带动效应就越大。产业带动效应和用户效率提升的示范效应，会进一步吸引用户的使用和参与，最终带动国家经济体系数字化和智能化水平全面提升，引发生产力和生产方式的重大变革。

4．加快新基建，可为新产业、新业态发展提供驱动力

新型基础设施将支撑新业态成长。目前，我国总体上已进入后工业化阶段，服务业成本提高导致的生产率降低和结构性减速的现象已经开始显现。在这一关键阶段，数字经济将为"再工业化"技术发展指明方向[10]。

数字经济沿着产业数字化和数字产业化两条路径引领产业变革，促进制造业和服务业融合发展，不断催生互联网、人工智能、智能制造、智慧城市、智能交通等新产业。通过数字化和智能化方式，迅速发现客户的潜在需求，为客户创造新需求，并在一定程度上解决企业生产经营中的信息不互通、不充分、不对称的问题。新基建既有利于突破产业结构服务化造成的发展减速的问题，又可为经济增长注入新动力、开辟新空间，并为新产业、新业态发展提供驱动力。

1.5　新基建的实践推进

目前，与卫星互联网融合的新一代信息技术在一定程度上取得了突飞猛进

的发展，但与卫星互联网的融合仍处于初步融合或概念阶段。新一代信息技术的不断发展，各种新技术应用场景、应用范围的扩大，应用能力的不断提升，必然会加快卫星互联网与各种新技术融合发展速度，促进社会进步与产业升级。新基建下的新技术建设及应用情况如下所述。

1．卫星互联网

在静止轨道卫星互联网通信技术方面，国外进展比较迅速。在非静止轨道卫星互联网通信技术方面，OneWeb 公司已经完成全球部署；SpaceX 公司计划打造全球卫星互联网；Outernet 公司计划发射上百颗卫星以提供单向广播服务；O3b 公司则已运营多颗中低轨道卫星，为尚未接入互联网的欠发达地区提供互联网接入服务。2020 年 6 月，北京联通与银河航天进行的 5G 与卫星互联网融合测试成功，国内首次完成低轨道卫星互联网链路测试验证。

2．5G

为了加快 5G 建设进度，2020 年 3 月，中国电信宣布与中国联通在 2020 年三季度完成全国 25 万座 5G 基站共建工作；中国铁塔也表示 2020 年全年计划部署 5G 基站 50 万座。此外，中国移动已全面完成 5G 一期工程建设，在 50 个城市实现 5G 商用；2020 年 3 月，中国移动正式启动了 2020 年 5G 二期无线网主设备集中采购。截至 2021 年 6 月，我国 5G 基站超过 70 万座，全国所有地级以上城市均可提供 5G 商用服务。

3．人工智能

按照人工智能产业发展态势，布局全国人工智能产业发展格局。其中，人工智能的算力主要集中在北京、深圳、上海、合肥等人工智能技术领先的地区；基于 AI 芯片、传感器、集成电路开发等人工智能基础设备的研发主要集中在北京和上海；人工智能算法平台主要集中在北京、上海、杭州和合肥；人工智能社会生产服务基地主要集中在制造业发达的青岛、广州、沈阳、西安、昆山等地；人工智能居民生活服务主要集中在中东部经济发达的大城市集群地区。

目前，人工智能已经与传统的基础设施形成初步融合，在民生领域中发挥了积极作用。同时，人工智能已从概念阶段进入典型应用阶段，新基建将极大地推动人工智能产业发展。

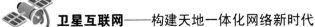

4．区块链

区块链技术自 2009 年诞生以来，在金融、供应链、物联网、知识产权保护、能源、轨道交通、奢侈品身份鉴定、药品追踪等行业领域展现出良好的发展态势。目前，已经有比特币、以太坊、企业操作系统（Enterprise Operating System，EOS）、超级账本等多个公共区块链开发与应用平台，它们为快速开发与部署区块链提供了方便与快捷的基础。例如，在以太坊应用平台上，目前已经有 2 667 个应用，部署了超过 4 200 个的智能合约，每日活跃用户数量超过 2.7 万，已经构筑了一个强大的区块链分布式应用生态体系[11]。

区块链具有高度"自治"特性，并衍生出各类自主分布式管理属性，被广泛地应用到新组织结构管理、身份管理与隐私管理等领域。例如，不依赖任何中心机构，用户可以用一种安全的方式提供可验证的身份凭证，如 Sovrin、TheDAO 等分布式自治组织管理平台，通过这些平台用户可以最大限度地保护隐私。

基于区块链的"可信"特性，区块链技术在奢侈品销售、食品/药品追溯及供应链管理等领域有广泛应用。英国的 Everledger 公司基于区块链技术，可为每颗钻石的身份及交易信息提供记录，截至目前，已经在区块链上上传了 98 万颗钻石的身份及交易信息。法国巴黎的 BlockPharma 公司，用区块链技术进行药品追溯和防伪，制药企业在发布产品信息和矩阵二维码（Quick Response Code，QRC）时，嵌入医药企业信息系统的 BlockPharma 模块便可将相关信息记录到区块链上，从而为每个药物产品都提供一个身份信息，并可进行追踪。

此外，有不少研究人员正在探索基于区块链技术的未来网络基础设施的架构。通过区块链技术，能实现人、设备、服务在网络中的统一身份认证和管理，建立人与机器、机器与机器之间的可信通信，建立基于智能合约的多智能体实时交易，这些将成为融合互联网、工业互联网乃至卫星通信网络的下一代未来网络的核心与关键技术。

5．大数据

大数据的应用主要分为政府服务类应用和行业商业类应用两大类。政府服务类大数据与民生密切相关，可为政府管理提供强大的决策支持能力，其应用场景主要包括城市规划设计、智慧交通、智慧医疗、智慧家居、智慧安防等。

这些智慧化的大数据应用将极大地拓展、丰富、方便民众生活[12]。

在城市规划设计方面，对城市地理、气象、地质等自然信息和经济、社会、文化、人口等人文社会信息的深度挖掘、统筹分析，可为城市规划设计提供强大的决策支持能力，加强城市管理服务的科学性和前瞻性。

在道路交通管理方面，通过对道路交通信息的实时汇总、挖掘，并给予反馈，能够有效疏通交通、缓解交通拥堵，快速响应突发状况，为城市交通的安全有序运行提供科学决策依据。

在舆情监控方面，通过对关键词搜索及语义的智能分析，可全面提高舆情分析的及时性和全面性，全面掌握社情民意，提高公共服务能力，快速应对网络上突发的公共事件。

在应急安防领域，通过大数据的深度分析与挖掘，可以实时感知自然灾害或恐怖事件，提高应急处理能力和安全防范能力。

行业商业类大数据应用场景较多，主要是将大数据与传统企业相结合，有效提升运营管理和结构效率，推动传统产业升级转型。

因此，各行业都在深入挖掘大数据价值，研究大数据的深度应用，使之成为中国经济快速增长的新动力。

6. 量子计算

量子计算历经了从 1 个量子比特到 10 个量子比特的发展过程。目前，量子计算仍然处于原理演示的探索性研究阶段。近年来，我国研究团队在量子计算的一些领域中做出了部分有国际影响力的贡献[13]。

中国科学技术大学的研究人员利用核磁共振量子计算的 4 个量子比特，演示了至今最大的 143 的因子分解，用光学量子计算演示了 15 的分解和求解线性方程组，还成功制备了 3 个量子比特的半导体量子芯片；随着量子比特数的增加，将实现更大数字的因子分解舒尔算法；在金刚石氮空位中心系统，各研究机构分别演示了简易型 Deutsch 算法、量子克隆和几何逻辑门操作等量子计算基础操作，以及基于动力学退耦的量子态保护。

1.6　本章小结

　　本章梳理并解读了与卫星互联网融合的新一代信息技术相关政策/文件，我国已把新基建提升到顶层设计层面，并且密集发布相关政策和会议精神文件，地方政府加紧行动，以重点项目/重大工程为依托，超前谋划、加快布局新基建相关产业，批复上千个项目，总投资额达万亿元级。可以预见，新基建已经成为政府大力倡导、大力推进的投资方向，在今后很长一段时间内，新基建领域有望得到长足发展。

本章参考文献

[1] 澎湃新闻-百家号. 卫星互联网首入新基建：相当于通信领域 3G 时代，全球焦点 [EB/OL].(2020-04-21)[2021-01-26]. https://baijiahao.baidu.com/s?id=1664568657177995309 &wfr=spider&for=pc.

[2] Satoshi Nakamoto. Bitcoin: A peer-to-peer electronic cash system[J/OL]. (2008-02-23) [2021-01-26]. https://bitcoin.org/bitcoin.pdf

[3] 范希文. 金融科技的赢家、输家和看家[J]. 金融博览，2017(11)：44-45.

[4] 科技日报. 俄加入全球量子计算战局[EB/OL]. (2019-12-20)[2021-01-26]. http://www. xinhuanet.com/2019/12/20/c_1125367388.htm.

[5] 树哥区块链. 区块链的发展和现状 [EB/OL].(2018-11-13)[2021-01-26]. https://www. jianshu.com/p/ccc19ded9f0a.

[6] BDIRC Teada. 解读：中央经济工作会议定义"新型基础设施建设"[EB/OL]. (2019-01-11) [2021-01-26].https://baike.baidu.com/reference/24528423/8f2aRA3OvBR8xRkEHWUPnkL 8bDyoE1EPRZ9jEK2Kz0zeK0jx3GBG_KmQTelNKbOpUsqg-DPgiWb0RasXkOI5pHkdF6 S4zDeQwRPVAFBPaTJg.

[7] 央视网. 新闻观察：5G 等"新基建"为经济增长提供新动力[EB/OL]. (2019-03-02) [2021-01-26].http://jingji.cctv.com/2019/03/02/ARTIvuyfQ1gT9p5T0pXTWTkv190302.sht ml?spm=C87458.PxZ1sQfyXDLK.Exjc7Ac1i8jF.4.

[8] 梁敏. 重磅!中央 20 天 4 次部署新基建![EB/OL]. (2019-03-02)[2021-01-26]. http://www. jjckb.cn/2020/03/05/c_138845404.htm.

[9] 王君晖. 新基建"新"在何处？[N].证券时报，2020-03-06(A001).

[10] 李立. 阿里加速"新基建"数字化"成人礼"提前到来[N/OL]. (2020-03-14)[2021-01-26]. https://baijiahao.baidu.com/s?id=1661099919167344673&wfr=spider&for=pc.

[11] 中国新闻网. 京东领跑新基建这场布局3年前就已落子[EB/OL]. (2020-03-16) [2021-01-26]. https://baijiahao.baidu.com/s?id=1661299492898026425&wfr=spider&for=pc.

[12] 互联网爆点. "新基建"七大领域,百度已占"五"[EB/OL]. (2020-03-16)[2021- 01-26]. https://baijiahao.baidu.com/s?id=1661287651472283584&wfr=spider&for=pc.

[13] 李彦宏. "新基建"加速智能经济到来[EB/OL]. (2020-05-08)[2021-01-26]. https://weibo. com/ttarticle/p/show?id=2309404502249526132849#_0.

第 2 章　卫星网络

卫星网络的作用是通过用户终端提供网络接入，实现与地面网络进行互联，从而使地面网络提供的应用和业务（如宽带接入和互联网连接），能够被扩展到电缆和地面无线设备无法安装和维护的地方。卫星网络还能够将这些业务扩展至轮船、航天器等交通工具，以及太空和其他地面网络无法到达的地方。目前，一场由技术和商业资本驱动的卫星互联网产业发展浪潮正逐步席卷全球。世界多国均将卫星网络的新业务、新应用（如下一代移动网络和全球数字广播业务）视为重要的发展战略，美英等国相继发布卫星互联网网络建设规划，加紧开展全球卫星互联网产业布局，为构建空、天、地深度融合低轨道卫星星座发展抢占先机。我国也大力推动卫星网络系统发展，诸多企业与科研机构投入卫星网络星座的研究与设计中。

2.1　卫星网络概念

卫星网络主要是指由地球上多个地球站系统（包括陆地、水面和大气层范围），利用空中卫星星座作为信息中继站而进行无线电通信的系统[1]。

卫星网络主要由通信卫星、地球站、跟踪遥测及指令、监控管理分系统组成。

通信卫星分系统主要由转发器、天线、位置和姿态控制、遥测和指令、电源子系统组成，主要作用是作为信息中转站实时转发地球站信号。

地球站分系统主要由天线、发射、接收、终端子系统及电源、监控和地面设备组成，主要作用是实现与通信卫星分系统间的信号发射和接收。

跟踪遥测及指令分系统主要用来分析和处理卫星接收的信标和各种数据，数据经过处理后，向卫星发出控制指令调节卫星位置、姿态及各部分工作状态。

监控管理分系统主要对在轨卫星的通信性能及运行参数进行业务开通前的监测和业务开通后的例行监测与控制，从而保证卫星网络的正常运行。

2.2　卫星分类及发展历程

按照卫星运行轨道距离地球表面的高度，卫星通信系统通常可以分为低轨道卫星通信系统（卫星距离地球表为 700～1 500 km）、中轨道卫星通信系统（卫星距离地球表面 10 000 km）和高轨道卫星通信系统（卫星距离地球表面 30 000 km）三大类。三类轨道卫星的主要特性见表 2-1。

表 2-1　三类轨道卫星的主要特性

项　　目	轨道类型		
	低轨道卫星	中轨道卫星	高轨道卫星
卫星数量	数十至数百颗，甚至超千颗	十几颗	3 颗
空间段成本	最高	最低	中等
卫星寿命/年	3～7	10～15	10～15
地面通路成本	最高	中等	最低
支持手持机工作	可以	可以	不能
传输延时	察觉不到	察觉不到	差
仰角	≈10°	15°～30°	≥20°
链路余量/dB	10～16	7	6
操作	复杂	中等	最简单
呼叫转移	频繁	稀少	无
建筑穿透力	有限	有限	无
阶段性启用	无	可以	可以
开发时间	长	短	长
部署时间	长	中等	短
技术风险	高	低	中等

根据不同应用场景，卫星分为科学卫星、技术试验卫星和应用卫星三大类，其主要功能及代表型号见表 2-2。

表2-2 不同应用场景的卫星类型及代表型号

类　型	主　要　功　能	代　表　型　号
科学卫星	用于科学探测和研究,也可以观察其他星体	美国金星先锋1号、尤利西斯号、新地平线号、流浪者7号,中国探测1号、探测2号
技术试验卫星	进行航天新技术试验或为应用卫星进行试验	美国深空1号、俄罗斯斯普特尼克2号、中国实验1号
应用卫星	为国民经济和军事提供服务,主要用于卫星通信、导航定位和对地观测	美国AMC、科里奥利,俄罗斯指南针2号,中国鑫诺4号

根据卫星不同功能,可将卫星分为通信卫星、导航卫星、遥感卫星、侦察卫星、资源卫星和天文卫星等六大类,其主要功能及代表型号见表2-3。

表2-3 不同功能的卫星类型及代表型号

类　型	主　要　功　能	代　表　型　号
通信卫星	通过转发无线电信号,实现卫星通信地球站之间或地球站与航天器之间的无线电通信;可以传输电话、传真、数据和电视等信息	美国AMC、ICO、天狼星,俄罗斯光子、快车,中国中星9A
导航卫星	从卫星上持续发射无线电信号,为地面、海洋、空中和太空用户导航定位	美国GPS、欧洲伽利略、俄罗斯格洛纳斯、中国北斗卫星
遥感卫星	搭载各种遥感器,接收和测量地球及其大气层的可见光、红外和微波辐射,并将其转换成电信号传送给地面站	美国国防气象、泰罗斯1号,俄罗斯流星,中国风云1号
侦察卫星	携带高分辨率照相机、摄像机对地面目标进行拍摄,分为照相侦察、电子侦察、导弹预警和海洋监视四类卫星	美国KH-11、导弹预警DSP,俄罗斯宇1号
资源卫星	利用搭载的多光谱遥感设备,获取地面物体辐射或反射的各种频段电磁波信息,并将信息发送给地面站	美国陆地1号、法国斯波特、中国资源1号
天文卫星	观测宇宙天体和其他空间物质	国际红外线天文卫星、日本光亮号

2.2.1　卫星轨道分类

按照卫星运行轨道高度,通信卫星可以分为低轨道卫星、中轨道卫星和高轨道卫星三大类。

1. 低轨道卫星

1)概念

低轨道卫星,一般是指由多个低轨道卫星构成的,可以实时进行信息处理的大型卫星网络系统，其中卫星的分布称为卫星星座[2]。蜂窝通信、多址、点波束、频率复用等新技术为低轨道卫星移动通信提供了强有力的技术保障。低轨道卫星系统是目前最新、最有前途的卫星互联网移动通信系统，可以真正实现全球覆盖。

2）主要业务

低轨道卫星的主要业务有目标探测、导航、测绘和手机通信等。由于低轨道卫星轨道高度低，所以容易获得目标物高分辨率图像，同时传输链路时延低，路径损耗小。

3）网络架构

低轨道卫星移动通信系统主要由卫星星座、地球站、系统控制中心、网络控制中心和用户单元等五大部分组成[3]。可将地球外空间划分为若干个轨道平面，同一轨道平面内布置多颗卫星。通信链路将不同轨道平面、同一轨道平面内的卫星联结起来，形成结构一体化的大型卫星网络平台，在地球表面形成蜂窝状网格化服务区，服务区内的用户可以随时随地接入卫星系统。

4）典型系统

最有代表性的低轨道卫星通信系统主要有"铱星"系统、"全球星"系统、"白羊"系统和卫星通信网络系统等。

利用低轨道卫星构建低轨道卫星互联网通信的优点有：卫星轨道高度低，传输时延低，路径损耗小；卫星数量多，卫星组网可实现全球覆盖，频率复用更有效；地面互联网通信的蜂窝通信、多址、点波束、频率复用等技术可为低轨道卫星移动通信提供技术保障。它的缺点是系统结构复杂，操作、控制、管理等实现起来较困难[3]。

2．中轨道卫星

1）概念

中轨道卫星属于非同步地球卫星，主要与地面互联网有机结合，作为陆地移动通信系统的补充和扩展，实现全球个人移动通信；也可以用作卫星导航系统[4]。因此，中轨道卫星系统在全球个人移动通信和卫星导航系统中具有极大的优势[5]。

2）主要业务

中轨道卫星向全球用户实时提供手机移动通信,实现与地面互联网互联互通,实时传输数字语音、传真、数据、视频及定位等多种信号。

3）网络架构

中轨道卫星系统主要由空间段、地面段、用户终端三部分组成。空间段由中轨道卫星、跟踪和测控站、卫星操作控制中心、卫星网络控制站等组成。跟踪和测控站通过跟踪卫星的运动和调整卫星的轨道,维持星座分布,实现卫星系统的管理。该站还收集卫星的电源电压、电流、温度、稳定性和其他运行特性数据,并把这些数据转发到卫星操作控制中心进行处理和做出反应,从而监测卫星的全面状况。卫星网络控制站通过跟踪测控站与卫星接续枢纽站的工作,控制卫星上的馈线和业务天线间的转发器连接。这一过程支配着馈线链路波束内的频率的重新配置及高、低业务量点波束间的最佳信道分配。地面段包括关口站和卫星联系地面网。关口站设备包括一系列智能交换机、提供增值业务的服务设备及与系统的接口(用于用户登记、注册、计算、网络维护、信息交流等),卫星联系地面网通过专用地面链路连接,具有相互备份及覆盖全球的能力。用户终端包括手机、车载设备、航空器、船舶等终端,以及半固定和固定终端。

4）典型系统

中轨道卫星兼具高轨道和低轨道卫星的优点,可实现全球通信覆盖和有效频率复用。该系统的主要缺点是需要部署大量卫星,星间组网和控制切换比较复杂,投资高,风险大[6]。有代表性的卫星主要有 lnmarsat-P、Odyssey、MAGSS-14、北斗定位系统卫星等。

Inmarsat-P 系统是耗资 10 亿美元建造的全新结构的个人卫星移动通信系统,被称作"Project-21"计划。第一、二代海事卫星使用静止轨道卫星,只能覆盖地球表面纬度 70°以上的地区。第三代海事卫星采用高轨道和中轨道卫星结合的方案,主要由 4 颗高轨道卫星和 12 颗中轨道卫星构成,高、中轨道卫星均具有星上处理功能,可实现与地面移动通信设备之间的通信。该系统的服务目标是在 90%的各种环境条件下,能看到卫星,依靠 0.25～0.4 W 发射功率的移动终端实现通信可靠度为 95%。

Odyssey 系统由 TRW 公司建设,该系统主要由分布在倾角为 55°的 3 个轨道平面上的 12 颗中轨道卫星构成,卫星使用 L、S、Ka 频段通信。每颗卫都设置了 19 个波束，总容量为 2 800 条电路，每条电路都可为 100 个用户提供服务。因此，该系统可在全球范围内为 280 万个用户提供服务。该系统的建设费用约为 27 亿美元，卫星的设计寿命为 12～15 年。

MAGSS-14 是欧洲宇航局开发的中轨道全球卫星移动通信系统。它主要由 14 颗中轨道卫星组成，分布在 7 个轨道平面上，轨道倾角为 56°，每颗卫星都有 37 个波束，可实现全球覆盖[6]。该角度保证用户看到一颗卫星的最小仰角为 28.5°，对中纬度地区的覆盖是最优的。当地面用户仰角为 28.5°时，最大星地路径长为 12 500 km，卫星覆盖区半径约为 4 650 km。卫星沿轨道旋转一周的时间为四分之一个恒星日，这个时间谐率使得卫星的地面轨道每天重复，使动态星座组网具备了有利的网络覆盖特性。卫星自运动使得地球站与卫星间的平均可见时间长达 100 min。

我国北斗卫星定位系统中的北斗中轨道卫星轨道高度约为 21 500 km，轨道倾角为 55°，绕地球旋转运行，通过多颗卫星组网可实现全球卫星定位信号覆盖，北斗中轨道星座回归特性为 7 天 13 圈[4]。

3. 高轨道卫星

1）概念

高轨道卫星移动通信业务依赖位于赤道上方的对地同步卫星。一颗卫星可以覆盖整个半球，构成一个区域性通信系统，该系统可以为其覆盖范围内的任何地点提供移动通信接入服务[7]。

2）主要业务

高轨道卫星主要可以提供公共卫星电话和专用卫星电话两种业务。前者需接入公用交换电话网，使移动台可以呼叫世界上任意固定电话；后者只在移动台和调度员之间进行。以上这两种业务都可以实现电话、寻呼和定位功能。这两种业务也可以结合起来形成特有的通信能力[8]。

（1）公用卫星电话业务：该业务网络主要包括卫星、工作于 L 频段的移动台、网络操作中心和工作于 K 频段的关口地球站。首先，网络操作中心指配给该移动台一个 L 频段射频信道，移动台拨叫终点地址电话号码，同时也给出自身的号码；然后，将相应的 K 频段信道指配给靠近固定电话地址的关口地球站，以此建立电话信令呼叫。网络操作中心随时记录路由、主叫和通话时间，以便计算费用。

（2）专用卫星移动电话业务：该业务网络主要包括卫星、移动台和位于用户建筑外的基站。该基站是一个简化的关口，关口根据需要指配给系统一条或几条电路。它可以使用简单的"按下即谈话"功能操作，也可以使用更复杂的数据交换方式。每个移动体都可以使用单一无线台完成电话调度、数据传输、消息分组及寻呼、定位消息的传递。若该无线台可以调谐到上面所提到的公用卫星电话信令信道，则它可以具有无线公用电话功能。

3）网络架构

高轨道卫星主要由空间系统和地面系统两部分组成，空间系统需用多波束覆盖业务区；地面系统由卫星移动无线电台、天线和关口站组成。

4）典型系统

高轨道卫星具有覆盖性强的优势，但时延较高。目前，比较有代表性的高轨道卫星主要有北美卫星移动通信系统和海事卫星移动系统等。

北美卫星移动通信系统是世界上第一个区域性卫星移动通信系统，主要提供公众通信的无线业务和专用通信业务两大类业务。地面端关口站通过有线线路与地面电话通信网相连。当网络控制中心给关口站分配射频信道后，移动用户和固定用户之间建立起通信信道。

海事卫星移动系统是最早的高轨道卫星移动系统，是由美国通信卫星公司利用 Marisat 卫星建立的卫星通信系统，是一个军用卫星通信系统。该系统于20 世纪 70 年代中期开始对远洋船提供服务；1982 年形成海事卫星移动系统，开始提供全球海事卫星通信服务；1985 年把航空通信纳入业务范围；1989 年把业务扩展到陆地。目前，它是一个有 72 个成员国的国际卫星移动通信组织，掌控着 135 个国家的大量电话通信数据。

2.2.2　卫星功能分类

按照卫星功能，卫星主要可以分为通信卫星、导航卫星和遥感卫星三大类。

1. 通信卫星

1）概念

通信卫星主要作为无线电通信中继站，通过转发无线电信号，实现卫星与地球站之间或地球站与航天器之间的无线电通信。通信卫星可以传输音频、数据和视频等信息。对于整个卫星通信系统而言，通信卫星和它的测控站称为通信系统的空间段。

2）主要业务

按照卫星不同的专业用途，通信卫星主要分为以下四种[9]。

（1）直播卫星：用于直接向公众转播电视、广播节目。

（2）海事通信卫星：用于海上、空中和陆地间通信，兼顾救援和导航任务。

（3）跟踪和数据中继卫星：用于航天器与地球站之间的测控和中继传输数据，能够对高、中、低轨道的航天器进行测控。

（4）导航定位卫星：引导飞机、船舶、车辆等安全准确地沿着选定路线到达目的地。

3）网络架构

通信卫星系统一般由卫星载荷本体、电源系统、温控系统、姿控系统、天线系统、转发器系统等六大核心系统组成。

4）代表卫星

有代表性的通信卫星主要有美国 AMC、ICO、天狼星，俄罗斯光子、快车，中国中星 10 号等。

（1）美国 AMC 卫星：AMC-18 卫星为美国大陆、墨西哥和加勒比地区的编程电缆和广播提供包括高清信道的先进 C 频段数字传输服务。这颗三轴稳定的卫星是基于洛克希德 A2100 平台设计制造，它的净重为 918 kg，在轨道上的翼展为 14.7 m。AMC-18 星体上搭载 1467 W 的电源，预计寿命至少为 15 年。

（2）俄罗斯快车系列卫星：俄罗斯快车系列卫星由俄罗斯卫星通信公司运营，首颗卫星于 1999 年 10 月 27 日发射，截至 2007 年 1 月，运行的卫星共有 5 颗（分别配置于 40°E、53°E、80°E、96.5°E 和 140°E）。其中，"快车 AM3" 是最新发射的一颗，由列舍特涅夫应用力学科研生产联合体与法国阿尔卡特空间公司合作制造。"快车 AM3" 装有可操作天线，能够为西伯利亚、远东、亚洲等地提供高清电视和无线电广播服务。其中，"快车 AM3" 的 L 频段转发器是为政府移动通信保留的。

（3）中国中星 10 号卫星：中星 10 号卫星采用我国自主研发的东方红四号卫星平台，从国外引进有效载荷系统，可提供 30 个 C 频段和 16 个 Ku 频段转发器商业通信服务。中星 10 号卫星于 2011 年 6 月在中国西昌卫星发射中心发射入轨，用于接替中星 5B 卫星在东经 110.5°轨道位置的工作，以满足中国及西亚、南亚等国家和地区用户的通信、广播电视、数据传输、数字宽带多媒体及流媒体业务的需求。

2. 导航卫星

1）概念

导航卫星主要用于对地面、海洋、空中和太空用户进行导航定位，具有通信属性。卫星导航系统具有传统导航系统的优点，可实现全天候全球高精度被动式导航定位。其中，基于时间测距的卫星导航系统抗干扰能力强[10]，可提供全球和近地空间连续立体覆盖、高精度三维定位和测速。

卫星导航定位分为二维定位和三维定位两种模式。二维定位只能确定用户端在当地水平面内的经、纬度坐标；三维定位不仅能给出当地水平面内的经、纬度坐标，还能给出高度坐标。其中，多普勒导航卫星的军方定位精度在静态时为 20～50 m（双频）及 80～400 m（单频）；在动态时，定位系统受航速等影响较大，定位精度会降低。基于时间测距的导航卫星的三维定位精度可达 10 m（军用），粗定位精度可达 100 m（民用），测速精度优于 0.1 m/s，授时精度优于 1 μs[11]。

2）定位技术及应用

（1）前沿的定位技术。

① 精密单点定位技术。利用提前预报或事后精密星历方法，结合利用精密卫星钟差替代用户 GPS 单点定位方程中的卫星钟差参数，利用单台双频 GPS 接收机的非差相位和伪距观测值，实现用户在全球范围内任意位置的分米级实时动态定位或厘米级静态快速定位。

② 实时动态定位技术（Real Time Kinematic，RTK）和虚拟参考站技术（Virtual Reference Station，VRS）。在一定区域内建立多个（3 个或 3 个以上）基准站，对该地区构成网格状覆盖；以这些基准站中的一个或多个为基准，计算和发播定位信息，对该地区内的用户实时改正定位信息，该方法又称多基准站 RTK 技术。与常规单基准站 RTK 相比，该方法可实时提供厘米级定位，具

有覆盖面广、定位精度高、可靠性高的优点。网络 RTK 系统的核心结构包括控制中心、固定站和用户中心三部分。

（2）卫星导航定位在各领域的应用。

全球卫星定位系统具有全天候、高精度、自动化、高效益等显著特点，卫星导航定位技术已经广泛渗透到国民经济建设、国防建设、科学研究和人民生活的方方面面。卫星导航定位技术可以应用于大地运动、工程建设、市政规划、航空摄影测量、运载工具导航和管制、海洋开发和资源勘察等多个领域。

3）网络架构

卫星导航定位系统主要由导航卫星、地面台站和用户定位设备三部分组成。导航卫星位于太空；地面台站主要用于跟踪、测量、计算及预报卫星轨道，并进一步对星载设备进行控制和管理，该台站主要包括跟踪站、遥测站、计算中心、注入站和实时系统等不同子系统；用户定位设备主要包括接收机、定时器、数据预处理机、计算机和显示器等。用户设备端用于接收卫星传来的信号，从中解调并译出卫星轨道参数和定时信息，同时测出导航参数（距离、距离差和距离变化率等），再由计算机算出用户的位置坐标和速度矢量分量。

4）代表卫星

卫星导航定位系统中最有代表性的通信卫星主要有美国 GPS、中国北斗卫星、欧洲 GALILEO、俄罗斯 GLONASS。

（1）GPS 卫星导航。

GPS 卫星导航系统是 20 世纪 70 年代由美国陆、海、空三军联合研制的新一代空间卫星导航定位系统，其主要目的是为陆、海、空三大领域提供实时、全天候和全球性的导航服务，同时可用于情报收集和应急通信等军事或非军事事务。GPS 卫星导航系统经过 20 年的实验研究，于 1994 年 3 月完成 24 颗 GPS 卫星星座布设，耗资约 300 亿美元，全球覆盖率高达 98%。GPS 技术已经发展成为多领域、多模式、多用途的国际性高新技术产业。

GPS 卫星导航系统的应用层面主要包括车辆导航、大气物理观测、地球物理资源勘探、工程测量、变形监测、地壳运动监测、市政规划控制等陆地应用；

远洋船舶航线测定、船只实时调度与导航、海洋救援、海洋探宝、水文地质测量，以及海洋平台定位、海平面升降监测等海洋应用；飞机导航、航空遥感姿态控制、低轨道卫星定轨、导弹制导、航空救援和载人航天器防护探测等航空航天应用。

GPS 卫星导航系统的接收机种类繁多，形式各异，根据应用类型主要分为测地型、全站型、定时型、手持型、集成型五种类型；根据用途场景分为车载式、船载式、机载式、星载式和弹载式五种类型。

（2）北斗卫星导航。

中国北斗卫星导航系统（BeiDou Navigation Satellite System，BDS）是中国自主研发的全球卫星导航系统，也是继美国 GPS、俄罗斯 GLONASS 之后的第三个成熟应用的卫星导航系统。经联合国卫星导航委员会认定，北斗卫星导航系统成为继美国 GPS、俄罗斯 GLONASS、欧盟 GALILEO 系统之后的又一定位导航系统[12]，成为可为全世界用户提供全天候、全天时、高精度的定位、导航和授时服务的国家级重要空间基础设施[13]。北斗卫星导航系统定位精度为分米/厘米级别，测速精度为 0.2 m/s，授时精度为 10 ns[14]。

北斗卫星导航系统主要由空间段、地面段和用户段三部分组成。空间段主要由地球静止轨道卫星、倾斜地球同步轨道卫星和中圆地球轨道卫星三部分组成；地面段主要由主控站、时间同步站和监测站等若干地面站系统及星间链路运行管理设施组成；用户段主要包括北斗及兼容其他导航系统的芯片、模块、天线等基础用户产品、终端设备、应用系统与服务等[15]。

从 2017 年年底开始，北斗三号系统建设进入超高密度发射期。截至 2019 年 9 月，北斗卫星导航系统在轨卫星达到 39 颗[16]。2020 年 6 月 23 日，长征三号乙运载火箭将我国北斗三号最后一颗全球组网卫星成功送入轨道[17]，完成全球卫星导航系统星座部署计划[18]。2020 年 7 月 31 日，北斗三号全球卫星导航系统正式开通。

北斗卫星系统已在交通运输、农林渔业、水文监测、气象测报、通信、电力调度、抗震减灾、公共安全等领域得到长效广泛应用。目前，北斗卫星系统不断融入国家核心基础设施，产生了显著的经济效益和社会效益[19]，并逐步渗透到人类社会生产和生活各方面，为全球经济和社会发展注入新的活力[15]。2035 年，中国将建成更加泛在、更加融合、更加智能的综合卫星互联网空天一体化体系，进一步提升卫星通信系统信息服务能力，为人类社会发展做出应有贡献[18]。

3．遥感卫星

1）概念

遥感卫星主要是指用作外层空间遥感平台的卫星。其中，用卫星作为遥感平台的遥感技术称为卫星遥感技术。通常，遥感卫星轨道可根据实际需求来设计，遥感卫星可在轨道上运行数年。

2）主要业务

遥感卫星可以在规定的时间内覆盖指定区域，当遥感卫星沿地球同步轨道运行时，它能持续地对指定地域进行检测。遥感卫星需要配备遥感卫星地面站系统，通过地面站系统，遥感平台可反馈农业、林业、海洋、国土、环保、气象等领域的相关数据。

气象卫星主要用于实时监视全球范围内大气、地面和海洋状况，依据获取的遥感数据可以绘制天气图，发现旋风、台风和飓风，确定云顶温度和地表温度，以对极端天气及时做出预警。目前，气象卫星主要采用的遥感器有可见光-红外扫描辐射计和高分辨率扫描辐射计两种。此外，气象卫星遥感数据还可以广泛应用于航行、捕鱼、农作物长势监测等领域的众多非气象活动。

陆地资源卫星是一种利用星载遥感器获取地球表面图像数据辅助进行资源测绘调查的卫星。陆地资源卫星一般运行于圆形太阳同步轨道（700～900 km），观测周期为 10～30 天。星载遥感器主要有可见光照相机、多光谱扫描仪和红外照相机等。目前，地球上空运行的陆地资源卫星主要有"陆地卫星"（美国）、"斯波特卫星"（法国）和"遥感卫星"（印度）等。陆地资源卫星遥感数据广泛应用于国土普查、地质调查、资源勘探、农林普查与规划、工程选址、海岸地形测绘等众多领域。它为政府和企业迅速获取数据、制定合理政策和规划提供了数据技术支撑。

海洋资源卫星是一种探测海洋表面状况和监测海洋动态的卫星。海洋资源卫星上一般装有合成孔径雷达、雷达高度计、微波辐射计和红外辐射计等遥感器。通过海洋资源卫星可获取全球海洋连续的、全面的、同步的观测数

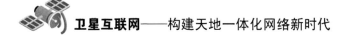

据，如海洋波浪高度、长度和波谱，海洋风速和风向，海洋温度，海流、环流、海貌和全球水准面等海洋数据。海洋资源卫星技术的出现和应用，使海洋技术研究有了突飞猛进的发展，并由此诞生了卫星海洋学这门新的海洋研究学科。

3）网络架构

遥感卫星系统主要由遥感卫星、地面系统和应用系统三部分组成。遥感卫星主要由遥感器和卫星平台两大部分组成，遥感器直接执行特定的遥感任务；卫星平台为遥感器的正常工作提供必要保障（如所需的能源、温度和力学环境等），以及存储和向地面传输遥感数据。地面系统负责遥感数据的接收和处理，以及任务的运行管理。应用系统负责遥感信息提取和生成遥感信息产品。

4）代表卫星

有代表性的遥感卫星主要有美国"泰罗斯"气象卫星、俄罗斯"流星"气象卫星、中国风云1号气象卫星。

（1）"泰罗斯"等气象卫星：早在20世纪60年代，美国先后发射的"泰罗斯"系列卫星和"艾萨"系列卫星中有两颗能分别提供每天的直播和记录回放的全球电视图像。20世纪70年代前期发射的"艾托斯"卫星和"诺阿"卫星是第二代气象卫星，它们载有直播和记录回放电视摄像机和辐射计，能提供每昼夜相隔12小时的图像，并增设甚高分辨率辐射计、中分辨率辐射计和太阳质子监测器。第三代气象卫星泰罗斯-N/NOAA卫星于1978年开始发射，这些卫星搭载有甚高分辨率辐射计、高分辨率红外辐射探测器、同温层探测器、微波探测器数据采集系统和监测质子、电子和粒子的太阳环境监测器等先进仪器。雨云号卫星装有对大气层的日常监测的多波段微波扫描辐射计、同温层和散逸层探测器、紫外和臭氧检测器、地表辐射计量仪、海岸带彩色扫描仪和其他大气探测仪器。1966年发射的一系列国防气象卫星可提供实时的军用气象数据。1974年以来发射的地球静止轨道气象卫星（Geostationary Operational Environmental Satellite，GOES）主要装有可见光和红外旋转扫描辐射计，在可见光波段可提供二维云图，在红外波段可同时测出地表、云层顶部的温度场和大气温度、水汽分布的三维结构图。

（2）"流星"气象卫星：苏联于20世纪60年代发射的"宇宙"和"流星"

系列太阳同步气象卫星，装有中分辨率辐射计和广角照相机，可为苏联和东欧各国提供气象数据。1969 年，苏联发射了第一颗用来满足民用、军用和政府需求的综合性气象卫星"流星"。目前，"流星"气象卫星固定式的自主接收站已达 100 个，机动式的自主接收站主要配置在空军基地和空军集团指挥所，未来接收站将装备到航空气象支队。

（3）中国风云 1 号气象卫星：中国"风云"卫星是中国研制的第一代极地轨道气象卫星，主要用于获取全球性气象信息，探测云图、地表图像、海洋水色图像、水体边界、海洋面温度、冰雪覆盖和植被生长，向全世界气象卫星地面站发送气象资料[20]。目前，风云 1 号 C 星在轨运行的稳定性和数据准确性已获得广泛认可，世界气象组织于 2000 年 8 月将其列为世界业务极轨气象卫星。

2.2.3　卫星网络发展历程

卫星网络的最早萌芽可以追溯到 20 世纪 80 年代。在早期发展阶段，卫星网络主要以提供语音通话、低速数据传输和物联网等服务为主，主要担任对地面网络的补充和延伸的角色。经过多年发展，目前卫星网络进入与地面网络互补合作、融合发展的宽带互联网时期。

（1）与地面网络竞争阶段（20 世纪 80 年代—2000 年）：以"铱星"计划为代表的多个卫星星座计划在该阶段提出。其中，"铱星"星座通过 66 颗低轨道卫星构建了覆盖全球的卫星网络。该网络以提供语音通信、数据传输、物联网等服务为主。随着地面网络的快速发展，地面网络在通信质量、资费价格等方面均优于卫星网络，卫星网络宣告失败。

（2）对地面网络补充阶段（2000—2014 年）：以新铱星、全球星和轨道通信公司为代表，该阶段卫星网络的定位主要是对地面网络的有效补充和延伸。

（3）与地面网络融合阶段（2014 年至今）：在该阶段，以一网、太空探索公司等为代表的企业开始主推卫星星座建设，卫星网络将与地面网络实现更多的互补合作、融合发展。卫星网络向着高通量方向持续发展，卫星工作频率进一步提高，逐渐步入宽带卫星互联网发展时期。

1．国外卫星网络发展历程

1）政策

卫星网络因其日益重要的国家战略地位、潜在的市场价值、强大的产业带动能力、稀缺的频轨资源等成为全球世界各国重点发展的对象。其中，美国、欧盟、俄罗斯、日本等发达国家或地区均重点大力发展卫星网络，将其视为重要发展战略，相继为进行卫星网络建设出台鼓励政策，具体内容详见表2-4。

表2-4　国外主要卫星网络相关发展战略

序号	文件名称	发布国家（地区）	发布时间	主要内容
1	宇宙基本计划	日本	2020年7月修订	未来日本将在与美合作的基础上，研发能快速响应的小卫星进行组网，搭载复合传感器。根据研发要求，这种小卫星质量约为100 kg，在轨高度约为200 km，分辨率高于0.4 m，无须执行长期任务，需要时可迅速发射升空； 未来将采取建立出口主导市场机制、扶持民营航天研发等各种举措，进一步扩大日本航天工业规模，在目前1.3万亿日元（约786亿元人民币）规模基础上实现翻番，借以推动日本航天工业发展
2	第四期中长期发展规划（2018—2025年）	日本	2018年	航天领域的具体计划涵盖卫星导航、遥感、通信、航天运输、太空态势感知、海洋态势感知和早期预警等领域的重点航天项目，航天领域跨机构研究方法方向、重点航空科学技术，以及航空航天领域国际合作、利用信息系统和确保信息安全等具体措施
3	第三次航天开发振兴基本计划	韩国	2018年	明确列出韩国航天工业优先发展的首先是保障国家安全与提升国民生活质量相关的领域，前者包括运载火箭、侦察卫星、导航卫星等，后者包括民商用对地观测卫星等；其次是提升国家地位和国民自豪感的领域，如月球探测；最后是商业航天、航天技术应用、空间科学等领域；载人航天暂不涉及
4	国家航天战略	美国	2018年	通过部署多个卫星星座计划，推进低轨道通信卫星组网工程建设，力争主导全球低轨道宽带卫星市场

（续表）

序号	文件名称	发布国家（地区）	发布时间	主要内容
5	定位、导航与授时体系战略	美国	2019 年	阐述国防部定位、导航与授时体系的战略背景、政策目标、管理体制、管理程序、军事应用和影响力，旨在利用 GPS 等，以模块化开放系统集成方法，为联合部队提供精确、可靠和弹性的应用服务，全面提升美军作战能力
6	国家安全发射架构信息征询书	美国	2019 年	重点强调快速发射、轨道转移、在轨服务和搭载/寄宿有效载荷对美军太空弹性能力提升的重要性，首次明确考虑提升在轨机动能力
7	下一代太空体系架构	美国	2019 年	强调下一代太空体系架构应具备"实现弹性""与合作伙伴协作""快速部署"三个特点，架构包括太空传输层、跟踪层、监管层、威慑层、导航层、作战管理层、支持层七个层次
8	2016—2025 年联邦航天计划	俄罗斯	2016 年	将通信卫星列为优先发展方向，要求增加在轨卫星数量。2018 年 5 月，俄罗斯航天集团公司公布由 288 颗低轨道卫星组成覆盖全球的低轨道通信星座计划，以实现本国卫星宽带及窄带物联网通信军民市场的通用。在商业发射领域，计划以"安加拉"系列运载火箭完全取代当前依然使用偏二甲肼–四氧化二氮剧毒燃料的"质子号"火箭，与 SpaceX 的"猎鹰 9 号"在未来商业航天发射市场形成正面竞争
9	"时代"军事创新科技园科技发展战略	俄罗斯	2019 年	对科技园未来五年科技发展做出规划，涵盖基础设施建设、人才潜力培养、国防和民用领域技术转化等方面内容，将新增小型航天器、新物理原理武器、地理信息平台、水文气象和地球物理保障、人工智能开发技术（用于发展武器和军事装备）、海洋技术等六个科研优先方向
10	探索、想象和创新：加拿大新航天战略	加拿大	2019 年	通过参加月球"门廊"项目，利用机器人技术优势推进人工智能和生物医学等技术创新；培养下一代航天人才；利用航天科技解决社会经济问题；支持商业航天发展；确保加拿大在获取和使用天基数据方面领先

序号	文件名称	发布国家（地区）	发布时间	主要内容
11	欧洲航天政策	欧盟	2015年	强调欧洲航天政策的一体化发展，大力推进伽利略导航系统和哥白尼环境监测系统两大欧洲联合旗舰项目，以及新一代运载火箭的发展
12	欧洲航天战略	欧盟	2016年	明确推进航天应用、强化航天能力、确保航天自主、提升航天地位四大战略目标；通过哥白尼、伽利略、EGNOS等航天计划扩大国际影响；联合欧盟各成员国和国际伙伴，共同深化泛欧航天合作，有效落实战略
13	商业航天投资计划	法国	2015年	强调商业航天的投资重点转向卫星，重点关注低轨道卫星通信领域，探索与亚马逊、Facebook等美国互联网巨头卫星互联网星座的共建合作。同时，利用欧洲投资银行贷款开展融资，提高法国在全球航天市场中的竞争力
14	太空防御战略	法国	2019年	在空军内正式成立太空司令部，负责军事太空政策制定与实施、太空作战行动等工作，向法国空军参谋长报告，接受法国武装部队参谋长的指令；人员编制为220人，计划从联合太空司令部、太空作战军事监视中心、军事卫星观测中心等机构抽调；太空司令部组建后，法国空军将成为名副其实的"空天军"
15	国家航天政策	英国	2015年	以英国商业银行为核心，促进商业航天进入市场，更好地服务于本国民营航天企业。目标到2030年，英国在全世界商业航天领域占据10%以上的市场份额，成为欧洲商业航天及有关空间领域的技术中心

2019年，美国与其同盟国达成多项航天发展和太空作战的战略合作协议。以美国为首的北约国家联盟宣布将太空作为与陆、海、空、网络空间并列的单独作战域，并将着力推动同盟国共同发展卫星导航、情报、监视与侦察、导弹预警与跟踪、通信等技术。

（1）美、英、德、法、加、新、澳七国联合发布《联盟太空作战倡议》，明确其在太空作战上的军事同盟关系。

（2）美战略司令部进一步与卢森堡政府、波兰航天局、罗马尼亚航天局、芬兰空军签署《太空态势感知服务和数据共享协议》，使加入该协议中的团体数量达到 104 个，进一步增强美国太空态势感知能力。

（3）美国航空航天局与日本宇宙航空研究所、澳大利亚航天局签署月球探测合作意向，意图加强与日本、澳大利亚在月球探测方面的技术合作交流，推动探月进程，提升太空活动技术的安全性和可靠性，形成太空竞争优势。

（4）美国国家航空航天局、商务部、联邦航空管理局与欧洲航天局、法国国家空间研究中心、德国航空航天中心、瑞典航天公司等多个政府及商业组织在第 70 届国际宇航大会上达成合作协议，计划在商业航天、月球探测、载人航天、太空资源利用等方面开展项目合作。

2）建设

2015 年，在谷歌公司等互联网巨头的推动下，众多企业纷纷提出低轨道卫星网络发展计划，其中以一网公司、太空探索公司等为代表的卫星互联网企业不断涌现，其主导的新型卫星星座随之兴起并处于行业前列，目前大多数星座已进入建设初期阶段。据统计，2014 年 12 月至 2015 年 4 月，全球相关单位向国际电信联盟递交的非地球同步轨道卫星星座申报资料超过 10 份，涉及的卫星数量达数万颗。

3）应用

卫星网络建设的活跃国家（地区）以美国、中国、俄罗斯、欧盟为主，这些国家（地区）已经建设或将要建设的卫星星座占比高达 90% 以上；印度、日本、加拿大、澳大利亚、韩国等国家更侧重于航天技术的跟随式发展。

卫星互联网典型应用场景可归纳为太空体系构建、商业航天、载人航天、高超声速计划项目、导航通信、太空态势感知、导弹预警、对地观测，下面分别进行介绍。

（1）太空体系构建。

在"新一代太空体系架构"设想下，未来几年美国将着力构建由近地轨道卫星星座构成的卫星网络体系，并制定相关分布式近地轨道架构标准。该卫星网络体系具备全天候数据传输和通信服务、海量数据处理的能力，并能够在短时间内把关键数据交到军事用户终端，弥补军事作战指挥过度依赖卫星通信的缺点，增强空间通信体系柔制性，支持复杂情况下的战斗管理、指挥、控制与通信。

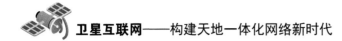
美国将在"星链""一网"等大型低轨道卫星星座中引入"黑杰克"项目的星座管理理念和优势技术，并加入智能自动任务管理系统，把卫星搜集到的信息融合处理后，将与作战关联的直观信息分发给用户终端，减少信息处理时间，提高决策效率。另外，为简化卫星申请手续，美国联邦通信委员会也推出简化小卫星申请的程序，以期降低申请费用、缩短办理周期，符合要求的申请人将更少地受到流程或服务规则的约束。

（2）商业航天。

在成熟的资本运作体制下，美国商业航天呈现蓬勃发展之势，太空探索技术公司、一网公司、亚马逊公司正在建设各自的全球物联网星座。目前，"星链"星座规划 42 000 颗卫星，已于 2020 年开始提供通信服务；"一网"卫星星座规划 648 颗卫星，并且与"铱星"公司达成战略合作协议，联合提供卫星通信业务；亚马逊公司正在推进"柯伊伯"全球卫星互联网星座，卫星数量预计达 3 236 颗。

美国航天局开始发展和拓展近地轨道商业市场及开发相关支持技术，以期在近地轨道建立多个由私人拥有和运营的，具有长期商业运行可行性的空间站系统，可同时向包括政府在内的军民多方用户提供服务，作为基础设施支持太空旅游计划。

欧洲坚持"先商后军"的航天产业发展模式，未来将对航天领域的军民协同发展提供重点政策性保障，促进其融合充分、国际化、自由发展等技术特点，从而保持航天产业的国际竞争力。英国在政府的《国家航天政策》指导下，促进多部门、跨行业合作，加速低成本航天创新服务，统筹军民领域的航天需求，吸引高技术人才投身航天领域，在航天领域催生新发现和新的经济增长点。

（3）载人航天。

随着国家科技进步和经济实力的提升，世界各国纷纷进入载人航天领域。2019 年，美国恢复载人航天发射计划，目前 SpaceX 公司的载人龙飞船和波音公司的 CST-100 星际客机飞船都完成了无人飞行试验，随后它们将逐步具备独立向空间站发送宇航员的能力。

特朗普在 2017 年签署 1 号太空政策总统令号召重返月球，标志着美国已不满足于简单的探测器月球勘探活动。2019 年，在人类登月 50 周年纪念仪式上，美国确认启动登月计划"阿尔忒弥斯"，计划在 2024 年之前将宇航员送往月球，包括首位女性宇航员和一位男性宇航员，美国航天局将采用新的技术和系统对月球进行更深入的探索。

围绕上述计划，美同盟国及其相关组织纷纷加入相关任务活动。继加拿大、日本、澳大利亚之后，在第 70 届国际宇航大会上，欧洲航天局和 3 个欧洲国家机构、卢森堡政府、意大利航天局、波兰航天局与美国航天局签订合作协议，正式加入美国月球登陆计划，加拿大将负责为"门户"研制机械臂，日本将在"月球轨道平台-门廊"项目中提供居住舱和后勤服务，澳大利亚将在机器人、自动化和远程资产管理等领域与其他国家开展合作，欧洲航天局将负责研制"月球轨道平台-门廊"项目中的两个模块，其他国家的工作细节还在进一步讨论中。

此外，俄罗斯在持续运营"国际空间站"的同时，计划开展新一代载人飞船的飞行测试，预计 2023 年进行第一次载人发射任务；为实现 2030 年前载人登月的目标，俄罗斯计划建造用于发射大型航天器的重型运载火箭综合设施，并开展可用于发射大型航天器、载人飞船和月球轨道舱的重型运载火箭的研发工作，打造新一代载人飞船并进行飞行试验，研制超重型和中型运载火箭综合系统的关键构件，为载人登月做好充足的技术储备。

（4）高超声速计划项目。

从 2019 年开始，美国在工业基础、作战编队等方面显著加快了高超声速导弹武器化研究进程，全面形成高超声速打击能力。目前，美国在型号研制、科研预研、技术储备、试验能力等方面已取得显著成绩。未来几年，美国将围绕高超声速武器建立工业产业，与工业界建立高超声速联盟，建设低成本、高效率的生产线。

为研制新一代高超声速装备的技术和工艺，汇集行业主流研发机构和技术资源，解决技术研发方面的瓶颈，培养新一代技术骨干，俄罗斯将组建"超声速"科学中心，以吸引世界顶级科学人才。欧盟将持续推进"龙卷风"系列高超声速导弹防御计划，发展多用途导弹拦截器，以应对中程机动弹道导弹、超声速或高超声速巡航导弹、超声速滑翔机，以及下一代战斗机等带来的军事威胁。日本计划快速开展火控技术、制导技术、推进技术和高超声速飞行器机体和弹头技术的研发工作，以实现在 2030 年前研发出速度达到 5 马赫或更高速的巡航导弹。

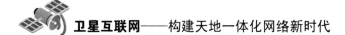

（5）导航通信。

在 2019 年航空航天力量会议上，"五眼联盟"国家提出将利用卫星导航通信技术的优势，加强极高频卫星系统、宽带全球卫星通信的研发和投入，增加多频段移动通信网络系统的接入，以提高卫星通信系统抗干扰能力，减小敌方拦截干扰卫星通信信号的可能性。

美国将继续加强"先进极高频""全球定位-3"等系列卫星的部署，并将持续推进低轨通信卫星星座建设，达到备份 GPS 的能力。欧盟也计划在现有卫星导航通信能力基础上，建设第三代欧洲地球静止导航重叠服务（European Geostationary Navigation Overlay Service，EGNOS）系统、第二代伽利略导航定位系统，同时开展下一代移动卫星通信导航技术，从而提高通信带宽，实现包括地球静止轨道、中轨道和低轨道卫星在内的多个卫星网络互通互联。加拿大将启动"增强型卫星通信""受保护军事卫星通信""Mercury Global"项目研究，以接入现有先进极高频（Advanced Extremely High Frequency，AEHF）和宽带全球卫星（Wideband Global Satellite，WGS）网络，从而进一步提高卫星通信带宽，保证窄带和宽带频段的可靠安全访问能力，支持北极地区的通信能力。俄罗斯计划在 2025 年增加在轨通信卫星数量，打造多功能的卫星中继系统和个人移动卫星通信系统，确保对低轨道卫星及空间站系统的全天候中继服务及遥测数据传输能力，实现完备的移动通信服务和广播电视服务。日本将与其他国家政府和科研机构开展合作，开发新型"准天顶"技术，实现高精度、高稳定性导航和轨道修正控制，建设工程测试卫星、数据中继试验卫星、宽带互联网工程试验与验证卫星，满足对地观测容量大、分辨率高的要求。

（6）太空态势感知。

美国将逐步拓展其太空态势感知系统合作范围及装备部署区域。预计在 2023 年，日、美两国将完成太空态势感知系统连接，实现对他国卫星系统与宇宙垃圾情报实时监视和情报共享，建立联合防御机制。美国将于 2022 年帮助日本完成同步轨道的太空态势感知系统的建设。美国在澳大利亚和西班牙计划部署"地基光电深空系统"，与其他站点系统设备共同监视、跟踪高轨道目标，提供近 80% 地球同步轨道目标的信息。

另外，美国、欧盟、日本等国家（地区）在增强太空态势感知和应对威胁能力的同时，相继确定其在空间碎片清除及碰撞规避方面的技术发展方向。通过开发在轨避碰机器学习技术，实现自动评估空间碰撞的风险和概率，提供机动需求决策，并以指令形式发送给被威胁卫星，使卫星免受空间碎片威胁。

此外，国外组织将持续推进基于"太空清洁-1"任务和"主动碎片清除/在轨服务"的太空碎片移除相关项目的实施，强化导航/控制技术及交会捕获技术储备，提升技术应用的可靠性和成熟度。在日本实现对低轨道目标观测能力达到亚米级能力且完成轨道信息分析系统建设后，日、美两国将基于态势感知数据建立卫星信息网，联合打造防止卫星相撞的"太空交通管理"系统，完善太空的国际交通规则。

（7）导弹预警。

为提高对高超声速战略和战术导弹天基的预警能力，美国提出天基导弹预警系统。美国空军、导弹防御局和太空发展局在导弹防御和战场感知需求方面达成共识，将各自资源统一整合到持续红外监测体系中。美国国防部强调下一代天基导弹预警系统，将采用大型精密卫星系统在地球同步轨道上运行与小型卫星在近地轨道上运行相结合的运行模式。"新一代高空持久红外预警卫星系统"将取代现有"天基红外预警系统"，成为探测与跟踪太空导弹的首要卫星系统。

为减轻天基导弹预警压力、强化地域防御能力，俄罗斯与中国在航天军事技术等领域开展进一步合作，建立共同防御机制。在导弹预警装备系统快速发展的形势下，法国、意大利、西班牙等欧盟成员也逐渐强化联合防御机制，加强早期导弹威胁预警和应对能力，意图通过结合更强的天基预警和大气层内拦截能力来提升探测、跟踪和应对各种空中威胁的能力。

（8）对地观测。

美国在建设太空体系架构的同时，将持续强化基于遥感卫星对地观测的情报侦察能力。美国将持续发射"锁眼""世界观测""黄蜂"等太空侦察卫星和隶属国家侦查局的绝密卫星，部署星载高分辨率成像技术；同时，在大量技术试验卫星和商业星座卫星中暗设具备侦察能力的成像载荷，从而实现对地球高频次、高分辨率、任意时间点的数据侦察。俄罗斯在研发新型超高分辨率对地观测卫星的同时，将发射"中子"等卫星，扩大在轨对地观测卫星及星座规模，预计 2025 年在轨卫星数量将增加至 23 颗，从而降低对国外航天信息数据的依赖性，全面履行全球水文气象观测领域的国际义务。波兰在物联网卫星星座启发下，将启动实时对地观测星座项目，预计 2026 年完成 1 024 颗微纳型卫星组网；法国将开展三维光学星座项目，由 4 颗卫星构成的星座每天能够获取全球各地 50 cm 分辨率的立体图像，具备三维地图信息制作能力。日本将重点研发先进光学卫星和先进雷达卫星，提升观测传感器技术水平和观测数据校正能力；发射第三代光学卫星，使在轨卫星数量达到 8 颗；同时，考虑在美国和其他国家私营公司卫星上安装侦察载荷，以提升天基情报获取能力，加强对亚洲重点国家的侦察监视。对地观测卫星是韩国在太空领域发展的重点，除继续研制发射"高性能韩国多用途卫星"和"千里眼卫星"外，还将加大下一代中型卫星和微小卫星研制方面的资金和技术投入。

2. 国内卫星网络发展历程

1）政策

近年来，工信部、国防科工局、国家航天局等密集出台一系列支持性政策/文件，为卫星网络行业发展提供政策支撑，我国卫星产业迎来快速发展，其中低轨道通信卫星呈现快速发展态势。表 2-5 列出了有代表性政策/文件。

表 2-5　我国有代表性的卫星网络相关政策/文件

序号	文 件 名 称	发布部门	发布时间	主 要 内 容
1	国家民用空间基础设施产期发展规划（2015—2025 年）	国家发改委、财政部、国防科工局	2015 年 10 月	巩固加强骨干卫星业务系统，优化卫星在轨配制与星座组网，合理布局地面系统站网与数据中心，坚持国家顶层设计和统筹管理，制定、完善卫星制造及其应用国家标准，卫星数据共享、市场准入等政策法规，建立健全民用空间基础设施建设、运行、共享和产业化发展机制
2	国家创新驱动发展战略纲要	国务院	2016 年 5 月	完善空间基础设施，推进卫星遥感、卫星通信、导航和位置服务等技术开发应用，完善卫星应用创新链和产业链
3	"十三五"国家战略性信息产业发展规划	国务院	2016 年 11 月	做大做强卫星及应用产业，构建星座和专题卫星组成的遥感卫星系统，形成高、中、低分辨率合理配置，空天一体化多层观测的全球数据获取能力；加强地面系统建设，汇集高精度、全要素、体系化的地球观测信息，构建"大数据地球"；打造国产高分辨率商业遥感卫星运营服务平台；发展通信广播、移动通信广播和数据中继三个卫星系列，形成覆盖全球主要地区的卫星通信广播系统；实施第二代卫星导航系统国家科技重大专项，加快建设卫星导航空间系统和地面系统，建成北斗卫星导航系统，形成高精度全球服务能力

（续表）

序号	文件名称	发布部门	发布时间	主要内容
4	信息通信行业发展规划（2016—2020年）	工信部	2016年12月	到2020年，信息通信业整体规模进一步壮大，综合发展水平大幅提升，"宽带中国"战略各项目标全面实现，自主创新能力显著增强，新兴业态和融合应用蓬勃发展；光网和4G网络全面覆盖城乡，宽带接入能力大幅提升，5G启动商用服务，形成容量大、网速高、管理灵活的新一代骨干传输网；建成较为完善的商业卫星通信服务体系；国际海路由进一步丰富，网络通达性显著增强
5	关于推动国防科技工业军民融合深度发展的意见	国务院	2017年12月	支撑太空、网络空间、海洋等重点领域建设，推动军工服务国民经济发展，发展典型军民融合产业，培育发展军工高技术产业增长点，以军工能力自主化带动相关产业发展；推进武器装备动员和核应急安全建设，强化武器装备动员工作；完善规划政策体系
6	工业通信业标准化工作服务于"一带一路"建设的实施意见	工信部	2018年11月	在北斗卫星导航领域，推动终端模块化、低功耗、高集成度芯片设计标准的制定与实施；深化中俄北斗/格洛纳斯双模车载卫星导航终端研发合作与澜湄流域北斗卫星定位导航服务系统建设及民生领域应用合作，推动北斗应用终端标准"走出去"
7	关于促进商业运载火箭规范有序发展的通知	国防科工局、中央军委装备发展部	2019年5月	在发射许可和专项审查申报材料中，商业火箭企业需对轨道频率登记和协调、减缓空间碎片、采取的安全防控措施方案，以及第三方责任保险、相关商业保险购买生效情况等进行重点说明；相关发射活动不得对国家安全和公众利益造成危害
8	交通强国建设纲要	国务院	2019年9月	推动大数据、互联网、人工智能、区块链、超级计算等新技术与交通行业深度融合；推进数据资源赋能交通发展，加速交通基础设施网、运输服务网、能源网与信息网络融合发展，构建泛在先进的交通信息基础设施；构建综合交通大数据中心体系，深化交通公共服务和电子政务发展；推进北斗卫星导航系统应用
9	关于规范对地静止轨道卫星固定业务Ka频段设置使用动中通地球站相关事宜的通知	工信部	2019年6月	设置、使用Ka频段动中通地球站，不得对同频段其他依法设置、使用的无线电台（站）产生有害干扰，同时应采取必要措施提高自身的抗干扰性能，避免受到来自其他合法无线电台（站）的干扰，也不得提出免受其他合法无线电台（站）干扰的保护要求

（续表）

序号	文 件 名 称	发布部门	发布时间	主 要 内 容
10	关于进一步加强广播电视卫星地球站干扰保护工作的通知	工信部、国家广电总局	2019 年 8 月	进一步明确各单位在广播电视卫星地球站保护工作中的职责，要求各相关单位进一步提高政治站位，充分认识做好广播电视卫星地球站干扰保护工作的重要性，建设省级 5G 基站与广播电视卫星地球站统一协调机制，明确统一协调具体工作流程和应急处置机制，加速推进广播电视卫星地球站，特别是涉及安全播出的重要卫星地球站的技术改造和干扰保护工作

2）建设

在卫星网络建设方面，我国刚刚起步，除投入使用的中星 16 号等卫星可以提供宽带移动通信服务外，国内尚未有其他卫星网络系统实际投入使用。

近年来，中国低轨道通信卫星呈现快速发展态势。"十三五"期间，航天科技、航天科工集团分别提出自己的卫星网络发展计划，并发射试验卫星。2020 年 4 月，卫星网络首次纳入新基建范围，全面开启了低轨道卫星互联网产业战略规划布局。卫星网络融入遥感工程、导航工程、通信工程已经上升为国家战略，成为我国空天立体化信息防护系统的重要组成部分。

截至目前，中国规划卫星数量在 30 颗以上的低轨道卫星项目已达 10 个，项目规划发射卫星总数量达到 1 900 颗。2018 年中国航天科技集团提出"鸿雁"星座建设项目，该项目计划由 300 颗宽带通信卫星组成，可实现全球任意地点的互联网接入，首颗试验星"重庆号"已于 2018 年年底发射成功；航天科工集团提出的"虹云"项目计划发送 156 颗卫星，预计到"十四五"中期完成天地一体化深度融合的系统建设，具备面向个人用户和特殊用户开展车载、船载、机载等多模式应用的卫星通信功能，技术验证卫星于 2018 年年底被送入轨道。我国卫星网络星座代表工程见表 2-6。

3）应用

相对于传统地面网络在海洋、荒漠、偏远山区等地理条件限制下存在铺设难度大、成本高等问题，卫星网络不受地理条件限制，是对传统地面网络的有效补充和延伸，通过构建卫星互联网网络，可实现网络信息全球无缝隙覆盖，并应用于航空、航海、陆地交通、轨道交通等领域。典型的应用场景如下。

表 2-6 我国卫星网络星座代表工程

星座名称	定位	总抓单位	卫星数量/颗	总 体 规 划	最 新 进 展
鸿雁	数据通信、导航增强	航天科技集团、东方红卫星移动通信公司	>300	"鸿雁"星座一期预计在 2022 年建成并投入运行，系统由 60 颗核心骨干卫星组成，主要实现全球移动通信、物联网、导航增强等功能；二期预计2025年建成，系统由数百颗宽带通信卫星组成，可实现全球任意地点的互联网接入	预计在 2023 年完成建设并初步应用
虹云	天基互联网	航天科工集团二院	156	"虹云"工程分为三个阶段：第一阶段，2018 年年底发射首星；第二阶段，到"十三五"结束发射 4 颗任务试验星；第三阶段，到"十四五"中期完成天地融合系统建设，具备全面运行条件	应用示范系统包含 1 套机动信关站和多型用户站，将于 2022 年完成部署
行云	天基物联网	航天行云科技有限公司	80	发射 80 颗行云小卫星，分 α、β、γ 三个阶段逐步建设系统，最终打造覆盖全球的天基物联网。α 阶段：试运行、示范工程建设；β 阶段：实现小规模组网；γ 阶段：完成全系统构建	2020 年 4 月中下旬以一箭双星的方式将 2 颗首发星送入太空，α 阶段启动

（1）宽带接入：偏远地区由于受地形、环境影响，无法铺设有线通信设施，而通过卫星可以提供互联网网络接入、卫星电视、卫星电话等服务。

（2）航空、航海、轨道交通：在飞机、动车上装载卫星终端，可以提供机/车载 Wi-Fi 互联网服务；在轮船上装载卫星终端，可以提供卫星定位与海事卫星电话，实现船只与地面通信的互联互通，满足海洋作业、科学考察、数据交互等需求。

（3）灾备应急通信：在公共突发事件、自然灾害、恐怖袭击、大型赛事活动等场景中，采用卫星通信可完成应急通信、数据备份与恢复、异地灾备等，通过卫星网络可将关键业务数据进行备份。

（4）政企专网：主要满足政府、企业的特定需求，如电力、石油企业，涉及部分海外跨境业务，需要与总部企业内网互联进行数据传输、网络电话、视频接入、OA 办公等相关服务。

2.3　卫星网络分类

不同类型的网络在业务需求方面各有不同，网络体系结构也有所差异，因此卫星网络大致可分为卫星移动通信网络、卫星宽带通信网络、广播卫星通信网络和 VSAT 卫星通信网络等。

2.3.1　卫星移动通信网络

1．概念

卫星移动通信网络是指基于卫星作为中继站提供移动业务的通信系统。移动通信网络中的卫星可以是高轨道卫星、中轨道卫星、低轨道卫星和高椭圆轨道卫星等。因此，卫星移动通信是传统的固定卫星通信与移动通信结合的产物。它既是可以提供移动业务的卫星通信系统，又是采用卫星作为中继站的移动通信系统。

2．主要业务

卫星移动通信网络的应用范围广泛，可以为军民用户端提供国内、国际通信和数据传输服务。目前，卫星移动通信已经成为移动通信业务的一个重要发展方向。美国摩托罗拉公司率先于 1990 年 6 月推出用于实现地球上任意两个移动用户之间个人移动通信的"铱星"系统计划。此后，世界上又先后推出多个全球或区域性卫星移动通信方案，如"全球星"系统、"奥德赛"系统、国际海事卫星组织的"21 世纪计划"等。

卫星移动通信网络是军事作战系统的重要组成部分，如可实现集团军到机动旅各级司令部的指挥控制和多路传输的美军地面机动卫星通信系统，是美军主要的战术通信系统。国际海事卫星组织用 4 颗地球同步卫星在 L 频段为全球用户端提供以海事为主、陆地和航空为辅的卫星移动通信业务。

世界上有些组织正在积极筹划建设低轨道卫星移动通信网络，也有些组织计划组建中轨道和高轨道卫星联合网络，为用户提供卫星移动通信业务。卫星移动通信网络按照应用环境可分为海事卫星移动通信网络、航空卫星移动通信网络和陆地卫星移动通信网络，分别为海上、空中和地面端提供通信服务。

卫星移动通信广泛应用于军事行动，具有机动性强、覆盖范围大、可靠性好、传输效率高等特点，是保障作战行动的有效通信方式。其主要用于多种作战平台，师、旅、团营甚至单兵等各级作战单位和单元，贯穿于各种规模的作战之中，具体应用涉及山地、沙漠、丛林、海洋等各种恶劣或复杂的作战环境。在实际作战应用中，卫星移动通信技术与战场军事需求紧密联系，系统不断迭代完善，成为确保战场指挥控制、通信互联的重要手段。

2.3.2　卫星宽带通信网络

卫星通信与互联网相结合形成卫星宽带通信网络，卫星宽带通信是指通过卫星进行话音、数据、图像和视像的处理和传送，也称多媒体卫星通信。因为卫星通信系统的带宽远小于光纤线路，所以几十兆比特每秒的传输速度就可称为宽带通信，卫星通信为新应用和新业务提供了大量机会，大带宽卫星通信技术是卫星通信方案的终极发展目标。

1994 年，休斯网络系统公司开发出能实现卫星网络与个人计算机互联的 DirecPC 接收系统。该系统开辟了一条空中高速下载通道，使 PC 用户直接利用电视直播卫星的小口径接收天线便可高速下载因特网上的大容量信息。随后，许多大型卫星公司推出用于互联网增值业务的 VSAT 系统，该系统已经成为世界互联网高速发展的重要组成部分[21]。

基于非静止轨道卫星星座的全球宽带卫星通信网络宏大计划的提出和实施，展示了卫星在未来的宽带和多媒体通信应用中的美好前景。这些卫星网络将直接作为地面多媒体通信系统的接入手段，主要用于多信道广播、网络的远程传送和定位导航。

2.3.3　广播卫星通信网络

广播卫星是一种向大众直接转播广播电视节目的专用通信卫星，又称电视广播卫星。按广播方式广播卫星用途主要分为向地面电视运营商提供点对多点服务的卫星广播；向个人、大众提供点对面直播服务的卫星直播。

广播卫星是广播的发射平台，是广播卫星网络的重要组成部分。广播卫星

网络主要由电视广播转发系统和保障系统组成。电视广播转发系统主要包括广播转发器和收发天线两部分。广播卫星一般运行在静止轨道上，广播发射功率约为百瓦量级。

广播卫星主要由通信卫星发展而来，但二者又有区别。通信卫星主要用于电话、电报和电视传输等电信业务，连接两座或多座具有收发功能的地球站，实现点对点的双向通信，涉及通信转发器数目较多。为了避免对地面微波中继线路共享频段的干扰，每个通信转发器的输出功率一般为 5～10 W，发射到地面的电波较微弱，须用直径较大的高增益天线、低噪声接收设备和跟踪系统来接收。通信卫星虽然也能转播电视节目，但要经过卫星通信地球站接收，然后传送到地面电视台，再转发给公众。

广播卫星不需要任何中转就可向地面转播或发射电视广播节目，供公众直接接收，实现点对多点、点对面的广播。广播卫星一般用国内或区域波束实现覆盖。广播卫星通信网络分为单向卫星广播系统、交互式卫星广播系统和综合广播交互系统三种。单向卫星广播系统由用户终端、地面主站和卫星组成，为了支持用户请求等信息的传送，在用户和主站之间可以采用地面通信线路建立回传通路。典型的交互式卫星广播系统是采用 DVB-S 广播信道和 DVB-RCS 交互信道构成的卫星交互网络结构，由卫星、业务提供者、回传信道卫星终端、网关站（Gateway Station）和网络控制中心组成。综合广播交互系统则把两种标准集成到一个具有星上处理和星上交换功能的多波束卫星系统中，在任意两个波束之间都可以进行全交叉连接。综合广播交互信道采用星状结构，主要用于登录、同步及资源请求，卫星通过信道进行快速配制和星上处理的管理，业务提供者和用户可以通过该信道与网络控制中心进行联系。

2.3.4　VSAT 卫星通信网络

小数据站（Very Small Aperture Terminal，VSAT）系统具有灵活性强、可靠性高、使用方便及可直接集成安装在用户端等特点。利用 VSAT 用户终端可直接和地面互联网连接，完成数据传递、文件交换、图像传输等通信任务，避免了远距离通信需要地面中转站的问题。因此，使用 VSAT 卫星通信网络作为专用远距离通信系统是一种很好的选择。

VSAT 卫星通信系统主要由空间段和地面段两部分组成。VSAT 卫星通信网络主要由卫星、主站和用户 VSAT 端站三部分组成。

VSAT 卫星通信网络的典型形态有星状网和网状网。

星状网形态是指以 VSAT 主站为网络中心节点，各 VSAT 端站与主站之间直接构成通信链路，各 VSAT 端站之间不具有通信链路。VSAT 端站之间的通信需要通过 VSAT 主站转发来实现，这类功能主要由 VSAT 主站的网络控制系统参与完成。网状网形态是指各 VSAT 端站之间相互连接构成直接的通信链路，不需要通过 VSAT 主站转发，VSAT 主站只起到 VSAT 网络的控制和管理的作用。

VSAT 端站可以灵活而经济地组成不同规模、不同速率、不同用途的网络系统。一个 VSAT 网络一般可容纳 200～500 个端站，其中端站的布置有广播式、点对点式、双向交互式、收集式等多种应用形式。因此，VSAT 卫星通信系统特别适用于那些地形复杂、架线难度大和人烟稀少的边远地区。VSAT 通信技术主要可用于以下六个场景。

（1）为边远地区传送广播电视、商业电视信号，普及卫星电视广播和电视教育。

（2）对市场情况进行动态跟踪管理，用于财政、金融和证券系统，可大大缩短资金周转周期。

（3）及时传输气象卫星、海洋卫星、资源卫星和地面检测站获取的信息，实时监测水文变化，实现水利建设的监管，减少自然灾害的损失。

（4）用于铁路的运营调度等交通运输的管理，缓解交通运输的紧张状态。

（5）将移动通信设备应用于军事，将其装备到每个士兵。

（6）当自然灾害或突发性事件发生时，用于应急通信和边远地区的通信。

2.4　卫星网络发展趋势

在全球高度关注卫星网络布局的前提下，卫星网络产业向高频段化、网络安全化、标准化及新型应用落地发展的趋势显著。

1．高通量卫星向高频段发展

卫星网络需要更高的数据速率、更强的带宽接入能力。目前，多数高通量

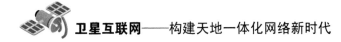

卫星均采用 C、Ku、Ka 通信频段，频段资源已接近饱和。基于频段资源竞争和轨道资源的稀缺，为满足未来大带宽的需求，进一步提高卫星通信容量，推动卫星通信向频率更高的 Q、V 频段（带宽可达 5 GHz）发展，是未来的必然之路。

2. 构建卫星网络安全防护体系

通过地面站、移动站、不同轨道面上的卫星群的有机融合，可构成卫星网络。卫星网络存在跨空域、跨地域的特殊性，导致其面临来自不同方面和层次的网络安全威胁。卫星网络不仅承载社会经济相关业务，还承担多星协同探测、情报侦察等军事任务。未来，中国卫星网络应构建空天地网络安全保障体系，有效应对身份认证、安全路由、安全传输等方面的多种威胁，形成覆盖包括卫星、基站、系统、终端在内的一体化纵深防御体系。

3. 助力万物互联，实现全覆盖新型应用

卫星网络是对我国没有网络接入能力区域的联网服务的必要补充。全区域覆盖将助力我国实现天空、水体、土壤等全生态环境保护，实现对洪水、农业灾害、森林火灾、地震等极端灾害的预警，实现电力物联网在偏远无人地区的电力设施及线路的实时布控。

2.5　本章小结

本章介绍卫星网络的发展、分类及应用场景等内容，梳理其发展历程，包括国内外相关的战略政策、建设内容和应用场景，最后归纳了卫星网络类型，并展望其发展趋势。

新时代网络技术的发展突飞猛进，卫星网络具有通信容量大、传输信息质量高、大面积区域成网覆盖，以及在很大程度上可以削弱甚至抵抗地理因素对通信信号带来的破坏等优势，在未来必将成为通信技术发展的主要方向。掌握卫星网络核心技术，研发其前沿技术，一定会促进国内经济快速发展和人民生活质量的提高。

本章参考文献

[1] 王丽娜，王兵．卫星通信系统[M]．2 版．北京：国防工业出版社，2014:19-22．

[2] 杨秀侠．低轨道卫星系统的星际链路通信[J]．江苏通信技术，1998(5)：16-17．

[3] 白春霞．低轨道卫星移动通信系统的发展及其应用[J]．电信科学，1994(9)：51-56．

[4] 北斗定位导航系统官网．北斗系统中"三"的奥秘[EB/OL]．(2019-12-24)[2021-01-26]．
http://www.beidou.gov.cn/zy/kpyd/201912/t20191226_19774.html．

[5] 栾恩杰．国防科技名词大典:电子[M]．北京：航空工业出版社，2002:328-345．

[6] 张乃通．卫星移动通信系统[M]．2 版．北京：电子工业出版社，2000：22-26．

[7] 中国科普博览．移动通信系统的分类（三）[EB/OL]．(2019-04-22)[2021-01-26]．
https://baike.baidu.com/reference/5932608/8a9fH0DkGjwYHWedA6p6zB3O8uBQ077xpHf
aRZ35AHzU-nFzxFw6YLGPxelp_6OSBa5Ef_JG_p0ixTg_Ua3s4U0KFlFDBXotvL83mzK
xrkSqp6aT4Q8gFlmSgxhbsrw．

[8] 中国科普博览．高轨道卫星（GEO）移动通信系统概述和特点[EB/OL]．(2019-04-22)
[2021-01-26].https://baike.baidu.com/reference/5932608/7bc9S2qJR8sXvsdMZ2RFHk5vIg7
J1fb6Zrpi-m6_KnTwKlPaijyZHNO3o0U_xPHMq_bjf_rBBTP14RR2f_fLa-U0r8jlYU0akjif
LPVntzyAfwqUOKDNM_J1HDpotAI．

[9] 鞠晓峰，叶元煦．通信卫星应用产业发展动力机理分析[J]．数量经济技术经济研究，
2003，20(1)：80-84．

[10] 吴广华．卫星导航[M]．北京：人民交通出版社，1998：89-96．

[11] 吕伟，朱建军．北斗卫星导航系统发展综述[J]．地矿测绘，2007，23(3)：29-32．

[12] 林迪．北斗走进阿拉伯：中国导航系统服务全球"开门红"[EB/OL]．(2019-06-24)
[2021-01-26].https://baike.baidu.com/reference/10390403/1df3usq5c2LFc4W-nU-kuAJ5cJ6
OCUne8niwagCMlARgP5ykugDnE9N5aFE5zm8iViQsHZfnxFxKEbuwfA31IDdmIznpkr9
H0E4r0Is9SbyLdtMc．

[13] 中国知识产权报/国家知识产权战略网．"北斗"天地导航"神威"点亮梦想[EB/OL]．
(2017-09-22)[2021-01-26]．http://www.nipso.cn/onews.asp?id=38071．

[14] 中央新闻客户端．习近平出席建成暨开通仪式并宣布北斗三号全球卫星导航系统正式
开通[EB/OL]．(2020-07-31)[2021-01-26]．https://baike.baidu.com/reference/10390403/
591eoM9sl3nG33KEZdSgJHzhOsI9-w8U9P1i5Ezsl1g2j6YvQw2d2e_EwEmEEY28FXCjuj
qqLH2uoHhPf1PeSuVogOBMbVbf_OTjljb_vDSDY0uATnLailaicQNcZ--Go2TG．

[15] 北斗卫星导航系统．北斗卫星导航系统介绍[EB/OL]．(2017-03-16)[2021-01-26]．
https://baike.baidu.com/reference/10390403/405ebQDFCCT5f0JVCEXDZdjIGY_4wvEcG
N3pL53uUQCwgjuzwbARt_0ujLpvgUhqTrtbl2x_SPurbPVC7WlOpacy-lNfwTLVzP2LPK4

TMBzeKxYcuYxF.

[16] 北斗卫星导航系统. 北斗卫星导航系统发展报告（3.0 版）[EB/OL]. (2018-12-01)
[2021-01-26].https://baike.baidu.com/reference/10390403/ce90Bzf01IxVvezs5UVvrLbBo10
NNNbu8BCLHFE9W47OZM0eM1dGEmBE2fMpxmOd_KqpKipBclxzUsacEpH_ydh4N1n
uRf8zTH_OKRjS1sG2UPXq9pp_Jk3Q66Mf_F4.

[17] 张建松. 我国北斗系统在轨卫星已达 39 颗明年将全面完成建设 [EB/OL].
(2019-09-09)[2021-01-26]. https://baike.baidu.com/reference/10390403/0324q08phJv1TLO
Yv5gTsiVT15lgL5VeDoPjD5QEfzL57yVKsxmH7_4tUUBzPiCWnhqEYelWXOE6wtoDHc
YyJPhqSz8KFmgUkWrsR1Zvr07yD_5WBacL0vESvVY.

[18] 李国利，胡喆. 北斗三号最后一颗全球组网卫星发射升空[EB/OL]. (2020-06-23)
[2021-01-26].http://www.xinhuanet.com/2020/06/23/c_1126148979.htm.

[19] 杨欣，陈飚. 我国北斗三号全球卫星导航系统星座部署提前半年全面完成[EB/OL].
(2020-06-23)[2021-01-26].https://baike.baidu.com/reference/10390403/3227IwMhFkmBrk7
tKRM6Lr647h_NUf33alQuh08TJxfCHiwvgQMh1Z_tayvYDgvZz1JCzHPbEmfKs7LgfBvT
TVhpcftApF6zvMPsksanpHbmn8HRew4oPAY.

[20] 高传. 风云 1 号气象卫星[EB/OL]. (2006-09-19)[2021-01-26]. http://www.enorth.com.cn.

[21] 太阳谷. 国外重点国家航天发展战略（2018-2025）[EB/OL].(2019-07-09)[2021-01-26].
https://www.sohu.com/a/325761475_466840.

第 3 章　互联网与移动互联网

本章紧紧围绕互联网、移动互联网的发展与演进过程及场景应用，介绍各阶段的标志性成果和典型特征。

3.1　互联网发展与演进

互联网又称网际网络、因特网，是网络与网络连成的更庞大的网络。它通过标准协议实现全球互联，其中包括交换机、路由器等网络设备及多种类型的服务器、计算机和终端，可满足全球信息实时共享的需求，互联网是社会信息化的基础。

3.1.1　互联网发展沿革

计算机互联网是利用通信设备和线路将全世界上不同地理位置上功能相对独立的计算机系统连接起来，具有完善的网络功能（网络通信协议、网络操作系统等），实现网络资源共享和信息交换的数据通信网络。

1. 互联网国外发展历程

1）互联网诞生（1969 年）

互联网始于 1969 年，是美军根据美国国防部高级研究计划署制定的协定，将加利福尼亚大学洛杉矶分校、斯坦福大学研究学院、加利福尼亚大学和犹他州大学的四台主要计算机相连形成的"阿帕"网络（Advanced Research Project Agency，ARPA）。这个协定由剑桥大学执行，在 1969 年 12 月开始联机。到 1970 年 6 月，麻省理工学院、哈佛大学和加州圣达莫尼卡系统发展公司相继加入。到 1972 年 1 月，斯坦福大学、麻省理工学院的林肯实验室和卡内基梅

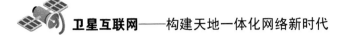

隆大学相继加入。在接下来的几个月内国家航空航天局、兰德公司和伊利诺利州大学也加入了。ARPA 成为现代计算机网络诞生的标志。最初，ARPA 主要是用于军事目的，要求 ARPA 必须经受得住故障的考验而能维持正常的工作。如果战争发生，网络系统因局部遭受攻击而发生故障时，其他局部应能维持正常的工作。ARPA 作为互联网的早期主干网，在技术上的一个重要奉献是传输控制协议/网际协议（Transmission Control Protocol/Internet Protocol，TCP/IP）的开发和应用，奠定了互联网存在和发展的根基。该协议较好地处理了异种机网络互联的一系列理论和技术问题。

2）互联网协议诞生（1978 年）

贝尔实验室提出 UNIX 和 UNIX 复制协议（Unix-to-Unix Copy，UUCP）。1979 年，新闻组网络系统在 UUCP 的基础上发展起来的。新闻组（讨论关于某个主题的讨论组）是串联开发的，提供了一种在世界范围内交换信息的新方法。但是，新闻组不被视为互联网的一部分，因为它不共享 TCP/IP，它可连接到世界各地的 UNIX 系统，并且许多互联网站点可充分利用新闻组。新闻组是互联网发展的重要组成部分。

BITNET 计算机网络（一种连接世界教育单位的计算机网络）连接到世界教育组织的 IBM 大型机上，此外，自 1981 年起获得电子邮件服务。Listserv 软件与后来的其他软件遭研发出用作业务这个网络。网关遭研发出用作 BITNET 与互联网的连接，此外，获得了电子邮件传递与邮件讨论列表。这些讨论列表产生了互联网发展中的一个关键部分。

3）广域网诞生（1983 年）

美国国防部将 ARPA 划分为军用和民用两部分。同时，局域网和广域网的产生和蓬勃发展对互联网的进一步发展起了重要的作用。其中，最引人瞩目的是美国国家科学基金会（National Science Foundation，NSF）建立的 NSFnet 结构形式。NSF 在美国境内建立按地域划分的计算机广域网，并将这些地域网络和超级计算机中心互联。NSFnet 于 1990 年 6 月彻底取代 ARPA 而成为互联网的主干网，并逐渐扩展形成今天的互联网。NSFnet 对互联网的最大贡献是使互联网对整个社会开放，而不是像以前那样只被计算机研究人员和政府机构使用。

第一个具有互联网检索功能的软件于 1989 年发明，它能为文件传输协议

（File Transfer Protocol，FTP）建立一个档案，后来取名为 Archie。这个软件能周期性地抵达所有对外开放的文件的下载站点，列出文件并建立一个可索引的软件数据库。Archie 检索的命令是 UNIX 命令，因此只需要 UNIX 知识便能充分利用它。

4）商业互联网诞生（1989 年）

欧洲粒子物理实验室提出一种对互联网信息进行分类的协议。这种协议被称为万维网（World Wide Web，WWW）协议，它是一个基于超文本的系统，可将一段文本嵌入其中，当你阅读网页时，可以随时选择文本链接。

互联网最初是由政府部门投资建造的，且仅限于研究机构、学校和政府部门使用。除直接为研究部门和学校服务的商业应用外，不允许其他商业行为。20 世纪 90 年代初，独立的商业网络开始发展，这种局面被打破。这使得在没有政府资助的网络中心的情况下，可以从一个商业网站向另一个商业网站发送信息。

5）NSFnet 取代 ARPA 成为骨干网（1991 年）

非营利组织 ANS（Advanced Network＆Science Inc.，ANS）建立了一个可以以 45 Mbps 速率传输数据的全国性 T3 骨干网。截至 1991 年年底，所有 NSFnet 骨干网都已连接到 ANS 提供的 T3 骨干网。

6）互联网完全进入商业化时代（1992 年）

电子邮件服务始于 1992 年 7 月，一系列网络服务于 1992 年 11 月推出。1995 年 5 月，国际科学基金会失去互联网中心的地位，所有关于商业网站局限性的谣言都不复存在，所有信息传播都开始依赖商业网络。美国在线也开启了在线服务。在此期间，由于商业应用的广泛传播和教育机构的自力更生，国际科学基金会投资的损失巨大。

微软已经完全进入浏览器、服务器和互联网服务市场，成为以互联网为基础的商业公司。

2．互联网国内发展历程

中国互联网于 1994 年接入国际互联网。至今，已历经了五次大浪潮，几乎彻底改变了人们的生活、消费、沟通和出行方式。

1）第一次互联网大浪潮（1994—2000 年）

1994 年，中国正式接入国际互联网，网易、搜狐和新浪等门户网站相继建立，百度公司于 2000 年 1 月创立。在这一阶段，中国政府、科研单位和众多企业等历经数年的努力，推动互联网从信息检索到全功能接入，再到商业化发展的探索。

2）第二次互联网大浪潮（2001—2008 年）

在这一阶段，互联网公司相继成立，各创始人热情高涨，不畏互联网泡沫带来的考验，努力探索互联网的商业模式，建立了从搜索到社交化网络的架构。

3）第三次互联网大浪潮（2009—2014 年）

在这一阶段单机互联网到移动互联网技术迅速发展，比较成熟的互联网商业模式已经建立，"内容为王"的互联网时代转向"关系为王"互联网时代。互联网中的角色关系也开始转变，网站与个体用户都成为内容创作者。

4）第四次互联网大浪潮（2015—2019 年）

在"互联网+"模式下人们的生活方式逐步改变，互联网与传统行业融合形成发展新形态、新业态。"互联网+"旨在将互联网有机融合于社会经济各领域之中，参与生产和社会管理，提升经济的创新力和生产力，形成更广泛的以互联网为基础设施和实现工具的新形态。

以云计算、物联网、大数据为代表的新一代信息技术与现代产业的融合创新，发展壮大了新兴业态，打造了新的产业增长点，为大众创业、万众创新提供了环境，为产业智能化提供了支撑，形成了新的发展动力。例如，"互联网+金融"实现的面对面移动支付、第三方支付、众筹、P2P 网贷等互联网金融模式，很好地提升金融服务和竞争力。

5）第五次互联网大浪潮（2020 年至今）

当今信息社会正在从互联网时代向物联网时代快速发展。互联网把人作为连接和服务对象，物联网将连接和服务对象从人扩展到物，实现万物互联。通过各种网络技术及射频识别、红外感应器、全球定位系统、激光扫描器等信息传感设备，按照约定协议将包括人、机、物在内的所有能够被独立标识的物端按需求连接起来，进行信息传输和协同交互，从而实现人对物端的智能化信息感知和管理，构建所有物端具有知识学习、分析处理、自动决策和行为控制能力的智能化服务环境。

　　智能服务系统是物联网科技创新的关键，将成为未来社会重要的基础设施。智能服务系统将真实环境物理空间与虚拟环境信息空间映射协同，实现了通信、计算和控制的有机融合。智能服务系统组建了物理世界内互通互联的智能协同网络，使物与物、人与物能够以新的方式进行主动的协同信息交互。

3.1.2　互联网组网演进

　　从 20 世纪 60 年代起，互联网组网演进历程可以分为网络技术准备阶段、网络技术精准阶段、网络技术 IP 化时代和后 IP 时代四个阶段。

1. 网络技术准备阶段（1960—1970 年）

　　20 世纪 60 年代，随着计算机应用的日益普及，计算机之间产生了大规模数据通信需求。此时，计算机通信都基于电话网和调制解调器通过拨号联网实现，具有传输速度低、可靠性差、效率低、价格高的特点。这种数据通信模式无法满足大规模计算机组网和突发式、多速率通信的需求。

　　20 世纪 60 年代，分组（也称为包）交换网络技术被提出[1]，该技术将用户传送的数据分为若干较短的、标准化的分组进行交换和传输。分组交换是以分组为单位进行存储和转发。每个分组由用户数据、地址和控制信息组成，保证网络能够将数据传递到目的地。分组到达交换机后，先存储在交换机中，当所需要的输出电路空闲时，再将该分组传送至接收端。该技术不同于电话网所采用的电路交换技术。电话网用户通话前先建立连接，通话时独占资源。目前，分组交换技术已成为数据、语音和视频通信领域的通用技术。

　　20 世纪 60 年代，计算机业和电信业都意识到网络技术的巨大潜力。从需求的角度看，计算机业意识到网络技术将是计算机最重要的功能之一，是未来技术发展的必然；从供给的角度看，电信业意识到网络技术将是一种前景广阔的电信增值业务，是电信技术发展的必然。

　　由于利益诉求、技术背景、人员结构和政治背景不同，所以计算机业和电信业在网络技术方面的技术线路之争长达 30 年。电信数据网和计算机网络的技术发展方向分道扬镳，直到近年才走向融合。

　　网络技术发展简史如图 3-1 所示。

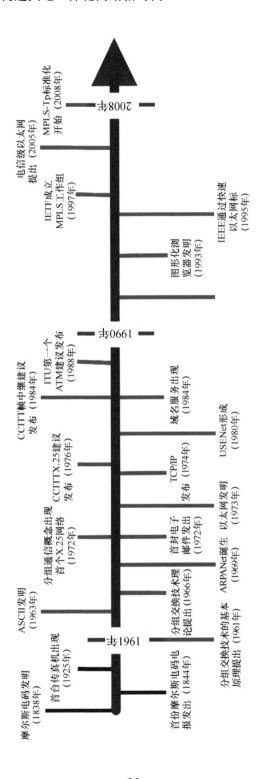

图 3-1　网络技术发展简史

2．网络技术发展阶段（1970—1993 年）

1）电信数据网

数据通信技术发展初期（20 世纪 60 年代）的数据终端没有智能化，数据通信在电话网络的模拟线路上进行，通信传输质量差，噪声干扰大。20 世纪 70 年代，数据通信通过公用电话网络实现，低速时分多路复用器和调制解调器的出现使传输质量有所提高。

分组交换技术出现后，统计复用技术[2]大大提高了通信线路的利用率、可靠性和质量，在长时间内成为数据通信的主流。随着局域网技术的发展，基于 X.25 的电路交换公众数据网成为世界范围的互联网络。

20 世纪 70 年代，美国已经出现用户对高速优质专线通信业务的需求，因此商业公司开始向用户提供高速数字数据网服务。随着传输网络的数字化发展，由最初的模拟线路、伪同步数字网再到同步数字网，数字数据网以其灵活的接入方式和相对较短的网络延迟，受到世界各地用户的欢迎。

20 世纪 80 年代，综合业务数字网技术（ISDN）产生，但由于标准化的过程缓慢，以及异步传递模式、帧中继和 IP 等技术的兴起，逐渐变成为一种典型的窄带接入技术。进入 20 世纪 80 年代，随着网络传输技术的发展及传输质量的改善，基于 X.25 的改善型网络传输技术被提出。随后异步转移模式发展起来，逐渐替代 X.25 网络成为互联网的骨干网络形式。异步转移模式的出现使得端到端的高速数据业务成为可能，但最终没能取代 IP 进入用户桌面应用。异步转移模式网络逐渐退出历史舞台，IP 网络逐渐成为互联网的主体网络。进入 21 世纪后，路由器技术在吸取异步转移模式技术的精髓之后获得技术性突破，吉比特线速转发的路由器研发成功，光传输技术的发展使得以太网在单模光纤中的传输距离达到 600 km 以上。

2）计算机网络

最早的计算机通信网是面向各个用户终端的联机系统，主体结构是一台主机通过物理线路连接多个计算机终端。随着计算机技术的发展，多主机构成一个分布式的通信系统共享信息，成为强烈需求，而所有用户间均设立连接线路的技术路线不够经济。

1969 年，美国阿帕网投入运行的分组交换技术奠定了计算机网络的基本形态与功能。1973 年，英国的国家物理实验室建立分组交换试验网。法国也在同年开通分组技术试验网，首次引入通过终端来保证数据有效传送的概念。后来，这一思想被互联网核心技术传输控制协议（IP）继承下来，从而影响了整个互联网的发展。欧美国家为分组技术建立的试验网，培养了大量的研究人员与工程技术人员，这些都为后来计算机网络的发展奠定了基础。

1974 年，IBM 提出一个对计算机网络严格按照功能进行层次划分的网络体系结构。计算机网络体系结构的出现，是计算机网络理论的一个飞跃，大大加速了计算机网络研发的工作。不同厂家有不同的体系结构，为此国际标准化组织提出一个著名的开放系统互联参考模型（Open Systems Interconnection Reference Model，OSI/RM）[3]，以建立一个统一的计算机网络体系。OSI 模型是一个复杂且完备的模型，但过于复杂也难以实现，使得它停留在仅是一个参考模型的状态。计算机网络体系结构的出现与 OSI 参考模型的推出，使计算机网络进入一个私有协议与公开标准竞争的时代，这一时代一直到互联网的出现才最终结束。

计算机网络从 20 世纪 60 年代末发展至今，多种技术的竞争推动了互联网的出现、发展和普及应用。其中，以以太网为代表的局域网技术和以 TCP/IP 技术为代表的广域互联网技术对互联网有着巨大的影响并且延续到今天。

3. 网络技术 IP 化时代（1994—2008 年）

在 20 世纪 90 年代以前，图文传送、文件传输协议、电子邮件、公告牌、新闻组、电子游戏及信息服务系统等很多业务和应用被开发出来。但总的来看，应用种类相对较少，价格较高，技术不同导致互通困难，网络规模小，使用范围有限。

随着万维网技术的诞生，进入 20 世纪 90 年代后，IP 网络技术成为数据通信的核心。1994 年，在商业资本及用户需求的双重力量推动下，IP 技术从实验室走出，进入社会化的应用阶段。这一时期的 IP 技术可分为以下两个明显的阶段。

1）社会化应用的初期阶段（1994—2001 年）

1994 年，互联网从实验室全面进入社会。万维网技术的诞生，将互联网上的各类信息有效组织在一起，并通过图形化浏览器界面呈现给用户，大大提高了信息交流和共享的效率。在这一阶段，互联网技术的发展以网络扩展、用户增加和网站出现为主，主要应用是浏览网页和收发电子邮件。互联网企业在商用初期没有找到有效的盈利模式，加之投机行为过度，最终导致全球性互联网"网络泡沫"的出现和破灭。

2）社会化应用的发展阶段（2001—2008 年）

宽带、无线移动通信等技术的发展，为互联网的应用进一步发展创造了条件。伴随着网络规模的扩大和用户数量的持续增加，互联网开始向更为广阔的应用领域扩张。其中，以博客为代表的具有自组织、个性化特征的第二代万维网新技术（Web 2.0）、新应用使普通用户成为互联网内容的提供者。其中，激发公众参与热情，人人参与互联网的创新和发展，是 IP 技术能够战胜其他所有网络技术的核心原因，为互联网的发展提供了广阔的空间。

4．后 IP 时代（2009 年至今）

2009 年以前，互联网是一个尚未完成的技术试验，因此导致有诸多问题长期难以解决。2009 年的国际金融危机带来一场网络科技革命，各国对互联网的战略性地位认识更加深入，成为新型互联网网络技术的转折年[4]。

为提高网络覆盖率，推动网络基础设施升级，世界各国将网络基础设施建设纳入经济刺激计划之中。比如，美国投入 72 亿美元用于支持宽带技术发展；欧盟投入 10 亿欧元以推动偏远农村地区宽带发展；澳大利亚设立 430 亿澳元的国家宽带网计划；新西兰投入 8.87 亿美元支持宽带技术发展。

互联网技术与其他产业深度融合，促进了新一轮互联网产业革命发展。网络信息产业将成为未来战略性新兴产业，是推动产业升级、信息社会、两化融合的发动机，是提升国民经济整体素质和竞争力的重要指数。比如，美国政府希望打造世界"宽带标杆"，保持其在网络技术领域的领先地位，"智慧地球"成为美国科技的主攻方向；欧盟发布数字红利和物联网发展战略；日本推出"i-Japan"计划，推动公共部门信息化应用；韩国公布"绿色 IT 国家战略"，以期用网络信息技术推动节能减排。

2009 年以后，互联网技术发展进入后 IP 时代，发展方式主要有改良、整合和革命三种思路[5]。

改良思路是基于现有互联网的巨大存量，利用新技术对现有互联网进行修补。其中，地址翻译、资源控制、安全监控和 IPv6 技术等可以看作新技术。从短期来看，改良思路具有一定效果，但会加重互联网的负担，因此美国麻省理工学院、加州大学的"革命思路"认为，需要根据长期的发展目标来设计一个全新的互联网体系结构。因此，改良思路和革命思路的技术路线的主要区别在于，是否沿用现有互联网的体系结构。鉴于对现有互联网技术进行修补无法真正解决问题，同时对互联网进行彻底革新还需要一个很长的过程，整合思路基于改良思路和革命思路，提出一种介于零星修补和彻底革新之间的折中方案。

3.1.3 互联网业务应用

互联网业务应用模式主要可划分为电子政务应用模式、电子商务应用模式、网络信息获取应用模式、网络交流互动应用模式和网络娱乐应用模式五种。《网络与新媒体应用模式：创新设计及运营战略》一书中指出，互联网一级应用模式所包含的二级应用模式，见表 3-1[6]。

表 3-1 网络应用模式

一级应用模式	二级网络应用模式
电子政务应用模式 （办公需求）	G2B 电子政务模式
	G2C 电子政务模式
	G2G 电子政务模式
	G2E 电子政务模式
电子商务应用模式 （交易需求）	B2B 电子商务模式
	B2C 电子商务模式
	C2C 电子商务模式
	O2O 电子商务模式
网络信息获取应用模式 （信息获取）	网络新闻模式
	搜索引擎模式
	信息分类模式
	信息聚合模式
	知识分享模式
网络交流互动应用模式 （交流需求）	即时通信模式
	个人空间模式
	社交网络模式
	网络论坛模式
网络娱乐应用模式 （娱乐需求）	网络游戏模式
	网络文学模式
	网络视频模式

1. 电子政务应用模式

互联网一级电子政务应用模式可以细分为政府与企业（Government to Business，G2B）电子政务模式、政府与公众（Government to Citizen，G2C）电子政务模式、政府与政府（Government to Government，G2G）电子政务模式、政府与政府公务员（Government to Employee，G2E）电子政务模式。

（1）G2B 电子政务：该模式是 G2C、G2B 和 G2E 电子政务模式的基础。G2B 电子政务主要利用互联网建立起办公和企业统一管理体系，提高政府办公工作效率。

（2）G2C 电子政务：主要政府通过电子网络系统为公众提供各种服务，主要包括公众信息服务、电子身份认证、电子税务、电子社会保障服务、电子民主管理、电子医疗服务、电子就业服务、电子教育、培训服务、电子交通管理等。G2C 电子政务的目的除政府给公众提供方便、快捷、高质量的服务外，更重要的是可以开辟公众参政、议政的渠道，建立公众的利益表达机制，建立政府与公众的良性互动平台。

（3）G2G 电子政务：即上下级政府、不同地方政府和不同政府部门之间的电子政务，如下载政府机关经常使用的各种表格、报销出差费用等。该模式可节省办公时间和费用，提高工作效率。

（4）G2E 电子政务：指政府（Government）与政府工作人员（Employee）之间的电子政务，主要包括政府工作人员利用信息技术办公、事通过网络开展协作、使用政府内部网络接受在职培训，以及政府部门利用电子手段评估工作人员的表现等。该模式建设主要包括办公自动化系统、政务管理信息系统和决策支持系统。

2. 电子商务应用模式

电子商务应用模式主要细分为企业与企业（Business to Business，B2B）电子商务模式、企业与个人用户（Business to Consumer，B2C）电子商务模式、个人用户与个人用户（Consumer to Consumer，C2C）电子商务模式和线上线下相结合（Online to Offline，O2O）电子商务模式。

（1）B2B 电子商务主要是指，企业与企业之间通过互联网进行产品、服务及信息交换。它包括两种基本模式：企业之间直接进行的电子商务，以及通过第三方电子商务网站平台进行的商务活动。

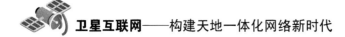

（2）B2C 电子商务是企业与个人用户之间开展电子商务活动的总称，如企业为个人提供在线医疗咨询、在线商品购买服务等。B2C 电子商务模式主要包括两种类型，一种是大型企业自建 B2B 电子商务网站开展电子商务，如海尔、联想等推出的网上采购和网上分销；另一种是第三方电子商务平台。

（3）C2C 电子商务主要是指个人用户与个人用户的电子商务。C2C 电子商务平台为买卖双方提供了一个在线交易平台，使卖方可以主动提供商品，买方可以自行选择商品。

（4）O2O 电子商务是线上线下相结合的，使互联网与传统行业结合。互联网主要提供信息发布渠道与技术支持，传统行业提供产品及售后服务。

3. 网络信息获取应用模式

网络信息获取应用模式又可细分为网络新闻模式、搜索引擎模式、信息分类模式、信息聚合模式和知识分享模式五种类型。

（1）网络新闻模式：主要指通过综合性门户网站和专业性网站发布有价值的新闻信息，可分为主题新闻、位置新闻、兴趣新闻、数据新闻等四种类型。

（2）搜索引擎模式：主要指在搜索引擎上通过用户提供关键词进行网页查询，并向用户反馈查询结果，根据其发展历程可分为第一代目录导航、第二代关键字搜索和第三代语义网技术的应用。

（3）信息分类模式：主要指依托互联网，将不同用户的各种需求按内容分类，并将信息聚集起来集中进行发布。按照信息内容可分为招聘信息、房产信息、旅行信息、婚恋交友信息、餐饮美食和综合信息等，按照覆盖范围可分为全国性分类信息网站、区域性分类信息网站和门户网站分类频道。

（4）信息聚合模式：指多元知识源；混合、聚集后产生新的知识源的过程。从海量数据中提取有用信息，需要借助混合聚合技术、自适应网页技术、开放式应用程序编程接口技术等。信息聚合模式可分为搜索浏览模式、RSS 聚合模式、个性化首页模式、社会化订阅模式等。

（5）知识分享模式：该模式主要实现由知识拥有者到知识接受者跨时空的传播。

4. 网络交流互动应用模式

网络交流互动应用模式细分为即时通信模式、个人空间模式、网络社交模式和网络论坛模式四大类。

（1）即时通信模式：该模式主要以计算机网络原理为基础，结合一些常用网络技术，编程实现网络聊天功能，允许两人或多人使用网络实时传递文字、文件、话音与视频信息。

（2）个人空间模式：也称个人主页或个人门户，是由个人自主创建的网络空间，用于展示个人的文章、照片和视频等。

（3）社交网络模式：该模式主要指社会性网络服务，即以建立社会性网络为目的的互联网应用服务。常用的社交网站种类包括四类：以服务校园生活为主的社交网站、以休闲娱乐为主的社交网站、以商务沟通和交友为主的社交网站和以婚恋交友为主的社交网站。

（4）网络论坛模式：一般指的是电子公告板（Bulletin Board System，BBS），是一种网上交流场所。国内的 BBS 站按照性质可划分为两类：商业 BBS 站和业务 BBS 站。该模式的主要目的是以建立社会性网络来实现互联网应用服务。

5．网络娱乐应用模式

网络娱乐应用模式主要可以分为网络游戏、网络文学和网络视频三种。

（1）网络游戏模式：主要是指以互联网为传输媒介，以运营商服务器和用户计算机为处理终端，以客户端软件为信息交互窗口的，旨在实现娱乐、休闲、交流和取得虚拟成就的个体或多人在线游戏。游戏形式主要可以分为浏览器和客户端两种形式。

（2）网络文学模式：主要借助超文本链接和多媒体等手段，以互联网为展示平台和传播媒介来表现文学作品、文学文本及含有一部分文学成分的网络艺术品，其中以网络原创作品为主。网络文学行业的典型细分领域包括原创内容、内容分发平台、IP 衍生游戏、IP 衍生出版和泛娱乐等。

（3）网络视频模式：主要指在网络媒体上以数字媒体压缩（Windows Media Video，WMV）、RealMedia（RM）、多媒体视频播放器（Real Media Variable Bit Rate，RMVB）、流媒体（Flash Video，FLV）等文件格式进行动态影像传播。主要包括视频节目、新闻、广告、动画、视频聊天、视频游戏和视频监控等。

3.2 移动互联网发展与演进

移动互联网是指移动通信终端用户使用手机、平板或其他无线终端设备，在移动状态下随时随地通过速率较高的移动网络接入互联网，从而获取信息，使用商务、娱乐等各种网络服务[7]。移动互联网将移动通信终端与互联网合成为一体。大多数咨询机构和专家都认为移动互联网是未来数 10 年内最有创新活力和最具市场潜力的领域，相关产业已获得全球资金的强烈关注[7]。

目前，移动互联网已经渗透到人们生活、工作的各个领域。其中，微信、支付宝、位置服务等多种移动互联网应用服务迅猛发展，极大地方便了人们的社会生活。在未来几年内，随着 5G 通信技术及卫星互联网通信系统的构建，可实现全球覆盖的网络信号接入，届时身处大洋或沙漠中的用户终端可随时随地接入互联网[8]。

3.2.1 移动互联网发展沿革

我国移动互联网伴随着移动网络通信基础设施的升级换代快速发展。其中，2009 年，开始大规模部署 3G 移动通信网络，2014 年，开始大规模部署 4G 移动通信网络。这两次移动通信基础设施的升级换代，强有力地促进了我国移动互联网的快速发展。同时，基于移动互联网的服务模式和商业模式也随之出现了大规模创新与发展。

4G 移动网络用户的扩张带来用户结构的不断优化，基于移动互联网的支付、视频广播等各种应用逐渐普及，带动了数据流量的爆炸式增长。整个移动互联网的发展可以归纳为四个阶段：萌芽阶段、培育成长阶段、高速发展阶段和全面发展阶段[9]。

1. 萌芽阶段（2000—2007 年）

萌芽阶段的移动终端主要是基于无线应用协议的应用模式，受限于移动网速和手机智能化的程度，移动互联网处在一个简单无线应用协议应用期。无线应用协议把互联网上的超文本标记语言（Hyper Text Markup Language，HTML）信息转换成用无线标记语言（Wireless Markup Language，WML）描述的信息，显示在移动终端。该协议广泛地应用于全球移动通信系统（Global System for

Mobile Communications，GSM）、码分多址（Code Division Multiple Access，CDMA）、时分多址（Time Division Multiple Access，TDMA）等多种网络中，不需要将现有的移动通信网络协议做任何改动，只需要移动电话和无线应用协议代理服务器的支持。在此时期，利用支持无线应用协议手机自带的浏览器访问企业门户网站是当时移动互联网应用的主要形式。

2．培育成长阶段（2008—2011 年）

2009 年 1 月 7 日，工信部为中国移动、中国电信和中国联通发放第三代移动通信（3G）牌照，3G 移动网络建设从此翻开移动互联网发展新篇章，我国制定的 TD-SCDMA 通信协议得到国际的广泛认可和应用。

随着 3G 移动网络的大规模部署和智能手机的出现，移动网速的提升破解了移动互联网带宽瓶颈。同时，智能移动终端丰富的软件应用让移动上网的娱乐性得到大幅提升。在该阶段，各大互联网公司都在摸索如何抢占移动互联网入口。其中，一些互联网公司推出手机端浏览器；还有些互联网公司通过与手机制造商合作，将企业服务应用（如微博、视频播放器等）预安装在手机中。

3．高速发展阶段（2012—2013 年）

2012 年之后，移动互联网需求大增。同时，随着手机操作系统生态圈的全面发展，基于安卓操作系统的智能手机的规模化应用极大地促进了移动互联网的快速发展。

具有触摸屏的智能手机的大规模普及应用解决了传统键盘机上网不方便的问题。安卓智能手机操作系统的普遍安装和手机应用商店中丰富的手机应用，使此阶段移动互联网应用呈现爆发式增长。

4．全面发展阶段（2014 年至今）

2013 年 12 月 4 日，工信部正式向中国移动、中国电信和中国联通三大运营商发放 TD-LTE 4G 牌照，中国 4G 网络大规模铺开。随着 4G 网络的部署，移动上网速度得到极大提高，移动应用场景开始极大丰富。4G 移动通信网络的建设将中国移动互联网发展推上快车道。

网速、上网便捷性、手机等移动互联网发展的外部环境问题基本得到解决，移动互联网的应用开始全面发展。在 4G 时代，许多公司利用移动互联网开展业务，手机客户端的应用是企业开展业务的标配。由于 4G 网络的网速大大提高，实时性要求较高、流量较大、需求规模较大的移动应用快速发展。

3.2.2　移动互联网组网演进

移动通信技术发展大概保持着 10 年一代的速度。全球范围来看，从 1G 到 5G 历经约 40 年，移动通信的演进历程示意图如图 3-2 所示。

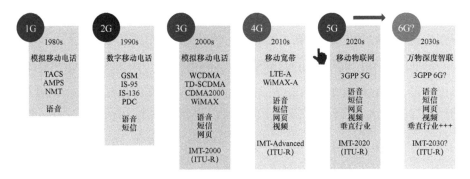

图 3-2　移动通信的演进历程（1G～6G）示意图

1. 第一代移动通信技术（1G）

第一代移动通信技术是模拟通信技术，这个时代的特点是没有形成一个国际标准，各个国家各自为战，是一个百花齐放的时代，主要技术包括高级移动通话系统（Advanced Mobile Phone System，AMPS）、数据蜂窝分组数据（Cellular Digital Packet Data，CDPD）、北欧移动电话系统（Nordic Mobile Telephone，NMT）、全入网通信系统（Total Access Communications System，TACS）等。1G 时代典型的 AMPS 网络结构示意图如图 3-3 所示。

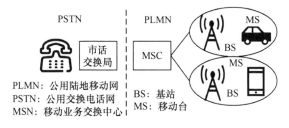

图 3-3　AMPS 网络结构示意图

2. 第二代移动通信技术（2G）

第二代移动通信技术是数字通信技术。欧洲吸取 1G 技术的教训，统一标准，推出的 GSM 迅速被全球部署，使得 2G 时代可以被称为"GSM"时代，这也让当时欧洲的通信制造企业，包括诺基亚、爱立信、阿尔卡特、西门子等成为当时的赢家。在 2G 时代，美国的高通公司推出 CDMA 制式，不过就全球部署来看，远不如 GSM。2G 时代的 GSM 网络结构示意图如图 3-4 所示。

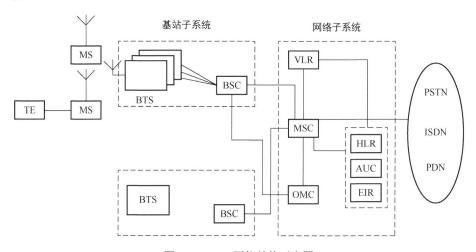

图 3-4 GSM 网络结构示意图

2G 时代还有一个比较独特的国家，就是日本，它有自己的标准个人数字蜂窝电话（Personal Digital Cellular，PDC）、个人手持式电话系统（Personal Handy-phone System，PHS）。而 PHS 后来被引入中国，中国电信和当时的网通基于这项技术部署了"小灵通"。

3. 第三代移动通信技术（3G）

第三代移动通信技术与 2G 最大的区别就是，加强了对数据业务的支持。3G 有 3 个国际标准，包括中国的时分同步码分多址(Time Division-Synchronous Code Division Multiple Access，TD-SCDMA)、欧洲的宽带码分多址（Wideband Code Division Multiple Access，WCDMA）及美国电气与电子工程师协会（Institute of Electrical and Electronics Engineers，IEEE）后来推出的全球微波接入互操作性（World Interoperability for Microwave Access，WiMAX）。3G 时代典型的 WCDMA 网络结构示意图如图 3-5 所示。

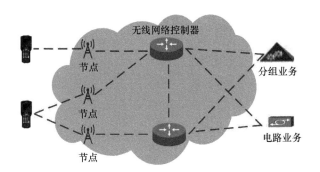

图 3-5　WCDMA 网络结构示意图

4. 第四代移动通信技术（4G）

3G 相比，第四代移动通信技术可谓是全新技术，第三代合作伙伴计划（3rd Generation Partnership Project，3GPP）的"去高通化"核心思想，使得 4G 采用了完全规避高通专利的技术。4G 的国际标准包括高级长期演进技术（Long Term Evolution-Advanced，LTE-A）和 WiMAX 后续演进的 IEEE 802.16m。4G 时代典型的 LTE 网络结构示意图如图 3-6 所示。

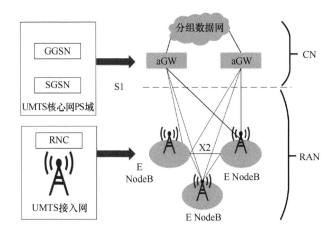

图 3-6　LTE 网络结构示意图

LTE 分为两支，分别是频分双工 LTE（Frequency Division Duplex-Long Term Evolution，FDD-LTE）和时分双工 LTE（Time Duplex-Long Term Evolution，TD-LTE）。其中，TD-LTE 是中国主推的分支。从技术角度看，FDD-LTE 和 TD-LTE 有大量交叠的技术，专利重合度也较高。

5．第五代移动通信技术（5G）

第五代移动通信技术，目前指的是 3GPP 下的 5G 新空口（5G New Radio，5GNR）标准，现在发布的版本为 Rel-15，还有高可靠、低时延通信（Ultra Reliable Low Latency Communication，URLLC）和大规模机器类型通信（Massive Machine Type Communication，mMTC）没有完成。现在的 5G 组网基本也只是支持到增强型移动宽带（Enhanced Mobile Broadband，eMBB）部分。5G 时代网络架构示意图如图 3-7 所示。

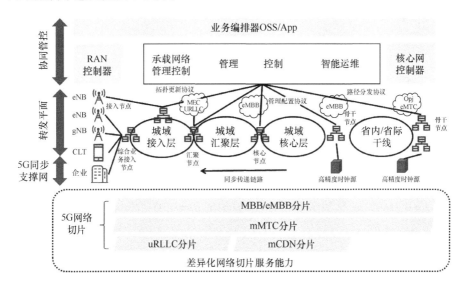

图 3-7　5G 时代网络架构示意图

移动通信技术在中国的发展历程如下。

（1）1G 语音时代：1987 年，广东省率先建立 900 MHz 模拟移动基站，引入"大哥大"，标志着中国进入移动通信时代。1G 采用的是模拟蜂窝组网，是移动通信时代的开始，但是 1 GHz 模拟通信抗干扰性差，且可复用性和系统容量也比较差。

（2）2G 文本时代：1993 年，第一个 GSM 网在浙江省嘉兴市开通，标志着中国进入 2G 时代。2G 一般定义为无法直接传送电子邮件、软件等信息的通信方式，只具有通话和时间、日期等信息的传送服务，不过手机短信 SMS 在 2G 的某些领域中能够执行。人们只能进行通话和浏览一些文本信息。

（3）3G 图片时代：2009 年 1 月 7 日，工信部正式发放 3 张 3G 牌照，分

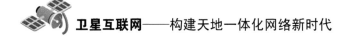

别是中国移动的 TD-SCDMA 牌照，中国联通的 WCDMA 牌照，以及中国电信的 CDMA 2000 牌照，标志着中国正式进入 3G 时代。

3G 网络将无线通信与互联网等多媒体通信手段相结合，同时也考虑与已有 2G 的良好兼容性，能够同时传送语音及数据信息，传输语音和数据的速度得到巨大提升，实现了在全球范围内更好的无线漫游、图像处理、音乐、视频传输等多种功能，提供包括网页浏览、电话会议、电子商务等多种信息服务。

（4）4G 视频时代：2013 年 12 月 4 日，工信部正式向三大运营商发放 4G 牌照，标志着中国正式进入 4G 时代。4G 移动通信网络具备速度更快、通信灵活、智能性高、通信质量高、费用便宜的特点。

4G 是集 3G 与 WLAN 于一体的，能够传输高质量视频和图像的移动通信技术。4G 网络比传统拨号上网快 2 000 倍，上传速度达到 20 Mbps，几乎能够满足所有用户对于无线网络服务的要求。

（5）5G 万物互联时代：2019 年 6 月 6 日，工信部正式发放 5G 商用牌照，标志我国正式进入 5G 商用元年。目前，我国在 5G 技术在很多方面优于国外，且专利申请数明显多于其他国家，在未来几年时间里，我国 5G 技术仍将处于世界领先的地位。

5G 与 4G、3G、2G 不同，5G 是一个多种新型无线接入技术和现有 4G 后向演进技术集成后的解决方案总称。其中，5G 通信技术峰值传输速率可以达到 10 Gbps（4G 为 100 Mbps），端到端时延缩短 4/5，单位面积移动数据容量比 4G 增长 1 000 倍，可联网设备的数量可增加 100 倍，低功率机器型设备的电池续航时间增加 10 倍。

3.2.3 移动互联网业务应用

要随时随地接入移动网络，使用最多的就是实现移动互联网接入的应用程序。大量不同功能的应用程序逐渐渗透到人们生活、工作的各个领域，进一步推动着移动互联网的蓬勃发展。移动音乐、手机游戏、视频应用、手机支付、位置服务等丰富多彩的移动互联网应用发展迅猛，正在深刻改变信息时代的社会生活，移动互联网正在迎来新的发展浪潮。以下是几种主要的移动互联网应用[7]。

1．电子阅读

电子阅读是指利用移动终端阅读小说、电子书、报纸、期刊等。电子阅读区别于传统的纸质阅读，真正实现了无纸化浏览，可以方便用户随时随地阅读，已成为继移动音乐之后最具潜力的增值业务。

2．手机游戏

手机游戏可分为在线移动游戏和非网络在线移动游戏，是目前移动互联网最热门的应用之一。随着人们对移动互联网接受程度的快速提升，手机游戏是一个"朝阳产业"。

3．移动视频

移动视频是指利用移动终端在线观看视频、收听音乐及广播等。

4．移动搜索

移动搜索是指以移动设备为终端，通过移动网络接入互联网进行搜索，从而实现高速、准确地获取信息资源。随着移动互联网内容的丰富，人们查找信息的难度会不断加大，搜索内容的需求也随之增加。相比传统的互联网搜索，移动搜索对技术的要求更高，是移动互联网的未来发展趋势。

5．移动社区

移动社区是指以移动终端为载体的社交网络服务，也就是终端、网络加社交的意思。

6．移动商务

移动商务是指通过移动通信网络进行数据传输，并利用移动信息终端参与各种商业经营活动的新型电子商务模式，它是新技术条件与新市场环境下的电子商务形态，是电子商务的一个分支。

7．移动支付

移动支付也称手机支付，是允许用户使用移动终端对所消费的商品或服务进行账务支付的一种服务方式。移动支付主要分为近场支付和远程支付两种。

3.3 本章小结

本章着重介绍互联网和移动互联网的发展沿革、演进过程和业务应用。随着互联网和移动互联网的商业化，其在通信、信息检索、客户服务等方面的巨大潜力被挖掘出来，使互联网和移动互联网有了质的飞跃，为下一步技术发展奠定了基础。虽然中国的互联网正处在快速发展的上升阶段，不论是技术还是应用都具有很大潜力，但是也应该意识到中国互联网与发达国家相比还存在一定的差距，只有中国整体经济水平、居民文化水平再上一个台阶，才能够促进中国互联网更快地发展。

本章参考文献

[1] Rene Cruz.COD: Alternative architectures for high speed packet switching[J]. IEEE/ACM Transactions on Networking,1996,4(1):11-21.

[2] International Telephone and Telegraph Consultative Committee. Interface between Data Terminal Equipment(DTE) and Data Cricuit-terminating Equipmeng (DCE) for Terminals Operating in the Packet and Connected to Public Data Networks by Dedicated Cricuit[S]. American: American National Standards Institute,1989:10-15.

[3] Information Technology. Open Systems Interconnection. Connectionless Protocol For The Association Control Service Element: Protocol Specification[S]. Franch:ITU-T, 1999:3-8.

[4] The Internet Engineering Task Force. RFC 1122: Requirements for Internet Hosts-Communication Layers[S/OL]. American: Internet Engineering Task Force, 1989:3-8[2021-1-26]. https://dl.acm.org/action/downloadSupplement?doi=10.17487%2FRFC1122&file=rfc1122.txt.

[5] 信息产业部电信研究院. 互联网技术发展白皮书，第一卷：发展脉络与体系架构[J]. 世界电信，2007，20(7)：8-13.

[6] 李卫东. 网络与新媒体应用模式—创新设计及运营战略视角[M]. 北京：高等教育出版社，2015：98-232.

[7] 汪文斌. 移动互联网[M]. 武汉：武汉大学出版社，2013：2-20.

[8] 李剑光，王艳春，朱慧华. 移动互联网环境下基础力学移动学习模式研究[J]. 高教学刊，2019(19)：76-79.

[9] 王江汉. 移动互联网概论[M]. 成都：电子科技大学出版社，2018：1-203.

第 4 章　卫星互联网创新与融合

本章以卫星互联网的建设现状、5G、云计算、人工智能、区块链等新技术与卫星互联网融合发展的现状为主题，从不同角度展开阐述。

4.1　卫星互联网发展现状

卫星互联网是指通过一定数量的卫星形成辐射全球的大规模网络，构建具备实时信息处理能力的大卫星系统，并基于卫星通信技术向地面和空中终端提供宽带互联网接入等通信服务的新型网络结构。该网络结构具有覆盖广、时延低、宽带大、成本低等特点。

4.1.1　卫星互联网发展必要性

卫星互联网是实现网络信息地域连续覆盖的有效手段，战略意义重大。卫星轨道及频段资源属于稀缺资源。地球近地轨道预计可容纳约 6 万颗卫星，预计到 2029 年，地球近地轨道将部署约 57 000 颗低轨道卫星，可用卫星空间将所剩无几。此外，低轨道卫星主要采用的 Ku 及 Ka 通信频段资源也逐渐趋于饱和状态。2029 年全球低轨道卫星布局及其占比预测如图 4-1 所示。

目前，全球正处于低轨道人造卫星密集发射期的前夕。空间轨道和频段资源作为能够满足通信卫星正常运行的先决条件，已经成为各国争相抢夺的重点资源。

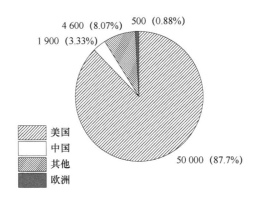

图 4-1　2029 年全球低轨道卫星布局及其占比

1. 我国卫星互联网信息系统建设的需求

近年来，中国低轨道卫星呈现快速发展态势。"十三五"期间，以航天科技、航天科工为首的组织纷纷提出低轨道卫星互联网计划，并成功发射试验卫星，已具备一定科研基础实力。2020 年 4 月，卫星互联网纳入"新基建"范围，多种资金形式助推中国卫星互联网全面进入商业时代，开始进行空天轨道资源的战略布局[1]。

卫星互联网建设将融入遥感工程、通信工程和导航工程等，成为我国信息系统战略性工程的重要组成部分。截至目前，中国"星座计划"中组网数量在 30 颗以上的低轨道卫星项目已经有 10 个，项目规划总低轨道卫星发射数量达到 1 900 余颗。

2. 相对优势明确，核心应用场景广泛

目前，由于传统的地面通信骨干网络在海洋、沙漠及山区偏远地区等苛刻环境下架设难度大且运营成本高，地球上超过 70%的地理空间未能实现互联网覆盖，在互联网渗透率低的区域部署传统的通信骨干网络存在现实障碍。低轨道卫星通信系统可实现偏远地区通信、海洋作业及科考宽带、航空宽带和灾难应急通信等[2]。

4.1.2　国外卫星互联网发展现状

2016—2018 年，美国联邦通信委员会和市场许可的卫星星座的卫星总数达到 20 768 颗。其中，SpaceX、Iridium、OneWeb、O3b 等公司的影响力显著，按照时间排序的授权和许可卫星星座信息详见表 4-1。

表 4-1　美国联邦通信委员会授权和许可的卫星星座（2016 年 1 月—2018 年 12 月）

启动时间	卫星公司	卫星数量/颗	轨道高度/km	轨道面/个	说　明
2016 年 8 月	Iridium	77	785	7	
2017 年 6 月	OneWeb	>650	1 200	18	
2017 年 11 月	Space Norway	2	8 089～43 509	1	
2017 年 11 月	TeleSat	117	1 000 和 1 248	11	
2018 年 3 月	SpaceX	12 000	340～1 150	83	
2018 年 6 月	O3b	48	8 062	3	新增 26 颗
2018 年 6 月	Audacy	3	13 890		
2018 年 8 月	Karousel	12	31 569～40 002		
2018 年 11 月	Telesat	117	1 000 和 1 248	11	额外新增
2018 年 11 月	Leosat	84	1 400	6	
2018 年 11 月	Kepler	140	500～600	7	
2018 年 11 月	SpaceX	7 518	335～346		
					卫星总数：20 768 颗

1.“星链”计划

“星链”计划是太空服务公司 SpaceX 推出的通过低轨道卫星群提供覆盖全球的高速互联网接入服务的项目。2015 年，SpaceX 首席执行官埃隆·马斯克在西雅图宣布“星链”计划，旨在为世界上的每个人都提供高速互联网服务，利用卫星通信取代传统的地面通信设施，从而帮助偏远地区接入高速的宽频互联网，并为城市地区提供价格优惠的服务。

“星链”计划的目标是，在地球上空预定的轨道部署由 12 000 颗卫星组成的巨型卫星星座。首先在 550 km 轨道部署约 1 600 颗卫星；然后在 1 150 km 轨道部署约 2 800 颗 Ku 频段和 Ka 频段卫星，最后在 340 km 轨道部署约 7 500 颗 V 频段卫星。“星链”计划的预算接近 100 亿美元。2018 年 2 月 22 日，美国加州范登堡空军基地成功发射一枚“猎鹰 9 号”火箭，并将两颗小型试验通信卫星送入轨道，“星链”计划由此启动。

2019 年 10 月 22 日，马斯克成功通过“星链”发送推特，标志着“星链”已可以提供天基互联网服务。2020 年 6 月 14 日，SpaceX 成功发射第 9 批 58 颗卫星，累计发射卫星超过 500 颗。“星链”2020 年开始在美国北部和加拿大提供服务卫星互联网服务，到 2021 年年底为全球提供卫星互联网服务。

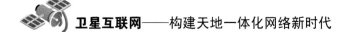

2."铱星"计划

"铱星"计划（也称 Irdium 计划）是摩托罗拉公司提出的利用低轨道卫星星座实现全球移动通信的方案，它是最早提出的低轨道卫星系统。在实验室里，摩托罗拉技术人员验证了所有技术的可行性，并在模拟试验中取得了令人满意的效果。

Irdium 系统由均匀分布在离地面 785 km 上空的 7 个轨道平面上的 77 颗小型智能卫星组成，星间可以通过微波链路形成覆盖全球的连接网络。随后，摩托罗拉公司为减少投资，简化系统结构，以及增强与其他低轨道卫星系统的竞争能力，将卫星数量减少到 66 颗，轨道平面减至 6 个圆形极地轨道，每条极地轨道上的卫星数量仍为 11 颗，轨道高度改为 765 km，卫星直径为 1.2 m，高度为 2.3 m，质量为 386.2 kg，寿命为 5 年。每颗卫星都可以提供 48 个点波束，1 个点波束平均包含 80 个信道，每颗星都可以提供 3 840 个全双工电路信道。

Irdium 计划主要由下述部分组成：卫星星座、地面控制设施、关口站以及用户终端。卫星通过星际交叉链路互联互通，这主要包括连接同一轨道平面内相邻的两颗卫星的前视和后视两条链路，不同轨道上的卫星也有两条链路。系统采用蜂窝结构划分，单星投射的多波束在地球表面上共形成 48 个蜂窝区，单个蜂窝区的覆盖直径约为 667 km，互相结合，总覆盖直径约为 4 000 km，全球共有 2 150 个蜂窝。系统采用七小区频率再用方式，任意两个使用相同频率的小区之间都由两个缓冲小区隔开，这样可以进一步提高频谱资源，使得每条信道在全球范围内都可复用 200 次。

Irdium 计划的基础结构和处理均在星上，蜂窝区随着地球自转快速扫过地球表面。与陆地移动通信系统不同的是，Irdium 系统的越区交换形式是小区跨越用户移动，而不是用户跨越小区。

3."OneWeb"计划

OneWeb 是一家全球通信公司，于 2019 年 2 月开始进行卫星星座发射，该计划由超过 650 颗低轨道卫星组网，截至 2021 年 7 月，已发射 254 颗卫星，预计 2022 年可提供全球服务。

4."O3b"计划

"O3b"系统是全球第一个成功投入商业运营的中轨道卫星通信网络，利用 Ka 频段卫星通信技术，提供具备光纤传输速度的卫星通信骨干网，主要面向地面网接入受限的各类运营商或集团客户提供高速、带宽、低成本、低时延的互联网和移动通信服务。

"O3b"系统由 O3b 网络互联网接入服务公司开发，致力于为世界上信息落后地区（非洲、亚洲和南美洲等）提供高速通信服务。其方案和概念提出后，得到欧洲卫星、Google 等公司的支持，并于 2010 年年底得到全额资助，使"O3b"系统的主要服务对象成为互联网服务提供商、电信服务提供商、大型企业、政府机构和军方用户等。

"O3b"计划的前 12 颗第一代卫星均位于赤道上空 8 062 km、几乎零倾角的中轨道上，覆盖区仅在南北纬 45°之间，牺牲了对中高纬度地区的覆盖，为处于赤道地区的地面通信网络覆盖率低的区域提供网络接入服务。2014 年 9 月 1 日，O3b 公司正式在太平洋、非洲、中东和亚洲地区提供商业服务，政府机构和美国军方是其重点用户。2018 年 3 月发射的 4 颗第一代卫星于同年 5 月 17 日投入使用，使"O3b"星座总容量增加 38%，将覆盖区扩大到南北纬 50°之间，可为南北纬 50°～62°范围内的地区提供相应的服务。

"O3b"系统的端到端时延约为 150 ms，当在链路上采用 TCP/IP 传输信息时，单条 TCP 连接的速度可以达 2.1 Mbps。后续 22 颗第二代卫星包括 12 颗 O3bN 卫星（与赤道平面保持零度倾角）和 10 颗 O3bI 卫星（与赤道平面保持 70°倾角）。第二代卫星将采用更先进的卫星平台技术，如全电推进技术；卫星发射质量预计约 1 200 kg，比第一代卫星重 500 kg；卫星轨道高度不变，但将引入倾斜轨道，以实现几乎全球覆盖。

4.1.3　国内卫星互联网发展现状

截至 2018 年年底，中国部署的非静止卫星总数为 2 678 颗。其中以鸿雁星座、虹云星座、天启星座、连尚群峰星座为重点，各卫星星座信息详见表 4-2。

表 4-2　我国的主要卫星星座

星座名称	卫星数量/颗	轨道高度/km	已发射卫星数量/颗
鸿雁星座	300	1 100	1
虹云星座	156	1 000	1

（续表）

星座名称	卫星数量/颗	轨道高度/km	已发射卫星数量/颗
天启星座	38	800	1
连尚群峰星座	272	混合轨道	0
银河航天	900	1 200	0
九天微星	720	700	7
星时代 AI 星座	192	547	3
行云星座	80	800～1 400	0
			卫星总数：2 678 颗

1．鸿雁星座

由中国航天科技集团实施的"鸿雁"（全球低轨道卫星移动通信与空间互联网系统）计划由 300 颗卫星组成。2018 年 12 月，星座首颗试验卫星"重庆号"发射成功。"鸿雁"卫星通信系统示意图如图 4-2 所示。

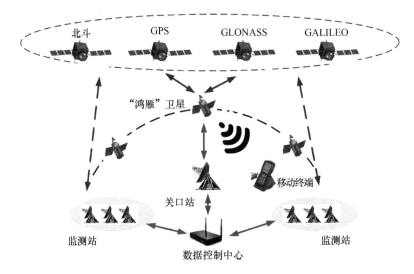

图 4-2　"鸿雁"卫星通信系统示意图

一期计划在 2022 年建成由 60 颗工作频段为 L/Ka 频段的核心骨干卫星组成系统，具备星间链路，实现卫星组网。该系统可实现复杂地形地区的全天候、全时段实时双向通信，可为用户提供全球实时数据通信和综合信息服务。

二期计划预计 2025 年完成建设，建成海、陆、空、天一体化的卫星移动通信与空间互联网接入系统，实现全球任意地点的互联网接入[3]。

2．虹云工程

"虹云"卫星通信系统工程（以下简称虹云工程）是中国航天科工集团"五云一车"商业航天工程之一，该系统面向全球移动互联网和网络高速接入需求，计划发射 156 颗在轨高度约为 1 000 km 的 Ka 频段卫星。该系统利用动态波束实现灵活的业务模式，采用毫米波相控阵技术，具备通信、导航和遥感一体化功能，预计接入速率可达到 500 Mbps。

虹云工程计划分成三步。

（1）2018 年，发射第一颗试验卫星。

（2）2020 年，发射 4 颗业务试验卫星进行小规模组网，用户端对卫星互联网业务初步进行体验。

（3）2025 年，完成星座的构建，实现全部卫星组网运行。

2018 年 12 月，虹云工程首颗试验卫星发射成功，标志着中国低轨道卫星移动通信系统实现零的突破。

3．天启星座

2017 年 11 月，"天启卫星"物联网系统核心模块成功发射并完成在轨验证[4]。2019 年 9 月，"天启卫星"物联网系统成功发射 3 颗卫星并组网运行，对同一地点一天内至少可提供 5 次信号传输服务，每次通信时间为 10～15 min，正式上线提供服务，已能满足相当一部分业务的需求；计划 2021 年完成全部38 颗卫星组网，实现全球覆盖的商业运营能力。

4．连尚蜂群星座

2018 年 11 月，连尚网络宣布正式启动由连尚网络卫星团队自主研发的"连尚蜂群星座系统"卫星上网计划。第一颗卫星"连尚一号"在 2019 年搭载长征火箭进入太空。该系统可以提供卫星通信服务和解决方案，可以有效解决地面网络未覆盖区域的互联网接入问题。

"连尚蜂群星座系统"是全球领先的混合轨道星座系统，主要由 272 颗低轨道卫星和数据处理应用中心组成。该星座主要分为内、外两层，外层由距离地面 1 000 km 的 72 颗骨干星组成，内层由距离地面 600 km 的 200 颗节点星组成。

4.2 卫星互联网与 5G/6G 的融合

卫星互联网与 5G/6G 融合是技术发展的必然趋势。无论对民用领域的实时按需分配、信息互联互通，还是对军用领域的态势感知及作战模式，均有极大的发展空间和颠覆性影响。

4.2.1 卫星互联网与 5G 的融合关系

在山区、荒漠、海洋、天空等区域，由于地面网络建设困难而无法实现网络全覆盖。卫星互联网是 5G 在这些区域实现网络无缝连接与通信空间延伸的关键保障，因为相较于地面移动通信技术，卫星互联网的最大优势是无视地形、地貌和距离的无死角广域覆盖；同时，卫星通信系统可提供连续不间断的网络连接服务，大幅度增强 5G 移动通信技术在物联网设备，以及飞机、轮船、火车、汽车等移动载体用户端的应用。

卫星互联网将地面、天空和海洋彼此孤立的网络系统相连形成融合网络，同时需要借助 5G 网络较高传输速率，以提升低轨道星座系统的用户体验。两者若融合成功，除能改变人们衣食住行外，还能极大地影响和改变了信息化战场上的作战模式，尤其在 5G 通信技术高传输速率和低时延性的支撑下，可实现实时战场态势感知甚至超前感知。能够在更短的时间内传输坐标、音频、图像、高清视频等海量战场数据，提高情报信息的传输与处理速度。同时，以 5G 为支撑的卫星将使感知范围进一步拓宽，实现陆、海、空、天多维空间的传感器获取战场情报，经过筛选、融合后形成统一的战场态势图，进而提升指挥作战效能，提高己方对战场可视性和透明度的需求满足度。

4.2.2 卫星互联网与 5G 融合的优势

在民用领域，实现实时按需的信息互联互通是信息时代的最重要特征和必备条件，尤其在移动互联、远程操控、智能制造等应用领域。空中、海上及陆上偏远地区对互联网应用和高速率、低时延通信技术的需求巨大。

目前，全球还有一半以上人口所在地区无法接入互联网，卫星互联网的接入对远程通信、教育、医疗、防灾减灾等重大民生事件和社会生活能提供有力的保障，将有助于提高地区城市化水平，改善地区经济落后现状，促进区域共同繁荣，满足落后地区政府和民众的切实需求。SpaceX 认为，"星链"计划最终实施后，每年在全球范围内预计将有 300 亿美元的收益。同时，未来物联网将是大势所趋，但现有的通信手段还达不到要求，而卫星互联网可以保障数据传输的及时性、有效性，让万物互联成为可能，实现对万物的管、控、营一体化。

在军事领域，5G 与卫星互联网是"黄金组合"。信息时代的战争是陆、海、空、天、网络一体化的作战体系，对通信业务的要求越来越高，卫星 5G 则能很好地满足这些要求。具体而言，卫星 5G 高速率、低时延的特性可以高效采集、传输、处理海量战场数据，为指挥员提供实时数据分析结果并快速更新态势信息，帮助建立对战场态势实时的高度感知，获得更全面的视角。同时，卫星 5G 能使更多的用户利用同一频率资源进行通信，从而在不增加基站密度的情况下大幅提高频率应用效率，有助于实现战场信息终端的互联互通，打破原本各兵种、各平台由于体制、装备等方面的限制而被困于"信息孤岛"的状态。

卫星 5G 还能让"无人军团"成为可能。构建大容量、低时延、高速率的作战通信网络是实现无人作战的前提，但受限于作战环境，依靠光纤传输通信手段是难以实现的，基于卫星 5G 能提供战场所需的通信解决方案，满足后方目标识别和指挥通信需求，各类自动化武器系统也可以实现在毫秒级别的控制周期内完成传感器测量、数据传输和智能解算等。在战地医疗系统中，卫星 5G 网络可以实现医生与机器人手术平台远程连接，提供远程手术支持。后勤保障部门可以灵活地控制无人运输车队或无人机，实现战场物资高效配送。可以说，卫星 5G 将对战场的作战模式产生颠覆性的影响。

4.2.3 卫星互联网与 5G 融合的研究现状

从 20 世纪 90 年代开始，为了促进卫星互联网与 5G 的融合，ITU、3GPP、卫星 5G 联盟和 C 频段联盟等标准化组织都开展了研究工作，在技术和标准制定方面取得了一定成果。

在技术方面，北美卫星移动通信系统是世界上第一个区域性的卫星移动通信系统，该系统在建设时就采用模拟地面移动蜂窝网的技术；瑟拉亚卫星通信系统在设计过程中采用类似 GSM/GPRS 体制中的对地静止轨道无线接口；"铱星"及"全球星"的空中接口设计则参照了 GSM 及 IS-95；美国 SkyTerra

系统与 TerreStar 系统通过布设地面辅助基站，与卫星基站复用同一频段，空中接口信号格式几乎相同，终端可以在卫星与地面基站间无缝切换，用户无须使用双模终端即可享受 4G 无线宽带网络。2019 年 5 月，TeleSat、英国萨里大学与比利时联合进行低轨道卫星 5G 回传测试，往返时延为 18～40 ms，主要应用包括 8K 流媒体传输、网页浏览和视频通信。这些试验成果表明，卫星互联网与 5G 已经实现全面融合，展现了广阔的发展空间，在普遍服务方面发挥着独特作用。

在标准制定方面，随着 5G 技术的日益成熟，业内成立了专门标准化组织工作组，着手研究卫星互联网与 5G 融合的标准化问题。

国际电信联盟提出了星地间 5G 融合的四种应用场景，主要包括中继到站、小区回传、中通及混合多播场景，并提出了支持这些场景必须考虑的关键因素。3GPP 根据星地融合的网络架构提出四种基础模型，并对相关的卫星接入网络协议进行分析、评估，讨论卫星终端的建立、配置和维护等标准，并重点分析卫星网络与地面网络的无缝切换技术。SaT5G 联盟研究工作主要围绕网络体系架构、关键技术及仿真验证、商业价值主张等，计划在两年半的时间里完成无缝集成方案，并进行演示验证。为实现卫星通信与 5G 的"即插即用"，SaT5G 提出六大技术研究支柱。欧洲航天局的"5G 卫星计划"则是与 3GPP 的标准化过程，主要定义 5G 卫星组件及其与其他网络的接口，已经成功提交三项研究工作计划，将卫星列入 3GPP Rel-16 的一部分。

4.2.4 卫星互联网与 6G 融合的展望

目前，第六代移动通信技术（6G）已经开启前瞻性技术研究，未来 6G 标准工作中卫星互联网接入是主要的介入手段之一。在 6G 通信网络中，卫星互联网内容将占据很大比例。

6G 将着力解决海、陆、空、天等地域覆盖受限的问题，拓展网络通信技术在人类生活环境空间方面的广度和深度，促进互联网技术进一步向空、天、地、海一体化方向延伸。构建卫星互联网信息网络系统是 6G 时代的核心愿景，该系统主要由卫星互联网、地面互联网和移动通信网互联互通形成，最终建成"全球覆盖、随域接入、按需服务、安全可信"的网络通信体系，如图 4-3 所示。建成后，该系统将实现全球范围内的无间隙覆盖，形成人、事、物全面互联互通的互联网通信网络。

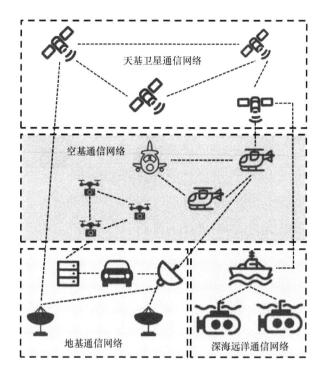

图 4-3　"空—天—地—海"融合通信网络示意图

在 6G 研究领域，国际通信技术研发机构相继提出了多条 6G 技术路线，但大都处于概念阶段。其中有代表性的技术路线主要有：2018 年，韩国 SK 集团信息通信技术中心提出"太赫兹+去蜂窝化结构+高空无线平台"的 6G 技术方案，该方案应用太赫兹通信技术，改变现有的移动通信蜂窝架构，建立空、天、地一体的通信网络；美国贝尔实验室提出"太赫兹+网络切片"的技术路线。以上这些方案在技术细节上需要长时间的试验验证。

目前，随着 6G 的推进，6G 的愿景、应用场景和指标已经有了新进展。与现行的 5G 相比，6G 将云计算、大数据和人工智能等技术进一步集成整合。同时，为解决高度智能、高度数字化和高度信息化社会对未来无线传输速率的要求，6G 网络在无线连接的广度和深度上都将有巨大的提升，支持超大带宽视频传输，超低时延工业物联网，空、天、地、海一体化通信等诸多场景。6G 网络愿景示意图如图 4-4 所示。

为支持商业愿景和应用，6G 系统必须具有 1 Tbps 超大峰值速率和 1 Gbps 超高用户体验速率，超低时延和超高频谱利用率等。

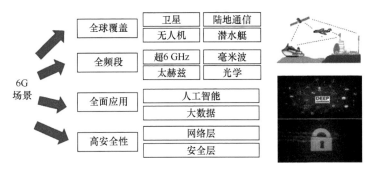

图 4-4　6G 网络愿景示意图

4.3　卫星互联网与云计算的融合

通过与云计算技术进行融合，可有效解决星上数据处理、存储和传输的问题，从而形成就近提供边缘智能服务，满足行业数字化在敏捷连接、实时业务、数据优化、应用智能、安全与隐私保护等方面的关键需求。

4.3.1　卫星互联网与云计算的融合关系

随着人类通过卫星对宇宙的不断探索，海量数据如何接收、处理、存储和传输，以及如何帮助航天工作者更好地获取有效信息、完成空间探测任务，均对人类探索宇宙提出了新挑战。

云计算是一种实用的技术，能够实现视频、卫星图像及海量数据的实时处理，可提供在线、按需、可扩展的图像处理功能，向全球用户社区提供图像产品和可视化工具，消除非专业人员的软件障碍和硬件要求，促进新算法和处理工具的快速集成和部署，将卫星数据与预期的最终用户直接联系起来，如图 4-5 所示。

4.3.2　卫星互联网与云计算融合的优势

云计算具有数据传输速率快、信息处理能力强、运行成本低及灵活性高的优点，可以有效解决传统数据处理系统的存储和维护问题，满足空间探测活动对计算能力的严格要求，为远距离数据传输搭建桥梁。应用云计算技术，在太空的空间探测器中，工作人员或自动化系统可通过互联网和共享服务器来实时访问、读取、处理和传输数据。

图 4-5 "卫星互联网+云计算"融合发展实现海量数据实时处理和传输功能示意图

4.3.3 卫星互联网与云计算融合的研究现状

中国四维测绘技术有限公司与华为云联合发布的"四维地球"云计算平台，综合运用大数据、云计算、人工智能、5G 等技术，提供包括基础影像底图、每日新图在内的通用遥感产品服务，大幅降低了遥感数据使用门槛，实现按需、准实时云端提供高质量遥感数据。时空信息的服务形式在环境监测领域或可带来颠覆性创新；在气象遥感领域，通过云计算的赋能，综合利用多元数据，用高度集成和灵活配置的算法，可实现更精准、更迅速地预测天气并提供灾害预警。

1. "云+AI"科研服务数据共享平台

华为云将协助中国气象局及合作单位，打造基于"云+AI"的科研服务数据共享平台，面向科学研究人员开放。该平台将在公有云上存储海量遥感数据，科研人员通过算法的线上运行，可享受分布式云存储、动态计算资源的强力支撑，多方联手实现国内第一家基于云架构的遥感服务。

2. SKA 项目

SKA 项目即平方千米阵列射电望远镜项目，它是包括中国在内的 20 个国家的科学家制定的一项规模庞大的计划，将建造一个巨型射电望远镜阵列，每年存档数据约为 600 PB，致力于用 AI 赋能宇宙探索。

3. 华为云 EI 集群

华为云 EI 集群服务器于 2019 年 9 月发布,该集群服务器具有"按需使用、即时开通"功能。其服务是目前全球的"算力巅峰",将为科学研究提供更快的图像、话音等 AI 模型训练,可以让人类更高效地探索宇宙的奥秘,助力中国高分卫星 16 m 数据向全球开放。面对每 32 天完成 1 次,每天高达 1TB 的全球覆盖的海量数据,以及高并发数据访问,技术资源的整合促使海量数据处理和实时共享成为可能。该集群服务器可实现高分卫星现存和未来更新的数据全部上云,确保海量数据处理和实时共享,支持全球用户同时在线访问平台和下载数据,同时还可保证网站少卡顿、低时延、下载速度稳定。

4. 卫星大数据解决方案

笛卡儿实验室于 2019 年建立首个完全依靠公共云资源运行的数据处理系统;随后推出一个实时地理空间数据处理平台,提供在云端使用卫星大数据的工具。UrtheCast 的 UrthePipeline 被提议作为一个全面管理的解决方案,向客户提供"科学级分析就绪数据",可根据客户的规模和时延需求进行调整。该方案预计到 2029 年市场规模达到 2 亿美元以上。

4.4 卫星互联网与人工智能的融合

"人工智能+行业"的成功案例提供了广阔的发展空间和前景,把人工智能融合到卫星互联网中,可实现参数的回归预测分析和故障的识别提取,深度参与卫星资源使用和自主完成观察、定向、决策、行动等自主决策。

4.4.1 卫星互联网与人工智能的融合关系

人工智能的技术方法和具体研究领域十分广泛,而卫星测控领域是任务导向、结果导向的工程领域[5],因此人工智能在卫星测控过程中的应用程度可划分为三个层次,分别为辅助分析层次、辅助决策层次、自主决策层次。

1. 辅助分析层次

在辅助分析层次,人工智能主要定位在"人类智能增强"上,即通过其在数量、速度和多样性方面的计算处理优势,辅助人类进行信息分析处理与提取,人机协作紧密，人发挥综合分析和决策的主要作用，机器作为人类能力的辅助和延伸。在此层次，卫星测控最典型的应用就是，各类航天信息的知识图谱构建、卫星故障的特征提取与识别、卫星及地面设备参数的变化预测等。美国国防部最早引入人工智能解决的主要问题，正是从大量的图像信息里识别获取关键目标和情报。这种图像识别主要借助机器学习算法，通过对大量图像、分类经验的学习，完成对新图像的识别和分类，并在不断工作中加强学习，做得越来越好。

在测控过程中，卫星及地面设备的遥测、监控数据实时精确记载卫星和地面各设备的状态，对于其中连续变化的关键参数，通过回归预测，可以对设备状态、故障、寿命情况进行预警。对这类问题，以往都采用数学统计的方法进行分析预测，这些根据实际数据建立的模型使用范围有限，需根据变化不断重构。而人工智能算法有不断学习强化和自适应的特性，可随着数据变化实时做出相应调整，并且随着预测的经验积累，会越来越准确。对于更深层次的应用，例如卫星运行过程中出现的各类故障，往往涉及许多参数状态的检查分析，甚至机理关联，通过对"故障状态"的特征提取和"研究学习"，人工智能技术可以在茫茫数海中找出故障数据，甚至在数据质量较好的情景下，在实时数据流中提前看到故障发生的可能性。因此，采用人工智能解决参数的回归预测分析和故障的识别提取，可将大大减少工作人员的分析工作，从而更好地进行决策[6]。

2. 辅助决策层次

在辅助决策层次，人工智能基于"人类智能增强"的前提，在某些局部范围内具备提供决策方案的能力。智能机器（算法）的智能化逐渐凸显，在解决实际问题中发挥更大作用，与人的协作更加紧密，共同对相关行为进行决策，但最终决策权仍由人类掌握。

比较典型的例子当属卫星资源的智能规划与调度。在卫星测控的应用过程中，会涉及载荷资源的计划使用及卫星网络的规划调度问题。以往这些工作由人力分析完成，使用智能化技术后，可通过对历史规划调度的记录数据进行学习分析，结合一些多目标优化算法，共同形成动态学习调整的智能规划算法，在新的任务场景下进行不同目标（如资源使用率优先、用户满足个数优先等）方案的制定，深度参与卫星资源使用的决策活动。

3. 自主决策层次

在自主决策层次，允许智能机器（算法）自主完成观察、定向、决策、行动的 OODA 循环[7]，独立地解决问题。但目前以无人作战集群为代表的人工智能应用在相当长的时间内仍摆脱不了自身的决策结果可靠度和决策领域受限制问题。自主决策只能控制在一定范围内。目前，航天领域最经典的案例当属各类空间探测机器人的研制和使用，包括轨道机器人（空间操控机器人、自由飞行机器人）和行星机器人（星表巡视作业机器人、宇航员服务机器人）等。这些机器人都具备 OODA 自主决策的能力。

对于卫星测控而言，自主决策层次的技术使用方向和案例，比较典型的为智能卫星。一方面，它具有自主搜寻遥感目标、规划航天器任务、配置与调用卫星资源等能力；另一方面，它在航天员给定的目标、规则或约束下，可采取最优化的行动。具体来讲，智能卫星分为智能使命卫星、智能任务卫星。智能使命卫星以完成使命任务为目标，在一定能力范围内，只需给定使命目标，后续无须人员介入，卫星自主规划任务和行动。智能任务卫星则根据任务执行过程中的环境、目标和自身状态变化，自主规划任务序列和分配子任务，自适应调整系统配置和执行控制模型，这也是智能化时代未来卫星研制发展的重要方向。

4.4.2 卫星互联网与人工智能融合的优势

目前，卫星数据的下载分析耗费了大量时间，为了更好地发挥卫星的效能，李德仁院士提出从对地观测卫星到对地观测脑的发展思路，其核心思想是将数据的处理过程从地面端转移到天基，即利用卫星上的照相机和智能处理系统提取有用的信息并实现将所有的影像快速处理后直接应用。

在这一系统的概念图中，高性能计算单元高悬于地球上方，它在接受地球发送的上传指令的同时，通过综合遥感、导航卫星和通信卫星等数据对捕获的信息进行智能分析，并将分析的结果下传到地球用户端。该系统能够实现星地协同处理数据，进行跨天际的大数据挖掘、计算和判断，同时能够实现不超过分钟级别时延的实时智能处理。未来可以在手机上接收和操作卫星数据。人工智能在卫星互联网中的应用场景示意图如图 4-6 所示。

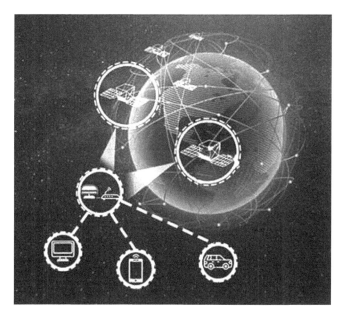

图 4-6　人工智能在卫星互联网中的应用场景示意图

4.4.3　卫星互联网与人工智能融合的研究现状

人工智能在卫星互联网中的潜在价值是巨大的,以下介绍十种人工智能在预测、检测、测量数据、网络安全等方面有代表性的应用场景。

1. 干扰检测

干扰检测是从基站收集数据对干扰因素进行分类,以便系统出现故障时自动发出警报,在数据积累到一定量后,还可以提出解决特定干扰的可行性方案,已经在巴塞罗那的加泰隆尼亚通信技术研究中心测试成功。

2. 干扰预测

干扰预测是从已经发生的事件中搜集数据,并将其与计划中的未来事件相关联,以预测潜在的干扰因素,相关试点项目已经开始为机器学习寻找适合的数学函数。

3. 卫星通信系统

人工智能可以预测无线电通信的请求方式。换言之,在有卫星广播的情况下,它可以帮助预测用户可能需要的内容,以便及时切换广播频道。

4．VSAT 测量数据

使用 VAST 测量数据，再利用人工智能技术，可以确定每个站的成本、性能、安装是否良好等，可为 VSAT 运营商提高服务效率。

5．网络安全

网络安全是人工智能的重要应用领域。系统只有在新漏洞出现之前才是安全的，随着卫星网络的虚拟化，这将成为一个值得关注的领域，因为人工智能可以在出现或可能出现漏洞时发出警报。同时值得注意的是，人工智能本身也存在信息安全威胁。如果一颗卫星受到攻击，那就不仅仅是把它击落的问题。随着网络变得更加虚拟化，确保网络安全极为重要。为避免发生网络攻击，准备相应的应急计划是必须的。

6．避免碰撞

将卫星数据和来自公共传感器网络的数据接入人工智能系统，可以计算碰撞发生的概率，并在碰撞将要发生时向操作员发出警报。目前，空间态势感知主要是由空间数据协会等多个组织完成的，未来态势感知领域将引入人工智能，以保障空间环境安全。

7．预测轨道

当出现监测不到卫星的情况时，人工智能可以有效预测卫星的路径。

8．虚拟化网络

建立虚拟化地面站，即将射电频率转化为数字信号，并将其发送到软件调制解调器的云存储端。目前，已经有超过 200 颗卫星搭载了数字基础设施，可将系统数字化，并将数据从本地系统传输到云端。

9．数学技能

人工智能技术的发展需要数学计算的支持。射频工程师主要负责控制卫星，并对行动方案做出最终决定。但也需要数据和数学方面的人才来处理数据，运用人工智能有效地评估数据。

10．提升战斗能力

智能卫星星座的建立能够更加有效地探测、跟踪、识别海上目标。尤其是大型水面编队，可以在广阔海域进行大范围行动，一般探测系统很难保持连续探测与跟踪，相应打击能力较弱；但是具备在轨智能处理能力后，能够对目标进行实时探测和识别，节省大量时间，可以提供更加有效的火力目标，增强打击目标的能力。

4.5　卫星互联网与区块链的融合

卫星互联网和区块链融合技术，就是将地面的数字资产转移至空间托管，通过提升传输安全性实现免遭网络攻击和黑客入侵的威胁，从而拓展区块链在太空中的其他应用，同时实现大量轨道卫星的去中心化。

4.5.1　卫星互联网与区块链的融合关系

区块链是一个分布式的共享账本和数据库管理系统，该系统具有去中心化、不可篡改、全程留痕、可追溯、集体维护、公开透明、可信机制等特点。但是，如果没有互联网就无法建立区块链，区块链的价值优势就无法实现。

当卫星互联网的使用成本降低到可以接受的水平，并正式推广应用时，区块链的应用范围将不仅仅局限于目前的地区。大量发展中国家需要可靠的价值储存手段和简便的电子事务处理程序。通过在欠发达地区应用基于卫星互联网的区块链全节点技术，可为当地提供简单易用的区块链服务。区块链作为一个生物集群网络，使用的人越多，越能促进网络内部"正向循环"，不断提高网络冗余价值，这正是卫星互联网即将为区块链实现的目标。

4.5.2　卫星互联网与区块链融合的优势

卫星区块链技术，通过将天基有效载荷加入已经成熟的网络，提升数字资产传输的安全性，开发商业应用。空间技术和区块链技术融合，将进一步加速生态系统内部的发展，释放新的可能性和机会，刺激太空经济高速发展。

在金融领域和商业领域，多重签名交易已被证明是金融系统非常强大的安全措施，现在卫星互联网将这些安全措施扩展到太空经济领域。多重签名交易是区块链开发的一种多签名卫星钱包,比传统方法更快、更安全。该钱包可以使用三重签名方案中的两个私钥,而不是仅使用一个，至少需要两个签名来完成交易，卫星充当其中一个签名。即使在连接失败的情况下，钱包中的资金仍然是安全的,因为两个地面签名仍然可以完成交易。

区块链操作系统将适用于世界上任何地方的任何人,同时通过验证过的区块链密码保持安全性和不可更改性。区块链的愿景是消除障碍，让全球社区在太空中进行访问和协作。

4.5.3　卫星互联网与区块链融合的研究现状

以美国国家航空航天局及欧洲航天局这样的太空巨头为代表的众多机构正在研究如何利用区块链技术完成既定任务。到目前为止所获得的结果表明，该项技术有望在地面与太空等环境中发挥重要作用。典型的研究成果如下所述。

1．弹性网络与计算范例

2017 年，美国国家航空航天局拨款 33 万美元，首次使用区块链技术用于开发负责进行深空探测的去中心化、安全及认知性网络与计算基础设施。更具体地讲，RNCP 系统将利用智能合约构建一台能够自动及时检测并回避任何障碍的航天器。该项目尚未公布具体的实施时间表。

2．基于太空环境的区块链

Blockstream Satellite 依赖于开源技术，利用 GNU Radio 与快速互联网比特币中继引擎作为互联技术，旨在为全球用户提供区块链。用户可以通过小型卫星天线与软件定义无线电接口接收信号，用户的设备总成本仅为 100 美元左右，软件免费使用。软件界面采用开源程序，提供接收器功能。软件定义无线电接口将数据发送至光纤通道协议，后者遵循比特币流程并负责存储相关区块。

3．去中心化的开源网络

太空链公司构建了全球第一个运行在区块链节点之上的开源卫星网络，开发并发布了一种适用于航天领域并支持区块链功能的开源操作系统，旨在通过使用分布式卫星网络和多重签名交易，为数字货币和智能合约的传输带来更强的安全性。这些卫星将被用作区块链节点，用于数据处理、传输、太空数据存储及应用程序开发。此外，太空链还将与量子链集成，共同为智能合约及区块链应用提供基础服务。

4. 3D 区块链

诺希斯公司公布了全球第一套 3D 区块链，其使命是利用 Vector 的 Galactic Sky 软件定义平台，在近地轨道卫星网络中提供全球数字货币与自治互联网基础设施接入功能。此外，通过卫星支持下的区块链网络提供"经济实惠可靠"的互联网接入功能，同时从商业应用当中获取收入，从而支付网络的维护与运营费用。该方案将为使用频率较低的用户带来便捷且物美价廉的体验。

4.6　卫星互联网与量子计算的融合

将量子计算技术引入卫星互联网，将在量子通信、航空航天和网络安全等领域发挥巨大作用，形成更为强大的空间量子系统，解决大规模计算难题，挖掘有效大数据信息，提供更加优质的服务。

4.6.1　卫星互联网与量子计算的融合关系

量子是自然界物质的最基本单元、能量的携带者，具有不可分割、不可克隆的特点，因此量子传输能保证加密内容不被破译，从根本上保障信息安全、保护全人类的隐私，实现通信加密计算能力的飞跃。量子计算在网络安全、航空航天和通信领域拥有巨大优势，能在生产、性能和安全传输等方面带来极大增益。各国纷纷大量投入量子技术的研究，通过利用量子计算建设更加强大的系统，提供更加优质的服务。

光在太空传输过程中不会有损耗，因此借助卫星的中转效应，量子通信可以实现覆盖全球的广域量子保密通信。同时，宇宙天然就是绝对零度的低温环境，符合量子计算粒子控制的要求，给天基量子通信提供了发展的空间。

4.6.2　卫星互联网与量子计算融合的优势

量子信息技术中的量子通信和量子计算能够满足信息技术发展对安全性的要求和对计算能力的巨大需求。

量子信息技术的发展目标是，在更大的范围内实现安全的信息传输。该技术的发展路线分为光纤实现城域量子通信、中继器实现城际量子通信网络、卫星中转实现远距离量子通信三步。

卫星互联网可以通过量子计算实现人工智能算法、通信卫星的高度安全的加密和不需要 GPS 信号的精确导航等。运用量子通信研究成果，可建立多横多纵的全球方位量子通信网络，实现新一代位置服务；为大规模计算难题提供解决方案，有效挖掘大数据信息。

4.6.3　卫星互联网与量子计算融合的研究现状

目前，国内外已进行了大量卫星互联网与量子计算融合的研究，下面就其现状进行简要介绍。

1. 国外卫星互联网与量子计算融合的研究现状

空客公司于 2015 年建立量子计算研发团队，该团队的主要目标是研究与密码学和计算相关的量子力学技术，从而让现有的量子计算机硬件适应在太空环境中处理和存储大量数据。其中主要包括卫星传输的图像的分类和分析等。

2018 年，博思艾伦汉密尔顿与量子计算公司 D-Wave Systems 共同启动了利用量子计算来解决优化卫星分组问题的研究，以实现其覆盖范围的最大化。

英国电信与东芝研究所、美国爱德华光网络公司和英国国家物理实验室联合研究量子加密技术，用于在敏感数据的传输过程中保护其安全性。英国电信于 2018 年宣布建成"量子安全"的互联网网络结构。

日本东芝于 2018 年 2 月推出一款自行研发的 13.7 Mbps 量子密钥分发设备，其速度比之前的同类设备快数倍。量子密钥分发系统为基于光纤通信的加密应用提供数字密钥。

日本三菱电机宣布，开发出了一种先进的手机加密技术"一次性 PAD 软件"，用来保证通话的私密性。此外，该公司还将其技术实施到日本信息和通信技术研究所的一个项目中，用来测试基于量子安全网络的移动通信技术的可行性。

美国微软在构建量子计算方面取得了很大进步。2017 年年底，微软宣布推出量子开发套件——一种名为 Q# 的量子编程框架和语言，供为量子计算机编写应用程序的开发人员使用。2019 年 2 月，微软推出了致力于量子应用及硬件的机构和个人量子网络。

美国英特尔于 2018 年宣布开发出名为 Tangle Lake 的 49 比特量子超导芯片；于 2019 年宣布开发出一种量子计算机测试工具，该工具允许研究人员验证量子芯片可靠性并检查量子比特在构建为全量子处理器之前是否正常工作。对于量子计算研究人员而言，这是一项重要的节省成本和时间的技术，也是量子处理器实现大批量生产前的一个步骤。

2. 国内卫星互联网与量子计算融合的研究现状

我国将量子计算在"十三五"规划中确定为具有战略重要性的领域。2016 年 8 月，中国发射了第一颗量子卫星"墨子号"，它使我国成为首次实现卫星和地面之间量子通信的国家。

"十三五"期间，我国研究人员在基础研究和量子技术（包括量子密码学、通信和计算）方面取得了持续不断的进步，并在量子雷达、传感、成像方面取得了进展。阿里巴巴、腾讯、百度、华为近年来先后布局量子计算领域，阿里巴巴和中国科技大学联合发布了量子计算云平台，2019 年推出"太章"量子模拟器；腾讯在量子 AI、药物研发等领域展开研究；百度于 2019 年成立量子计算研究所；华为在 2019 年发布了量子云平台，并在 2020 年推出"昆仑"量子计算模拟一体机。中国科学院于 2020 年宣布"墨子号"量子卫星在国际上首次实现千千米级基于纠缠的量子密钥分发。该成果将地面无中继量子密钥分发的空间距离提高了一个数量级，同时通过物理原理实现了卫星在被他方控制的极端情况下依然能实现安全的量子密钥分发的功能。该项研究成果已经发表在美国《科学》杂志上。

虽然我国科技企业在量子计算领域取得了一些成果，但是相对起步较晚，与其他科技巨头之间存在一定差距，落后美国 3～5 年。

4.7 卫星互联网与无人机的融合

无人机具有低成本、地面保障要求低、安全风险系数小的特点，可以作为卫星互联网的中继节点组成混合互联网络，提供更高的链路容量及更好的覆盖，也可作为空中移动传感器提供更精确、更强大的数据流。

4.7.1　卫星互联网与无人机的融合关系

信息技术、控制技术、通信技术的快速发展，极大地推动了无人机系统的跨越式发展。在军用领域，无人机系统应用成效显著，无人机作战装备进入新阶段，有人无人协同构成新体系，正在催生军事变革与新战争模式，成为各军事科技强国争夺的战略制高点；在民用领域，无人机系统已经渗透到不同行业的众多应用场景中，正在孕育着大规模的行业应用和产业化，将是世界航空空工业未来最具活力的增长领域[8]。

俄罗斯国家航天集团提出了混合互联网络，旨在用长时间持续飞行的电动太阳能无人机提供全球卫星互联网接入服务，具有成本低、效率高、信号稳的优势，且不论在森林、海洋、山地，还是北极钻井平台，都可以接收到网络信号。Facebook提出激光互联网计划，即用激光通信器把空中信号传递到地面，主要依靠续航时间长、价格相对较低的"天鹰座"无人机（Aquila）完成这项任务。

4.7.2　卫星互联网与无人机融合的优势

无人机作为空中移动终端，是接入互联网的一种新型节点。无人机的能耗较低，飞行时间相对较长，有能力为偏远地区的用户提供互联网接入服务，可有效扩大互联网接入范围。同时，无人机具有很强的机动性，可以根据某一区域内的特殊需要来提供互联网接入服务，提升互联网接入服务的灵活性。此外，无人机的飞行高度高于商业飞机而低于卫星，使得它可以稳定提供 1 Gbps 的高速接入，大大提升了互联网接入的用户体验。因此，未来的互联网接入架构有可能形成无人机在小范围内提供大容量服务，卫星则用于保证低速率需求地区网络覆盖的全球网络覆盖模式。在 5G 模式下无人机与卫星集成架构示意图如图 4-7 所示。

无人机可以用作 5G UE、5G-gNB（5G 接入点）或透明中继节点。

（1）无人机可以连接到可见卫星（星载 5G-gNB）生成的 5G 蜂窝，或通过充当 RN 的卫星访问 5G 核心网。

（2）作为 5G-gNB 的无人机可按需部署 5G 蜂窝，并为作为 5G UE 的设备提供连接。

（3）如果物联网设备是 5G UE，且在地面段接入 5G 网络，那么无人机就是对 5G "透明的 RN"，只进行变频和射频放大，使数据传输到卫星。

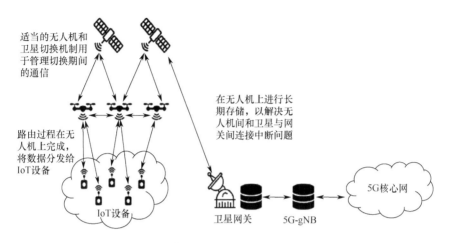

图 4-7　在 5G 模式下无人机与卫星集成架构示意图

无人机作为空中移动传感设施，未来在民用领域最具想象空间的应用是作为空中的数据端口，为连接全球的工业 4.0 大数据系统提供更精确、更强大的数据流。利用无人机最普通的巡检功能，使用无人机在全国范围内巡视农田，可以比卫星图像更清晰地观测到农作物长势、自然灾害情况、土壤变化等信息，通过将无人机采集的数据接入全球互联网，可以将收集的数据实时传输给大宗商品分析师，用以实时判断全球农作物期货市场走势；在大型建筑工地中使用无人机系统，可以实现远程管理，实时监督施工进度、施工质量，让之前烦琐耗时而价格昂贵的工作变得轻松简便，同时降低价格、缩减成本。但同时也应看到，通过对个人运动轨迹的跟踪，企业能够全面地掌握人员的生活习惯、出行路线等信息，从零售商角度看，可以为其提供更精确的参考数据，以向 "过其门而不入" 的潜在消费者推送优惠促销信息等[9]。

无人机可实现高分辨率影像的采集，在弥补卫星遥感经常因云层遮挡而获取不到影像的缺点的同时，解决了传统卫星遥感重访周期过长，应急不及时等问题。

4.7.3　卫星互联网与无人机融合的研究现状

无人机系统已经配备了下一代传感器和高带宽通信系统，成为有效的数据采集平台，可在建筑、农业、石油和天然气、安防等不同行业使用。与此同时，亚马逊和谷歌等公司已经宣布将无人机用于包裹递送服务。

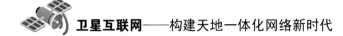

目前，全球已经有多个公司开始布局无人机网络覆盖服务市场。谷歌在2014年收购了无人机公司 Titan Aerospace，试图以无人机取代高成本的近地卫星，现已研制成功以太阳能为动力补充的无人机；Facebook 成立的连接实验室专注于开发无人机互联网连接技术，拟为偏远地区居民提供网络服务，意图赢取下一个 10 亿用户。但续航时间短、受天气影响大等仍是阻碍无人机实现网络覆盖应用的核心问题，目前的技术水平尚无法提供完美的解决方案。

4.8 本章小结

本章首先从卫星互联网的作用和特点阐述卫星互联网发展的必要性，总结国内外卫星互联网的建设和现状；接着对目前卫星互联网仍有亟须突破的关键技术进行分析，如星间链路激光通信、星群通信协议、低成本相控阵天线、星载运算芯片等软硬件技术的问题；最后面向未来发展和科技进步，卫星互联网通过与5G、云计算、人工智能、区块链等前沿技术资源的有效融合，能够具备全球时空连续通信、高机动全程信息传输等能力，且具有高可靠安全性、区域大容量，助力卫星产业形成强大资源合力，产生更高协同效率，创造更多产业发展红利。

本章参考文献

[1] 周舟. 亚马逊计划发送 3236 颗互联网卫星[EB/OL].(2019-07-10)[2021-01-26].http://www.Xinhuanet.com/2019/07/10/c_1124734058.htm.

[2] 华泰证券. 卫星互联网行业深度报告：掘金产业链新机遇[J]. 行业研究，2020 (6)15:4-15.

[3] 赵竹青. 中国卫星物联网产业联盟成立 天启卫星物联网上线运行[EB/OL]. (2019-09-10)[2021-01-26].https://baike.baidu.com/reference/23746124/0f4f8BYPf_DXN9Fcuzxb3sktNouVnJplF230vm1wBHNwKtMNjpE4-eWIBnlOnT8oCpn9vRCphnCv5F4BxZID_qx9po-esrMqQ9hFVSfAeOL9dp-Sw5ZJTqLU.

[4] 李国利，胡喆. 捷龙一号运载火箭"一箭三星"首飞成功[EB/OL]. (2019-07-10)[2021-01-26].https://baike.baidu.com/reference/23680388/4484v9YQVUGUYYGQnjGj4nPLgbJCnIcpDAz243DVa8Gs82FdSuVFc0pXPDkOyEpBHV18oaETTyVrjDygFApA00CrnayuRfoGpwQjjUU3AWcEBAw5kGvl4QORVrY.

[5] 郭夏锐. 商业卫星测控发展现状及趋势[J]. 国际太空，2019(10)：44-48.

[6] Layton P. Algorithmic Warfare Applying Artificial Inr Telligence to Warfighting[M]. Canberra:Royal Australian Air Force Air Power Development Centre, 2018:35-48.

[7] 陈杰, 谭天乐, 陈萌. 人工智能航天领域应用参考模型[J]. 上海航天, 2019, 36(5): 1-10.

[8] Intermediate Strategic Report for ESA and national space agencies. Quantum Technologies in Space [D/OL].[2017-11-15]. http://qtspace.eu:8080/sites/testqtspace.eu/files/QTspace_Stretegic_Report_Intermediate.pdf.

[9] 齐芳. "墨子号" 实现基于纠缠的无中继千公里量子密钥分发. [EB/OL]. (2020-06-18) https://baike.baidu.com/reference/19899918/2621fdtpmWaoP0auyEhIrV12MdDicz2ufoGiDIb24ZcPremxG0PdofYYMaDblDauC0krlX4iaWtH_Xngi-TEutB7iDGXIYtZ3HhnbfGuSf05epMHiZM.

第 2 篇

规 划 篇

第 5 章 卫星互联网规划

目前，卫星互联网网络的研究主要集中在空间段及地面段的基础设施建设。其中，国外企业已进入小卫星密集部署阶段，而国内企业尚处于早期建设阶段，尚存在一定差距。小卫星批量化制造、快速组网、星座运营控制、网络协议和星间链路的设计等问题还没完全解决。

本章首先归纳卫星互联网网络的发展趋势，并分析给出卫星互联网网络建设关键技术方向，为我国卫星互联网网络核心技术比较和选择提供思路，为卫星互联网系统的研制和建设提供借鉴与参考。低轨道卫星互联网建成后，将为我国及"一带一路"沿线国家，乃至全球用户，提供基于卫星互联网网络的全球无死角物联网、航空航海监视、移动宽带接入服务。

5.1 卫星互联网星间组网

卫星组网主要有单层卫星网络和多层卫星网络两种形式。目前，较为成熟的卫星网络都采用单层卫星网络。随着卫星网络的发展，单层卫星网络已难以满足系统设计需求，具有星间链路的立体化多层卫星网络成为卫星通信领域的研究热点。

5.1.1 单层星间组网

单层卫星网络主要是指由一层卫星星座组成的卫星网络。目前，单层卫星网络主要包括静止轨道卫星网络和其他高度卫星网络两大类[1]。

其中，典型的静止轨道卫星网络主要有国际移动星（Inmarsat）系统（如图 5-1 所示）、瑟拉亚（Thuraya）卫星系统、亚洲蜂窝卫星（ACeS）系统、北美卫星移动通信（MSAT）系统和 Terra Star 系统等[2]。

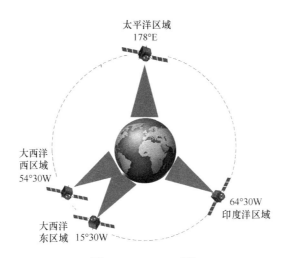

图 5-1　Inmarsat 系统

典型的中轨道卫星网络中比较著名的有奥德赛（Odyssey）系统、中圆轨道系统（Intermediate Circular Orbit，ICO）系统和 MAGSS-14 系统，但均由于商业原因被取消或搁浅。

20 世纪 90 年代，世界各国纷纷开始研发低轨道卫星移动通信系统，但随着 2000 年"铱星"系统的破产，低轨道卫星通信技术研究迅速降温。目前，成功运行的低轨道卫星移动通信系统主要有"铱星""全球星""轨道星"[3]。

5.1.2　多层星间组网

多层卫星网络的典型代表是双层卫星网络（Double Layer Satellite Constellation，DLSC）。双层卫星网络一般由低、中轨道卫星网络组成，如图 5-2 所示[4]。中轨道卫星间由星间链路连接，并与可视范围内的低轨道卫星通过星间链路连接；低轨道卫星之间无星间链路。

低轨道卫星主要负责与小型移动终端、地面站等通信；中轨道卫星作为低轨道卫星的中继，并同时负责地面站与大型终端的通信。多层卫星网络比单层卫星网络的覆盖性能更好，有更好的覆盖仰角和覆盖重数。

由高、中、低轨道卫星构成的多层卫星网络（Multi-layer Satellite Network，MLSN）如图 5-3 所示。其中，中轨道与中轨道、低轨道与低轨道、高轨道与中轨道、中轨道与低轨道之间都存在星间链路。低轨道卫星主要为地面移动终端提供实时接入服务，中轨道卫星主要负责完成全球覆盖，高轨道卫星主要作为路由算法的中枢[5]。

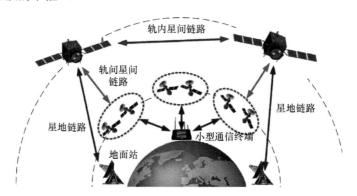

图 5-2　双层卫星网络

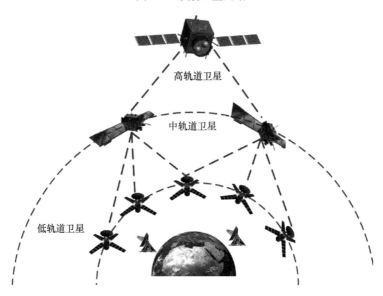

图 5-3　多层卫星网络

此外，国内外学者还提出了 SoS（Satellite over Satellite）网络结构[6-9]、分层天基网络（Hierarchical Space-Based Networks，HSBN）[10]等多种多层卫星网络模型，分别如图 5-4 和图 5-5 所示。

不同高度轨道的卫星各自有其优缺点。低轨道卫星数量需求大，运动速度快，星间链路建立困难，星间拓扑变化复杂；高轨道卫星轨道高度较高、时延高且易受干扰；中轨道卫星则介于两者之间。不同轨道高度卫星组网的优缺点见表 5-1。

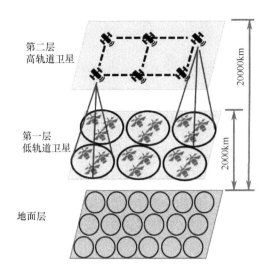

图 5-4　SoS 网络结构

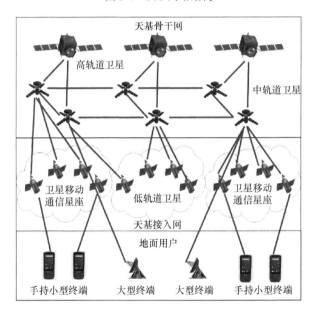

图 5-5　HSBN 网络结构

表 5-1　不同高度轨道卫星组网的优缺点

卫星类型	全球覆盖所需卫星数量	星际链路建立难易	传输时延	抗干扰性	链路冗余	切换
高轨道卫星	最少	容易	大	弱	少	少
中轨道卫星	较少	容易	较大	较弱	相对较少	较少
低轨道卫星	多	难	较小	强	大	频繁

5.2　卫星互联网星间链路

典型低中轨道双层卫星网络的组网架构如图 5-6 所示[11]。其中，将低轨道卫星根据所在的区域划分为若干个卫星集群。低轨道卫星集群通过星间链路与对应的中轨道卫星寻址对接，该链路称为层间星间链路。同时，中轨道卫星之间也会通过星间链路进行数据交互，该链路称为层内星间链路。

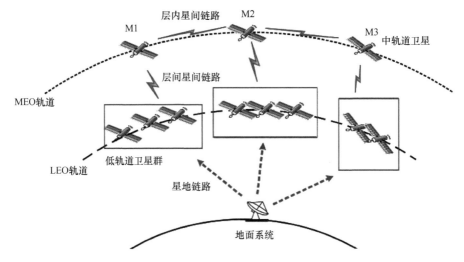

图 5-6　典型低中轨道双层卫星网络组网架构

多层卫星网络通过层内星间与层间星间链路的分配、组合与调度，实现空间内所有卫星节点的组网通信。多层卫星网络的优势在于星地、层间星间、层内星间链路分工明确，多层结构相互配合，可实现对复杂卫星系统的有效管理，但由于节点数量多、类型复杂多变、组网结构复杂，对星间组网技术要求较高。

（1）低中轨道星间链路（LEO-MEO Links，LML）：主要作用是当低轨道卫星对地不可见时，中轨道卫星可将数据转发回地面用户端。

（2）中中轨道星间链路（MEO-MEO Links，MML）：主要用于中轨道卫星间数据的中继传输。

（3）用户数据链路（User Data Links，UDL）：主要指地面用户端与低轨道卫星、中轨道卫星间的数据通信链路，用于地面用户端与卫星之间的数据传输。

低轨道卫星轨道高度只有约 800 km，单个卫星对地覆盖面积较小。因此，该系统需要多颗低轨道卫星协同工作，才能达到全球覆盖的目的。例如，"铱星"系统包含 66 颗低轨道卫星，可实现全球覆盖。中轨道卫星的轨道高度比低轨道卫星高，约为 10 000 km，覆盖面积比低轨道卫星大很多，达到相同的覆盖目标区域所需的卫星数量比低轨道卫星要少很多。因此，卫星网络一般选用中轨道卫星作为数据中继卫星[12]。

5.2.1 微波链路

微波是无线电波中 300 MHz～300 GHz 的电磁波的简称，波长为 1 mm～1m，是分米波、厘米波、毫米波的统称[13]。微波频段的具体划分见表 5-2。

表 5-2 微波频段的划分

代 号		频率/GHz	应用场景
特高频 （Ultra High Frequency，UHF）	UHF	0.3～1	电视、空间遥测、雷达导航、点对点通信、移动通信
	L	1～2	
	S	2～3	
超高频 （Super High Frequency，SHF）	S	3～4	微波接力、卫星和空间通信、雷达
	C	4～8	
	X	8～12	
	Ku	12～18	
	K	18～27	
	Ka	27～40	
极高频（Extremely High Frequency，EHF）	Q	33～50	雷达、微波接力、射电天文学
	V	50～75	
	W	75～100	

微波频率比一般无线电波频率高，因此通常被称为超高频电磁波。微波具有穿透性强、热惯性小等优点，具有似光性和似声性、非电离性、信息性等。因此，当微波波长远小于物体（如飞机、船只、火箭、建筑物等）尺寸时，微波传输过程呈现和几何光学相似的特点。利用微波波段特点可以制成方向性强的信息传输、接收系统，如抛物面反射器等。

微波通信是一种以微波作为信息传输载体的通信方式，常被用于中继卫星网络。微波通信应用的主要场景是现代卫星通信和常规中继通信[14]。

微波链路具有频带宽、传输距离长、抗干扰能力强、组网灵活方便、投资性价比高等特点。由第一代微波通信中继卫星系统的运行状况发现，微波通信频段容量有限。在卫星互联网空间信息技术不断发展情况下，微波通信链路越来越难以满足通信需求的高速增加。与此同时，面对有限的同步轨道资源，随着卫星数量的不断增加，微波链路通信系统之间的干扰问题也日益突显[15]。

5.2.2 激光链路

激光链路通信指在卫星信道数据传输过程中，以激光作为传输信息载体完成信号传输。激光链路通信技术既可用于同步轨道卫星间的通信，也可以用于低轨道卫星和同步轨道卫星之间的通信。

与传统的卫星微波链路通信技术相比，卫星激光链路通信的优势明显，具体表现在以下三个方面[16]。

（1）调制带宽增加。由于现阶段卫星激光链路中的信号光频段远远高于卫星微波链路通信的频段，能够使通信带宽得到有效增加，从而显著提高卫星网络的通信容量，并实现 Gbps 级别的高速通信。

（2）光波的波长是射频与微波波长的 1/100 000～1/1 000，因此实现卫星激光链路通信所需天线的尺寸远小于卫星微波天线，这对卫星平台和卫星通信终端的轻量化、小型化具有重要意义。

（3）抗干扰与保密性能增强。在信号光通过卫星激光链路进行传输的过程中，激光信号较小的光束发散角可以有效避免通信过程因受到其他信号的干扰而降低通信质量，保证通信的可靠性。

激光链路通信技术经过多年探索，取得了突破性进展，以此构建卫星互联网宽带信息网络，是实现空、天、地一体化信息网络的海量数据传输的有效手段[17]。

5.3　卫星互联网星地连接

基于卫星网络的移动互联网通信技术是继地面互联网通信技术后的一个重要发展方向，旨在为全世界移动用户终端提供一个网络互联平台，实现全域实时信息互通。其中，在 20 世纪 80 年代初期，互联网组织就通过协议（Transmission Control Protocol / Internet Protocol，TCP/IP）实现了全欧洲范围内的几个局域网络的互联。从现有的技术来看，主要通过以下三种方式实现星地互联网连接[18]。

（1）卫星与地面通信设施互联的混合结构[19]：具有非对称性，用户的请求信息通过低速地面线路传给网络服务供应商，而下行数据则由高速卫星链路支持。

（2）单独使用卫星链路的结构：一般来说，在地面线路基础设施建设较差的地方，单独使用卫星链路的结构比较多[20]。

（3）通过广播服务接入地面互联网网络：据统计，在互联网中有20%的信息属于信息广播服务（如新闻、音像发布等）。在广播服务方面，卫星通信是一种比地面网络更有效的媒体。其中，交互式数据广播系统（Interactive Data Broadcasting System，IDBS）是一种使用电话网或相似的低速率网络接入网络服务供应商的交互式数据广播系统，使用一个或多个数字广播通信卫星信道在正向链路上为用户终端实时发送大量数据。

在卫星接入互联网的发展过程中，出现过 IDBS-A、IDBS-V 及 IDBS-D 等不同系统，支持不同的信号传输速率。

（1）IDBS-A 系统：使用标准的音频副载波提供 200 kbps 的传输速率。

（2）IDBS-V 系统：采用甚小天线地球站（Very Small Aperture Terminal，VSAT）提供 64 kbps～2 Mbps 的传输速率。

（3）IDBS-D 系统：采用 DVB/MPEG-2，提供 2～8 Mbps 的传输速率。

以上系统都通过在用户终端增加卫星接口单元和数字卫星射频接收机来实现通信，同时为卫星提供上行数据的地面站和基站上配备卫星网关。卫星接口单元和卫星网关都是硬件和软件的组合体，主要处理寻址、路由分配等问题，并提供接口功能。以上系统都直接利用原有的卫星网络和地面网络，通过额外增加一些接口单元及数据处理单元实现通信，使用的通信频段、星上设备等都与原系统一致。此外，这些系统的卫星可以提供比现有 L、S 等频段更宽的频带。

目前，正在开发的很多卫星系统，如先进通信技术卫星（Advanced Communication Technology Satellite，ACTS），开发了 Ka 和 EHF 更高频段的通信系统，可为移动终端提供 4 kbps～2 Mbps 数据接入业务。其中，Ka、EHF等更高频段的通信器件性能问题的解决，极大地促进了通信频段向高端发展。常用的星地连接网络架构如图 5-7 所示。

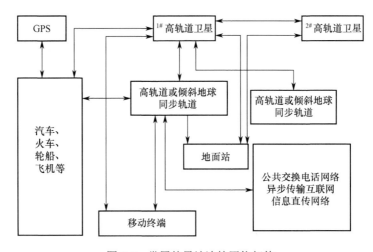

图 5-7 常用的星地连接网络架构

5.4 卫星互联网架构

本节主要从卫星互联网总体架构、组网方式、星间链路和星间通信四个方面分析卫星互联网整体架构。

5.4.1 总体架构

卫星互联网总体架构大致可以分为地基、天基两部分。卫星互联网由异构的天基网络和地基网络组成，采用统一技术体制和标准规范互联、融合，如图 5-8 所示[21]。

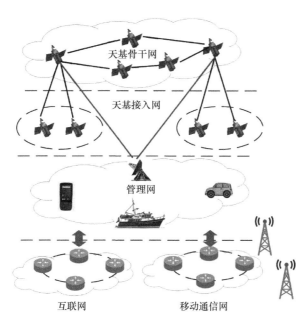

图 5-8　卫星互联网网络架构

1．天基网络

天基网络由天基骨干网和天基接入网组成。

天基骨干网主要由若干个处于对地静止轨道上的高轨道卫星节点联网组成，承担着卫星互联网网络系统中的数据转发/分发、路由、传输等重要任务，可实现网络的全球、全时覆盖。

天基接入网由若干个处于高、中、低轨道的卫星节点联网而成，主要形式为高轨道卫星接入网、中轨道卫星接入网、低轨道卫星接入网等，为陆、海、空、天多维度用户提供实时互联网网络接入服务。

2．地基网络

地基网络由管理网和业务网构成。

管理网主要由关口站、网络互联节点等地基节点联网组成，主要作用为实现对天基网络的管理控制、信息处理，以及天基网络与地面互联网、移动通信网等地面网络的互联等。

业务网即互联网和移动通信网等地面网络系统，主要为用户提供卫星互联网的接入、业务服务等[22]。

5.4.2 组网方式

卫星互联网组网方式采用"核心网与接入网分离"的思想，旨在提高核心网的可扩展性和安全性[23]。

其中，核心网主要由地面核心网与空中核心网两部分组成，如图5-9所示。地面核心网为"双核心"的主核心；空中核心网为"双核心"的从核心，作为地面核心网的补充。相比于单层卫星网络结构，多层卫星网络结构可以充分利用各层卫星网络自身的优点并互补缺陷，因此空中核心网主要由多层卫星网络组成。

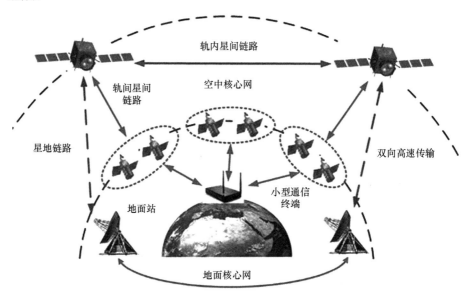

图5-9　卫星互联网组网方式

高轨道卫星覆盖范围广、与地面相对静止，主要负责中、低轨道卫星的切换管理及空间接入网的数据接入服务管理，同时负责空间节点身份标识与位置标识的注册与查询服务。因此，卫星系统中的高轨道卫星一般主要承担卫星管理功能及作为通信中继卫星使用。与高轨道卫星相比，低、中轨道卫星传播时延低。因此中、低轨道卫星主要负责数据接入与传输服务。其中，低轨道卫星主要负责用户端数据的接入及小跳数数据的转发服务，中轨道卫星主要负责大跳数数据的转发服务。

接入网是指核心网以外的所有网络部分，如绕月卫星组成的月球接入网等。接入网主要包括地面移动接入网、空间接入网和孤岛域接入网三部分。

5.4.3 星间链路

在现有大多数卫星互联网系统中，低轨道卫星之间（LEO-LEO）、低轨道与高轨道（LEO-GEO）卫星之间没有设置星间链路，低轨道卫星只能和地面站系统在过顶区域时间内实现通信和数据传输。

星间激光链路作为卫星互联网领域中的最有应用价值的通信链路，可作为轨道间（LEO-GEO、MEO-GEO、LEO-MEO）通信链路、卫星间（GEO-GEO、LEO-LEO、MEO-MEO）通信链路和星地间（GEO-Ground）通信链路。欧洲航天局早期实施的"半导体激光星间链路试验"（SILEX）项目，已经成功验证在低轨道（LEO）与高轨道（GEO）之间建立激光通信链路的可行性；2008年年底，在其"欧洲数据中继系统"（European Data Relay Satellite，EDRS）中通过激光链路通信系统中实现了两颗高轨道数据中继卫星与低轨道卫星和地面控制中心间的数据中继服务，形成"太空数据高速路"（Space Data Highway），并以商业模式运营。

搭载激光通信中继载荷 EDRS-A 的 Eutelsat 9B 卫星于 2016 年 1 月成功发射，该卫星可同时提供激光链路和 Ka 微波链路两种双向星间链路模式，星间激光链路传输速率可达 1.8 Gbps，传输距离达到 45 000 km。该星于 2016 年 7 月正式进入商业运行阶段[24]。目前，国内外正在建设和设计的低轨道卫星通信星座，对星间链路采取了不同的设计方案。O3b 和 OneWeb 星座没有设置星间链路，而"星链"、LeoSat 和 Telesat 等星座设置了星间激光链路，"铱星"星座则采用 Ka 星间微波链路。星间链路使卫星技术复杂程度提高，增大了星座的设计难度，同时星上路由选择等技术问题也较为复杂。

我国在"北斗一号"和"北斗二号"卫星中均没有设计星间链路，在"北斗三号"全球卫星导航系统中设计了星间微波链路，采用的是 Ka 频段相控阵体制的微波通信方案。"行云二号"卫星于 2020 年 5 月成功发射入轨，将在轨开展天基物联网通信技术、星间激光通信技术及低成本商业卫星平台技术的验证，代表我国卫星物联网星座实现了星间激光通信零的突破，打破了卫星物联网星座间信息传输的瓶颈。

目前，星间激光通信已成为新一代全球卫星互联网技术发展的关键核心技术，具有传输速率高、抗干扰能力强、系统终端体积小、质量轻、功耗低等优势，可以极大减少卫星星座系统对地面网络技术的依赖，从而降低地面信关站系统的建设数量和建设成本。据报道，低轨道卫星星座"行云二号"01 星、02 星的激光通信系统载荷质量为 6.5 kg，在轨运行功耗为 80 W。由此可见，星间激光链路通信技术将给卫星互联网领域发展带来巨大的变化，如图 5-10 所示。

图 5-10　星间激光链路通信示意图

5.4.4　星间通信

卫星互联网网络为所有的网络实体设备端，如用户端、服务器、路由器、存储器等分配唯一身份标识与位置标识，并在网络位置映射系统中注册相应身份标识与位置标识的绑定关系。

身份标识主要用于表征网络实体的身份信息，以识别通信双方[25]。位置标识包括接入网位置标识与核心网位置标识，主要用于路由转发服务。接入网位置标识用于表征网络实体设备在当前所处接入网中的具体位置，核心网位置标识主要用于表征网络实体设备当前所处接入网在核心网中的具体位置。

接入网通过边界路由器与核心网实现连接（如图 5-11 所示），不同接入网之间的网络实体设备通过核心网实现互联互通。其中，核心网和接入网均具有各自位置的映射系统，当用户端在接入网中完成接入信息认证后，接入路由器将为用户端分配接入网位置标识，并在接入网位置映射系统中注册地址信息，随后边界路由器将代替用户端向核心网位置映射系统注册，并获得核心网位置标识，各节点通过查询标识映射表来实现基于标识的通信。

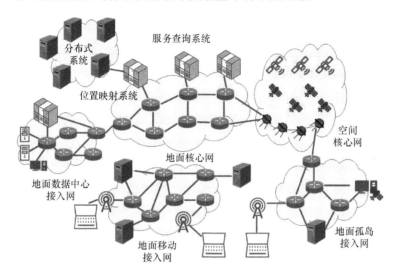

图 5-11 卫星互联网架构

空间网络系统采用时延容忍网络（Delay Tolerant Networks，DTN）协议处理空间网络环境中存在的通信问题，地面网络系统使用 TCP/IP 处理地面通信问题，因此空间网络系统与地面网络系统属于异构网络体系[26]。卫星互联网网络通过映射系统位置标识支持空间、地面异构网络中的互联互通。异构网络中的节点在整个通信网络中有统一的身份标识，作为该节点在整个通信网络中的身份识别信息。各应用端接入网根据自身网络环境特点，使用不同的网络通信协议及位置标识符号。其中，在地面网络中，使用 IP 地址作为节点的身份标识和位置标识；在空间网络中，使用虚拟 IP 地址作为空间节点在地面网络中的身份标识。为了实现空间网络节点在地面网络中身份标识的唯一性及统一性，使用 DTN 协议栈中的端点标识符（Endpoint ID，EID）作为空间节点在空间网络中的位置标识，网络空间路由协议将根据 EID 中的"节点号"为基础数据计算分析路由。在网络空间数据转发时，边界路由器将对异构网络中的节点信息进行位置标识和替换，同时完成异构通信协议转换[27,28]。

5.5 卫星互联网资源管控

低轨道卫星设计较简单、成本较低，因此卫星互联网系统中低轨道卫星数量大、应用功能多。随着低轨道卫星小型化，卫星平台的稳定性普遍不高。因此，节点和星座故障发现及处置、卫星控制需求急剧增加。在业务需求变化、业务需求不变，以及网络出现资源故障时，通过卫星系统资源管理保障卫星互联网业务的服务质量（Quality of Service，QoS）是卫星互联网系统的急切要求。卫星互联网系统需具备高效网络性能管理能力和资源调度能力。

5.5.1 卫星互联网资源管理

卫星互联网网络管理主要通过网管中心、网管信道和网管代理及在三者中传递的信令本体共同完成。目前，平台化软件技术、资源虚拟化技术及人工智能等技术已经在地面互联网网络、新一代 5G 网络中大量应用。以上技术可在异构无线资源统一管理、业务优化承载、提升网络性能方面发挥重要作用，因此可以在卫星互联网网络管理中借鉴和使用[29]。

卫星互联网系统依托高效网络性能管理能力，对动态业务数据进行预测、业务特征统计，从而快速适配业务管理方法。卫星互联网系统需具有一定自检能力，以便快速将卫星运行状态信息反馈到地面控制中心，辅助快速做出调整。卫星互联网系统需具备测控站与卫星通信时间窗口精确匹配的能力，以便建立测控站和卫星间的有效通信。

5.5.2 卫星互联网资源调度

卫星互联网空间信息网络是以卫星为核心，由地面控制中心、飞行器、航天器等信息平台及用户终端等节点组成的立体化网状网络系统。建立多元化立体空间信息共享网络是卫星互联网建设的根本目标，该网络能与陆、海、空、天的各类多维度信息系统实现互联互通，自主地对信息进行获取、储存、处理及转发。

根据空间信息网络普通广域覆盖、机动热点区域覆盖和空、天、地组网覆盖的应用需求，光学、电子侦察等各项任务的数据、话音和图像等不同类型的信息传输速率（几 kbps 至几百 Mbps）和服务质量要求差别较大，即实时性的、非实时性的、高速的、非高速的不同特性的业务信息在同一网络中传输，同时网络节点具有快速移动性，因此卫星互联网就成为一个非常复杂的系统。

与传统的地面网络不同，空间信息网络具有节点数目和网络拓扑时变、节点和用户类型繁多、承载业务种类广泛、管理操作复杂等特性，空间网络中的信道资源分配问题更强调高速大容量节点移动性对整个系统通信性能的影响，是一种特殊的动态信道资源分配和流量管理问题。因此，对于空间信息网络，需要依据其特点，研究相适应的资源调度技术，有效快速地规划、调配、执行任务，使卫星网络资源得到最大的利用，达到全局优化的目的。

单层星座已渐渐无法满足需求。空间信息网络是立体动态的网络，必然会涉及不同高度卫星之间的数据传输问题。较高轨道卫星通常作为中继节点，为较低轨道的多颗卫星提供中继服务，因此空间信息网络的资源调度就成为一项关键技术。多层卫星组网可以突破单层卫星星座的局限性，可综合各高度卫星的优点，是空间信息网络的必然发展趋势。

信息网络中的资源主要包括信息采集资源（如各类传感器和照相机）、通信资源（如频谱与功率）、存储资源、处理资源等，要服务尽可能多的用户，并确保各项业务的服务质量（包括传输时延、优先级和传输带宽等的要求）。资源调度策略是决定整个系统性能的关键因素，也是确定网络体系结构的参考依据之一。

卫星总是处于不停的运动中。除了静止轨道卫星，其他卫星总是相对于地面和中继卫星在不停地运动，这些卫星的传输任务的完成必须在可视时间窗口内执行。另外，中继卫星本身的资源是受限的。只有合理调度网络资源、优化任务规划，才能充分发挥空间信息网络资源的能力。

只有从网络层面和信道层面对网络资源进行动态组织，建立一种智能化、快速机动的综合网络管理机制来合理规划、分配和调度网络资源，以实现对全局的优化，才能从整体上提升网络资源的利用率和动态资源调度与网络重组的智能化程度。

空间信息网络包含信息获取、处理、传输、分发等多种功能，涉及通信资源、探测资源、处理资源等多种资源。为充分利用这些资源，使得各项传输任务高效、有序地完成，必须研究空间信息网络资源调度技术，合理安排规划各

项任务的执行。因此，首先需要建立基于信息特性的资源模型，应综合考虑带宽需求、优先级、时延等因素；再针对这个多维时变模型，采用一定的优化方法，优化任务执行，合理利用资源，以实现全局最优。

建立一套分布式的资源调配与任务规划方法，针对不同管理中心的任务要求进行有效调配，规划整个空间网络的资源，使得各个管理中心协同工作，既能快速满足各管理中心的任务需求，又可以有效优化全网资源。通过该方法的研究，可以为我国空间网络的管理与指控体系的建立提供技术基础，使得指控体系从集中式结构转换为分布式多中心结构，提高处理的实时性、抗毁性，提高系统的健壮性，降低系统的复杂度。

面对不断增长的动态业务需求，通过时变资源状态的智能资源调度方法，可实现资源调度策略梯度与资源状态梯度的适配，缓解资源调度策略变化与资源状态变化之间的矛盾，提升资源调度策略的适变能力。

5.6 本章小结

卫星通信体系架构是卫星互联网的重要组成部分，担负着数据通信、图像传输及遥测遥控指令、数据的传送工作。本节主要从卫星互联网组网、星间链路和星间通信三个方面构建卫星互联网体系架构，进一步分析了卫星互联网体系资源管理和资源调度。

本章参考文献

[1] 时文丰. 天地一体化标识网络空间路由关键技术研究[D/OL]. 北京：北京交通大学，2018[2018-10-12]. https://kns.cnki.net/kcms/detail/detail.aspx?dbcode=CDFD&dbname=CDFDLAST2019&filename=1018316234.nh&v=PzMxGKMBm%25mmd2B%25mmd2F9N0PYm3mnYaJsUuYFXT%25mmd2BtdrO%25mmd2BVmmetBztQy9AFd6LVK%25mmd2BCstpWlVXx.

[2] 范亚平. 卫星网络中支持 QoS 的路由算法研究[D/OL]. 成都：电子科技大学，2012[2012-5-10]. https://kns.cnki.net/kcms/detail/detail.aspx?dbcode=CMFD&dbname=CMFD201301&filename=1012472846.nh&v=ZXsls1jNdNi2mN5CB70GFFO5CrP9NJqympCWvmsEz%25mmd2FuQ19mGwEEItBx89kvYKfKX.

[3] 何龙科. 低轨道卫星星座 CDMA 移动通信信道衰落对抗技术研究[D/OL]. 上海：中国科学院研究生院（上海微系统与信息技术研究所）2005[2005-6-30]. https://kns.cnki.net/kcms/detail/detail.aspx?dbcode=CDFD&dbname=CDFD9908&filename=2006020466.nh&v=DjfG8cLGH2BFX0sLNJp2f%25mmd2BYC3VxZEW4g8vDebXPis1ZVkRYhpRogcT8rq6anb7nN.

[4] 周华春. 实现陆、海、空、天网络一体化的网络体系架构及方法：201510925100. X[P]. 2015-12-14.

[5] 黄英君. 空间综合信息网络管理关键技术研究与仿真[D/OL]. 长沙：国防科学技术大学，2006[2006-12-01]. https://kns.cnki.net/kcms/detail/detail.aspx?dbcode=CDFD&dbname=CDFD9908&filename=2007141075.nh&v=wNRo9O0qjEqSQbUYGIOUbCaVBYpWudoO5ogayoBRMVyze760aA8xCqtpkAxsLAl%25mmd2F.

[6] 王瑶，石纯民. 关注"太空信息战"[N]. 中国国防报，2002-05-10(4).

[7] 张冬青，王蕾. 从伊拉克战争看信息化战争及信息站[J]. 航天电子对抗，2005，21(1)：46-50.

[8] 徐炯. 美军情报战战法分析[J]. 情报指挥控制系统与仿真技术，2005，27(2)：87-92.

[9] J Lee, S Kang. Satellite over Satellite (SoS) Network: A Novel Architecture for Satellite Network[C]. Telaviv: Israel, 2000.

[10] D S Dasha, A Durresi. Routing of VoIP traffic in multi-layered Satellite Networks[C]. Proceedings of the SPIE, 2003: 65-75.

[11] 王振永. 多层卫星网络结构设计与分析[D/OL]. 哈尔滨：哈尔滨工业大学，2007. https://kns.cnki.net/kcms/detail/detail.aspx?dbcode=CDFD&dbname=CDFD9908&filename=2007040223.nh&v=NSB201ecLDcJQLvBwTgKo5Fj1x4PRGZ7OIIfd7h%25mmd2FYaqdro4d8qe%25mmd2F3oQ5K6OtZ7x6.

[12] 陈伟琦. 多层卫星网络卫星链路优化与分析技术研究[D/OL]. 北京：北京邮电大学，2019[2019-05-25]. https://kns.cnki.net/kcms/detail/detail.aspx?dbcode=CMFD&dbname=CMFD201902&filename=1019042442.nh&v=0iWcVr76qaJFsreNwoGiGK7kIjBXTgCXjRqqu0YSx33Gb%25mmd2Bccia5%25mmd2BIBRP%25mmd2Fx7nRWG6.

[13] 张景斌，孙鹏椿，刘炯. 卫星 IP 网络协议体系[J]. 兵工自动化，2014.

[14] 向征. 广播电视中的微波通信应用及相关研究[J]. 科技传播，2018，10(19)：82-83.

[15] 姜锋. 空间光通信技术的发展与展望刍议[J]. 数字通信世界，2018(10)：48.

[16] 刘凡. 空间信息网络资源调度关键技术研究[D/OL]. 北京：清华大学，2013[2013-10-01]. https://kns.cnki.net/kcms/detail/detail.aspx?dbcode=CMFD&dbname=CMFD201502&filename=1015007349.nh&v=quW6quCifdglU311SjRpNkHN8%25mmd2B5IxKwrEIOY81KFOCfDxX4goHp8HEkdeBhTqyuB.

[17] 任伟. 空间激光通信研究现状及发展趋势[J]. 中国新通信，2017，19(24)：5-7.

[18] 刘云，刘志华，郑宏云. 计算机网络实用教程[M]. 2 版. 北京：中国铁道出版社，2009：103.

[19] 张彬. 电信增值业务[M]. 北京：北京邮电大学出版社，2002：67.

[20] 田华，陈振国. 宽带卫星网与互联网的连接技术[J]. 通讯世界，2000(7)：20-21.

[21] 方滨兴，殷丽华. 关于信息安全定义的研究[J]. 信息网络安全，2008，11(1)：8-10.

[22] 杨帅锋，张雪莹，李俊，等. 工业领域关键信息基础设施安全防护研究[J]. 保密科学与技术，2019(11)：9-13.

[23] M Adinolf, A Cesta.l. Heuristic Scheduling of the DRS Communication System[J]. Engineering Applications of Artificial Intelligence，1995，8(2)：147-156.

[24] 韩慧鹏. 国外卫星激光通信进展概况[J]. 卫星与网络，2018(8)：44-49.

[25] S Rojanasoonthon, J F Bard, S D Reddy. Algorithms for Parallel Machine Scheduling: A Case Study of the Tracking and Data Relay Satellite System[J]. Journal of the Operational Research Society, 2003, 54(8)：806-821.

[26] 贺仁杰. 成像侦察卫星调度问题研究[D/OL]. 长沙：国防科学技术大学，2004[2004-04-01]. https://kns.cnki.net/kcms/detail/detail.aspx?dbcode=CDFD&dbname=CDFD9908&filename= 2005014419.nh&v=3hHz%25mmd2FHXqbuL4tCvvl%25mmd2FtM1WOqaCzjBTBF%25m md2BBLJ7Z82fyWI5i46%25mmd2F47Utr6oYBScP0U7.

[27] 顾中舜. 中继卫星动态调度问题建模及优化技术研究[D/OL]. 长沙：国防科学技术大学，2007[2007-11-01]. https://kns.cnki.net/kcms/detail/detail.aspx?dbcode=CDFD&dbname = CDFD0911&filename=2008098751.nh&v=9Y4dHcfmxqFgwbej%25mmd2Be5FXiYYiaOv JFSo9wO0WklFcop4ijExV%25mmd2FP8cxDFwFoy0Tk5.

[28] 刘光毅，方敏，关皓，等. 5G 移动通信系统：从演进到革命[M]. 北京：人民邮电出版社，2016：203.

[29] 张永池，赵丽. 一体化卫星通信网络管理平台设计[J]. 无线电通信技术，2019，45(1)：44-49.

第 6 章　卫星互联网协议

卫星互联网实现天基卫星和地基互联网互通互联，所构建的网络是一个结构复杂的庞大异构网络，其中涉及地面网络协议和空间网络协议。本章主要以 TCP/IP 和空间数据系统咨询委员会（Consultative Committee for Space Data Systems，CCSDS）协议分别作为地面网络和空间网络的典型代表进行介绍和分析。不同于地面网络，空间网络存在较高的传播时延和链路误码率、频繁的链路中断与切换等问题，传统的 TCP/IP 在空间网络中使用时面临巨大挑战[1]。

6.1　地面网络协议

现在地面网络通信广泛采用的数据传输协议是 TCP/IP。与其他通信协议一样，TCP/IP 也是由一系列协议组成的协议组，其中的 TCP 和 IP 是这个协议组中的核心协议。

参考 OSI（Open System Interconnection）的七层模型体系，TCP/IP 将分为应用层、传输层、网络层和网络接口层，如图 6-1 所示，其广泛应用于地面通信网络。其核心技术为无连接分组交换协议 IP，负责整个互联网的全网通达网络层协议；IP 并不对传输的可靠性负责，可靠性由传输层协议 TCP 负责。

TCP/IP 适合于网络链路较短、网络环境较为稳定的场景，该协议具有良好的端到端能力、高层协议功能及协议标准化能力。但 TCP/IP 的握手、重传、超时等机制并不适用于卫星互联网网络，数据传输效率很低[2]。

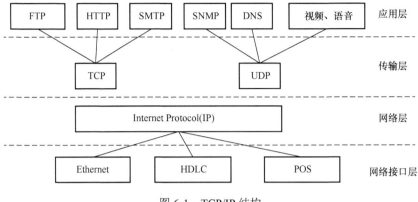

图 6-1　TCP/IP 结构

1. TCP/IP 的结构

TCP/IP 模型如图 6-2 所示，每个层的功能介绍如下。

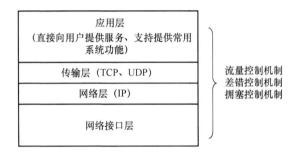

图 6-2　TCP/IP 模型

1）应用层

应用层是 TCP/IP 的顶层。尽管部分应用层协议确实包含一些内部子层，但 TCP/IP 并没有进一步细分应用层。应用层基本上结合了 OSI 参考模型的显示层和应用层功能。应用层分为两类：直接向用户提供服务的用户协议和提供常用系统功能的协议。

最常见的互联网用户协议是远程登录协议、文件传输协议（File Transfer Protocol，FTP）、超文本传输协议（Hyper Text Transfer Protocol，HTTP）、电子邮件传送协议（Simple Mail Transfer Protocol，SMTP），还有许多其他标准化用户协议和专用用户协议。用于主机名映射、引导和管理的协议包括简单网络管理协议（Simple Network Management Protocol，SNMP）和域名系统协议（Domain Name System，DNS）等[3]。

2）传输层

传输层主要为应用程序提供端到端的通信服务。目前，传输层协议主要有传输控制协议 TCP 和用户数据报协议（User Datagram Protocol，UDP）。TCP 是一种面向连接的传输服务，可保障端到端数据传输的可靠性、重新排序和流量控制过程。UDP 是一种无连接"数据报"传输服务。

3）网络层

网络层采用的主要通信协议是 IP。该层的主要任务是将发送端没有关联的数据包随机发送到任一网络上，这些数据包独立到达接收端，每个数据包之间没有关联。因此，这些数据包在到达接收端的时候可能出现乱序，如果对数据包到达接收端的顺序有要求的话，则需要在传输层进行数据包顺序控制。

4）网络接口层

网络接口层主要是指通信主机主动构建的用于连接互联网的通信协议，便于通信主机在其直接连接的网络信道上进行广播。由于网络接口层并没有具体的规定，所以这一层的实现方式主要由使用的协议决定。

2．TCP/IP 的关键机制

TCP/IP 的关键机制主要有流量控制、差错控制和拥塞控制三种，这三种机制密不可分、相互制约，下面分别进行介绍[4]。

1）流量控制机制

在互联网网络的数据传输过程中，由于发送端数据发送速率没有得到很好的控制，网络信道中瞬时会出现大量的数据，会造成数据丢失，严重时可进一步引发网络瘫痪。

流量控制机制主要是通过调节发送端数据的发送速度，来防止网络数据丢失和网络瘫痪。

流量控制机制的核心算法是滑动窗口算法，数据传输滑动窗口的大小不固定，由数据收发两端在 TCP 握手阶段自发协商确定。在整个数据通信过程中，数据收发两端都存在一个数据缓冲区。发送端的数据缓冲区用于存储 TCP 数据包，数据包在没有收到返回的确认数据包时不会被移出缓存区；接收端的数

据缓冲区用来存储从发送端发来的数据包，当数据包被接收端确认后，将被移出接收端缓冲区。

同时，为了避免收发端数据缓冲区因空间不足而引发拥塞现象，接收端主要通过 TCP 数据包头部的通告窗口，来告知发送端在不需要等待来自接收端的数据确认的情况下，可以发送的最大数据量。

2）差错控制机制

差错控制机制主要用于在数据传输过程中发生数据丢失或错误时，对丢失的数据包进行核对和恢复。

基于 TCP 的差错控制机制有主要有确认包、定时器和数据重传三种方式。差错控制过程主要经历差错检测和差错恢复两个阶段。当数据接收端发现有数据丢失时，数据发送端对所有丢失的数据包依次重传，如果没有收到接收端返回的确认字符，则数据传输窗口的位置不发生变化，直到数据传输过程中丢失的数据包被完全恢复才会继续传输下一个数据包。

3）拥塞控制机制

拥塞控制机制是 TCP/IP 的核心技术。当接收端数据缓冲区内数据较多，来不及处理新到来的数据包时，就会造成大量数据积聚，造成网络拥堵，从而导致数据丢失，此时就被判定为发生了网络拥塞。

早在 1988 年，Van Jacobson 等人就对网络拥塞问题提出了应对研究策略，并提出端到端的拥塞控制 TCP Tahoe 算法，该算法主要实现了慢启动和拥塞避免阶段。随后出现了改进后的 TCP Reno 算法，新增了快速重传和快速恢复。在此研究基础之上，相继出现了很多对以上两种算法改进的版本，主要有 New Reno 算法、SACK 算法、Vegas 算法等。

6.2 空间网络协议

未来空间网络是卫星等航天器、空间站及探测传感器等多元通信载体与地面网络深度融合的一体化复杂异构网络，传统的点对点单通道网络通信模式转变为点对面的多通道网络通信模式。由于空间环境的限制，空间通信具有网络拓扑结构动态变化、传播时延高、误码率高、带宽不对称的特点。随着对空间资源的探索，空间通信系统及其互联技术的研究和开发受到越来越多的重视。

6.2.1　CCSDS 协议

CCSDS 于 1982 年由世界主要卫星空间机构联合成立，主要讨论空间数据系统发展和运行中的常见问题。目前，该委员会由 11 个成员机构、28 个观察员机构和超过 140 个工业伙伴组成。

自成立以来，CCSDS 一直在积极制定空间数据和信息传输系统的标准建议书，用以实现空间合作机构的互用性和交叉支持，促使多机构航天合作得以实施。

为了更好地适应卫星空间环境，20 世纪 80 年代，CCSDS 提出了分组遥测、遥控协议，高级在轨系统标准，遥测技术（Telemetry，TM）同步和信道编码，遥测指令（Telecommand，TC）同步与信道编码协议。后来 CCSDS 又对 TCP/IP 做出一系列改进，开发了 SCPS 族，在解决空间网络的相关传输问题方面取得了一些成果。

CCSDS 协议参考 OSI 的七层模型结构重新对空间通信协议进行了分类。与大多数地面网络通信系统一样，OSI 模型中的会话层和表示层的相关协议很少用于空间链路。因此 CCSDS 制定的空间网络协议参考模型分为五层，如图 6-3 所示[5]。

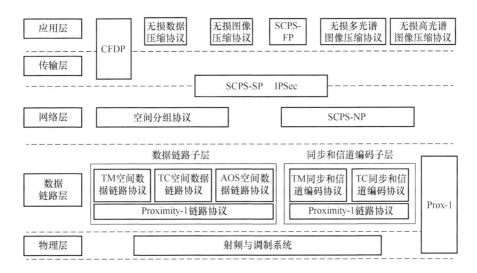

图 6-3　CCSDS 制定的空间网络协议参考模型

1．物理层

CCSDS 协议的物理层主要由两部分组成：Prox-1 和射频与调制系统。Prox-1 是一个跨层协议，同时包含接近数据链路层和物理层的协议。

2．数据链路层

CCSDS 协议的数据链路层主要包括数据链路子层及同步和信道编码子层。数据链路子层规定了数据帧的传输方式；同步和信道编码子层规定了数据帧的同步方式和编码方式。

数据链路子层开发了 TM 空间数据链路协议、TC 空间数据链路协议、高级在轨系统（Advanced Orbiting System，AOS）空间数据链路协议和 Proximity-1 链路协议，这些协议提供了通过单个空间链路发送数据的功能。TM 协议、TC 协议和 AOS 协议提供了调用空间数据链路安全性协议的功能，同时数据链路安全性协议可以为 TM 传输帧、AOS 传输帧和 TC 传输帧提供安全服务。但是到目前为止，Proximity-1 没有安全性要求。

同步和信道编码子层开发了 TM 同步和信道编码、TC 同步和信道编码、Proximity-1 链路协议[6,7]。

3．网络层

网络层提供了星上子网和地面子网的路由转发功能，主要包括空间分组协议和 SCPS-NP 两种协议，主要用于网络层接口连接。

一般情况下，空间分组协议的协议数据单元应用程序不是由单独的协议实体生成和使用的，而是在卫星平台上生成并使用的。通过 SCPS-NP，地面互联网开发的 IPv4 和 IPv6 也可以通过空间链路实现数据传输，与空间分组协议和 SCPS-NP 进行多路复用。

4．传输层

传输层主要对数据传输过程中的可靠性负责，主要包括 SCPS-SP 和网际网络协定安全规格（Internet Protocol Security，IPSec）两种安全协议，既提供传输层的功能也提供应用层文件管理功能[8]。

一般情况下，传输层的协议数据单元通过空间链路与网络层的协议传输，但是如果满足某些条件，也可以直接通过空间数据链路协议传输。SCPS-SP 和

IPSec 都可以与地面互联网其他的传输协议一起使用，从而提供端到端的数据保护能力。

5．应用层

应用层针对不同的应用场景开发了以下几种协议：[9,10]

（1）SCPS-FP 异步消息服务（Asynchronous Message Service，AMS）；

（2）文件传输协议（CCSDS File Delivery Protocol，CFDP）；

（3）无损图像压缩、无损数据压缩协议；

（4）无损多光谱图像压缩、无损高光谱图像压缩协议。

6.2.2　SCPS 协议

卫星空间的数据传输协议的空间通信协议标准（Space Communication Protocol Specification，SCPS）于 20 世纪末提出，该协议主要目的是解决由卫星互联网网络通信特性带来的一系列传输可靠性、安全性方面的难题。该协议要求不仅能够独立完成卫星空间网络传输任务，还能够与地面互联网的 TCP/IP 有着良好的兼容性和互操作性，最终实现地面网络与空间网络相统一的任务目标[11]。

目前，由 CCSDS 制定的 SCPS 卫星空间数据传输协议在国际空间网络系统中得到广泛应用，CCSDS 也被国际标准化组织（International Organization for Standardization，ISO）承认为制定空间信息技术标准的权威机构。SCPS 包含一系列不同功能的网络协议标准，主要解决空间数据传输中信号功率弱、传输误码率高、数据往返时延高、前反向链路不对称性高等诸多问题。SCPS 主要为遥感卫星和数据中继卫星之间提供高效、稳定、安全的文件传输服务。

SCPS 根据其主要功能的不同可以细分为以下几种子协议体系[12]，如图 6-4 所示。

1．SCPS-NP

网络协议 SCPS-NP 主要针对空间网络内关于 TCP/IP 的网络层 IP 提出的优化与修改，同时支持静态和动态路由及多种信道环境，并可随服务业务不同而改变头部结构定义。SCPS-NP 主要包含对数据节点的管理、转发路由路径的规划等。SCPS-NP 使空间网络中的各网络节点具备自身的节点管理系统，同时还与使用 IPv4、IPv6 的地面网络系统有很好的兼容性。

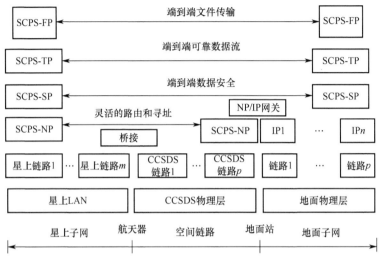

图 6-4   SCPS 协议框架

2．SCPS-TP

传输协议 SCPS-TP 主要解决 TCP 在空间网络中无法正常使用的问题。由于卫星空间通信环境恶劣，地面 TCP 的丢包处理机制、流量控制算法使用受到很大的限制，SCPS-TP 通过对这些算法与机制的改进，对在不可靠路径上传输的遥控、遥测信号传输进行优化，提供传输层端到端的可靠传输，使卫星空间网络数据传输具有较高的可靠性。面向不同的数据要求，该协议提供的数据可靠性的程度也是不同的。

3．SCPS-SP

安全协议 SCPS-SP 是 SCPS 族内传输层中涉及数据安全保密性的传输协议，主要应对数据受到外部攻击的情况。SCPS-SP 的主要功能包括对数据的完整性检查、加解密控制、身份认证等，提供天地端到端传输的完好性服务、保密服务和鉴权服务。

4．SCPS-FP

文件协议 SCPS-FP 是 SCPS 族内关于应用层的一套协议，对卫星指令和程序上传、遥控遥测信号下传进行了优化，支持人工文件续传等功能。主要是针对空间网络传输环境由 FTP 优化得到。该协议可以提供多种文件的组织形式，为用户提供了一套端到端的应用服务，提高了空间数据应用的效率。

SCPS 族是专门为卫星空间通信网络提供的一套自上而下的基本完整的协议体系。经过不断发展，SCPS 已经基本遍布各个主要卫星空间通信网络，同时存在的主要问题也慢慢暴露出来。鉴于此，CCSDS 在 SCPS 族的基础上针对部分问题进行了优化与改进，但其完备性还需要进一步研究。

6.2.3　CFDP

CFDP 集成了 OSI 传输层协议功能，是一个面向端到端之间数据通信服务的应用层技术协议。这些通信端点可以是卫星、地面站或中继星。当通信端点不可见时，数据传输可以通过一个或多个中继单元实现。数据发送端只需确定文件传输的时间和目的地，CFDP 负责提供随端到端连接变化的动态路由服务，如图 6-5 所示。

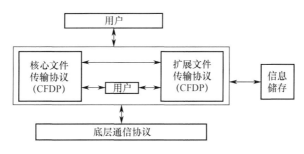

图 6-5　CFDP 框架

6.2.4　DTN 协议

美国国家航空航天局（National Aeronautics and Space Administration，NASA）提出的 DTN 协议，为空间网络通信提供了一种新的解决方案。

与传统的 TCP 改进协议相比，DTN 协议具有优越的吞吐性能，在面对高动态、高时延、高误码、频繁链路切换等问题时，DTN 协议作为空间网络的组网协议更有优势，通过为空间网络分配标识实现空间节点与地面节点的互联互通。

DTN 协议概念最早起源于 1998 年美国航空航天局喷气推进实验室的星际互联网研究项目。随后在 2002 年，该项目组成立 DTN 协议研究小组，并相继提出 RFC4838、RFC5050、RFC6257 等 DTN 协议标准。2014 年，TETF 组织成立工作组进行完善修订 DTN 协议等工作。

DTN 协议栈示意图如图 6-6 所示。DTN 协议在传统 OSI 模型的应用层下插入束层和 BP 层；同时，DTN 协议通过束层和不同的汇聚层协议，支持不同类型的低层网络的互联互通[13]。

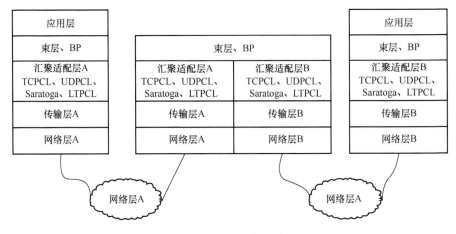

图 6-6　DTN 协议栈示意图

DTN 协议使用逐跳转发的数据传输模式用来保证数据传输的可靠性，该协议中不需要在发送端与接收端之间建立持续通信通道，也不需要匹配信息保管传递机制。同时，为了解决空间网络通信中的链路中断问题，DTN 协议采用存储转发的工作方式。这种工作方式下，当空间网络通信中缺少直接的传输路径时，中间节点会把数据暂时存储下来，等待下次传输的机会。

束层是 DTN 协议栈中最重要的协议系统之一，主要负责应用层数据承载、路由数据转发等功能[14]。

束层使用束作为传输单元，在发送文件时，首先根据通信系统设置的束大小，将需要传输的源文件分割成众多束，根据束中的 EID 为数据计算路由。其中，EID 包括节点号与服务号，节点号用来区分不同的空间节点，服务号用来区分不同的服务。

对应于不同类型的传输层协议，汇聚适配层协议主要包括 TCPCL、UDPCL、Saratoga、LTPCL 等[15]。

LTPCL 是一种面向空间网络非对称链路速率高、链路误码率高等特性的，通过使用数据块重传机制来提供可靠信息传输服务的空间网络传输协议。该协议与其他汇聚层协议相比具有更优越的性能。

卫星空间网络通信具有链路非对称的特点，即确认字符信道速率远低于数据信道速率。如果对每个束都采用确认机制将引起巨大的重传信令开销，导致确认字符信道拥堵。因此，LTPCL 使用聚合的工作方式将多个束整合为一个大的数据块，通过对整段数据块的可靠传输来保证束传输的准确性，从而降低系统内的信令交互速率。

6.3　本章小结

随着卫星通信和地面互联网技术的不断发展，卫星间、卫星与地面间及地面各系统间信息的交叉传输不断增多。本章主要从地面间、星间链路间和星地间三个维度介绍了卫星互联网所涉及的通信协议体系。其中，地面间传输协议以 TCP/IP 为主；针对往返时间可变、带宽不对称、间歇性连接的空间链路，对地面间的通信协议做出修改，提出一系列通信协议，从而为空间网络通信提供端到端的数据传输，以适应当前和未来的空间任务需求。

本章参考文献

[1]　Postel J, Reynolds J K. Telnet Protocol Specification[M].RFC Editor, 1983.

[2]　Postel J, Reynolds J K. RFC 959:File transfer protocol[J]. British Dental Journal, 1985, 185(6):274-281.

[3]　Rose M T. A Simple Network Management Protocol (SNMP)[J]. RFC, 1990, 95(2):115-126.

[4]　Atkins D, Austein R. RFC 3833:Threat Analysis of the Domain Name System (DNS)[J]. Internet Engineering Task Force, 2004, 5(1):108-117.

[5]　Mathis M, Mahdavi J, Floyd S. RFC 2018:TCP Selective Acknowledgment Options[J]. Ietf RFC, 1996.

[6]　Brakmo L S, Peterson L L. TCP Vegas:end to end congestion avoidance on a global Internet[J]. IEEE Journal on Selected Areas in Communications, 2002, 13(8):1465-1480.

[7]　李雪梅. 天地一体化异构网络融合技术研究 [D/OL]. 西安:西安电子科技大学, 2018[2018-04-01].https://kns.cnki.net/kcms/detail/detail.aspx?dbcode=CMFD&dbname=C MFD201901&filename=1019011798.nh&v=ZzzUaCkmBtE1QisVfDq5rL30p5jL9cbEZfBpI

kUWWH%25mmd2BzviPOCvgatgyhdnb29V6i.

[8] CCSDS 130. Overview of Space Communications Protocols. Green Book. Issue 3. Washington, D. C.:CCSDS, July 2014.

[9] Asynchronous Message Service. Recommendation for Space Data System Standards, CCSDS 735. 1-B-1. Blue Book. Issue 1. Washington, D. C.:CCSDS, September 2011.

[10] Space Communications Protocol Specification (SCPS)—Security Protocol (SCPS-SP). Recommendation for Space Data System Standards, CCSDS 713. 5-B-1. Blue Book. Issue 1. Washington, D. C.:CCSDS, May 1999.

[11] Postel. Transmission Control Protocol[J]. Internet Request for Comment, 1981, 2(4):595-599.

[12] Åkerberg J. User Datagram Protocol[J]. RFC, 1980, 2009(11):46-47.

[13] S Kent, K Seo. Security Architecture for the Internet Protocol. RFC 4301, December 2005.

[14] CCSDS File Delivery Protocol (CFDP)—Part 1:Introduction and Overview. Report Concerning Space Data System Standards, CCSDS 720. 1-G-3. Green Book. Issue 3. Washington, D. C.:CCSDS, April 2007.

[15] Lossless Data Compression. Recommendation for Space Data System Standards, CCSDS 121. 0-B-1. Blue Book. Issue 1. Washington, D. C.:CCSDS, May 1997.

第 7 章 卫星互联网技术要求

卫星互联网网络以地面网络为基础，以空间网络为延伸，拓宽了互联网的跨度和应用范围，以期最终达到"天基组网，地基跨代，天地互联"的目的，从而实现在全球范围内互联网通信无缝连接。

首先，卫星网络系统本身所处的太空环境条件非常苛刻，为高辐射、高电离环境，因此对卫星星载处理器、存储器等硬件提出了更高的要求；其次，基于通信卫星定点位置的公开化和卫星信道的开放性，与地面互联网相比，卫星网络更加复杂；最后，卫星还要面临电磁干扰、截获、入侵，甚至摧毁的威胁。综上所述，卫星互联网技术要求复杂、苛刻，安全问题严峻，不能照搬常规的地面互联网。

卫星互联网将与地面新一代通信系统 5G 深度融合，取长补短，共同构成全球无缝覆盖的立体化综合网络，满足多用户无处不在的多种实时网络业务需求，是未来前沿网络技术发展的重要方向。

7.1 硬件要求

卫星互联网主要由空间段的卫星，地面段的信关站、移动通信系统、互联网通信系统，以及天基、地基之间的通信链路等部分组成。本节主要从天基卫星网络和地基互联网网络两个维度论述卫星互联网通信系统对硬件的要求。

7.1.1 天基卫星网络硬件要求

卫星互联网全产业链包含卫星制造、卫星发射、地面设备制造、卫星运营及服务四大产业。目前，国内关于卫星互联网的研究主要集中在空间段和地面段的基础设施建设方面。其中，属于上游产业的卫星制造、卫星发射及地面设备制造中的地面站建设是广为关注的焦点。卫星互联网空间段主要是由卫星本体构成，卫星主要负责接收和转发地面站通过上行链路传输的信号，在地面站与卫星之间建立通信链路，实现信息中转。其中，星载高性能服务器是实现高性能数据计算与信息处理的关键。

1. 对星载处理器的要求

SpaceX 每发射 60 颗"星链"卫星，就携带 4000 台 Linux 计算机。目前 SpaceX 已完成 8 批"星链"卫星发射，总计有 3 万台 Linux 计算机（以及 6 000 多个微控制器）在轨道上绕着地球飞行。

目前 SpaceX 已经获批向低轨道发射约 1.2 万颗"星链"卫星，在此基础之上，SpaceX 向美国联邦通信委员会（Federal Communications Commission，FCC）提交申请，计划再发射 3 万颗卫星。这意味着 SpaceX 在未来数年内要将超过 200 万台 Linux 计算机送上太空。

在轨卫星作为数据中继卫星，本身在不断收集、转发数据，同时系统软件在不断更新，不断修复系统问题。一般情况下，在轨卫星的软件更新频率为 1 次/周。据统计，目前"星链"星座每天产生的数据量已经超过 5 TB。

随着计算机技术的发展，机器学习已经在地面端众多行业得到了有效应用，但载人"龙飞船"和"猎鹰 9"火箭目前还没有应用任何机器学习技术，未来载人航天器将普遍使用计算机技术，这将涉及航天器上的计算机硬件问题。

事实上，火箭、飞船等航天器所配备的星载处理器和市面上最新的处理器产品性能差距较大。其主要原因为，航天器中的星载处理器需要定制开发，这些星载处理器从试验到最终发射上天需要经过 10 年甚至更长时间，因此航天器上最终搭载的星载处理器可能是 10 年前研发的产品。在太空苛刻环境下工作的星载处理器必须经过抗辐射、电离处理，否则太空中的电离、辐射和宇宙射线会让星载处理器工作异常。此外，为太空飞行定制的星载处理器除需要经过特别的设计外，还需要经过多年的测试才能最终获得太空飞行的认证。比如，国际空间站系统主要运行的星载处理型号是英特尔 80386-SX，它于 1988 年面世，因此计算性能较弱。

2．对星载设施及设备的要求

由于卫星处于复杂电磁（高能带电粒子、太阳辐射、等离子体辐射等）空间环境，环境中存在各种形态的粒子和场，其中高能带电粒子和重离子会对卫星通信器件性能造成重要影响。未来卫星通信设施及设备的制造将面临适应空、天、地、海复杂的通信环境，需支持多频多模；受到卫星和空基通信网络平台载荷的限制，需要进行小型化、轻量化、高能效的设备研发；面临抗辐射挑战，需要使用冗余加固、故障自诊断、健康管理等容错技术。

7.1.2　地基互联网硬件要求

卫星互联网地基系统主要是地面站系统及新一代地面移动通信系统。卫星互联网地面段主要由地面站和控制站组成，新一代地面移动通信系统主要是指5G 系统。

1．地面站系统对硬件的要求

地面站系统主要向卫星发射通信信号，同时接收由卫星转发来的信号。地面站系统要求具有路由选择、分组转发、协议转换、移动性管理、连接控制和资源分配等功能。因此，卫星互联网地面站系统硬件平台需要具有以下四个特点。

（1）具有强大的分组转发能力，具备 10～20 Gbps 的交换容量，以满足 2000 万用户的通信及无线传输要求，保证实时性业务快速有效处理。

（2）具备强大信令处理能力，必须高效实现信关站中大量信令和控制协议的处理与交互。

（3）具有可扩展性。随着卫星端接入用户数量的增加，信关站系统的数据交换容量必然增加，因此要求平台系统具有交换容量的可扩性。

（4）为实现与多种异构网络的互联互通，需提供尽可能多的接口类型，包括 8～16 个 GE 接口、4 个 USB 扩展接口、1～2 个 RS232 接口。

此外，卫星互联网系统地面站的位置选取有严格要求，主要包括：选址应远离市区，以避免高大障碍物遮挡和电波干扰；天线系统主波束的方向必须避开居民点，以防天线系统产生的高频电波对人体健康造成影响。

卫星互联网系统地面站总体布局一般由天线和中央控制室，以及仪表测试

室等部分组成主体建筑。主体建筑、辅助用房和生活用房均按功能分区布置。其中,天线系统的基础设计要求十分严格,地基要有足够刚度。有不少地面站的天线基础直接设在天然岩石地基上,以保证高精度的要求。中央控制室需配备空调设备,一般冬季室温要求在20℃以上,夏季室温要求低于25℃;相对湿度不大于70%。中央控制室要做隔振和吸声处理,以免空调系统干扰通信设备。此外,中央控制室对供电设计可靠性要求较高,供电系统要具备两路外线电源和一路备用电源,还要有自动切换装置或确保交流电不间断的备用电源设备。

2. 移动互联网对硬件的要求

1)配套电力设施

与以往单系统功耗相比,新一代通信系统设备的功耗超过约3～5倍。如此大的功耗会对电源设备及配套设施产生较大影响。按照国家"3+4"备电要求,每增加一套新型通信系统,需要配置600～800 A·h梯级电池。可是现阶段,存量机房基站的市电、配电设备及蓄电池容量严重不足,机房蓄电池安装空间紧张,因此地基通信系统对配套电力设施提出新的要求。

2)通信基站

通信基站是新一代通信系统的核心设备,主要提供无线覆盖,实现无线信号传输,建立有线通信网络与无线终端之间的信息中继站。通信基站的架构、形态、性能等将直接影响通信网络的部署结构。现阶段通信系统的工作频段主要在3 000～5 000 MHz,随着地面端移动通信技术的发展,新一代通信系统的工作频段将远高于现有的2G、3G和4G网络。随着通信频率的增高,信号在传播过程中的衰减也增大,因此新一代通信网络需要的基站密度将更大。目前,5G将采用3.5 GHz通信频段,通信基站的布置将采用Massive MIMO技术。

3)大数据中心

卫星互联网系统、5G、物联网、人工智能、虚拟现实、现实增强等新一代互联网技术的快速应用和普及,对大数据中心的建设规模、运行模式、性能管理等各方面要求都产生了重要影响。

从数据产生规模来看,卫星互联网与新一代通信系统及物联网等技术的深入融合将带动数据量呈爆炸式增长,驱动"云计算+边缘计算"的新型数据处理模型快速发展,对大数据计算中心的需求猛增,带动数据中心建设规模持续增大，因此集中建设、管理、运维的大数据中心将进一步增多。

从数据中心性能来看，互联网新型技术的普及及应用需要海量计算、存储、分析及灾备等能力，因此对数据中心单机性能提出更高要求。比如，高性能计算设备和图形处理器服务器的使用，使数据中心单机架用电规模朝着 20～30 kW 甚至更高规模发展，而用电密度的提升对数据中心的制冷系统提出新的挑战。因此，随着数据中心单机性能的提升，液冷等新型制冷技术将大幅应用到数据中心。

7.2　网络能力要求

与传统的地面网络相比，卫星互联网涉及多个异构网络，网络节点复杂繁多，且接入点具有很强的移动性。比如，低轨道通信卫星的过顶时间只有几到几十分钟。因此，卫星互联网系统需要低时延、高效率、稳定的网络结构和灵活的功能节点部署方案，以实现卫星接入节点的频繁切换。同时，卫星互联网涉及多个网络，而每个网络的运营者又各不相同，因此需要设计更安全、可靠、高效的网络接口，以实现多元异构网络的深度、安全融合。

7.2.1　天基卫星网络能力要求

根据相关资料，"星链"卫星宽带的下载链路速度可保持在 11～60 Mbps，上传链路速度 5～18 Mbps，通信链路时延可保持在 31～94 ms。据 SpaceX 向美国联邦通信委员会提交的报告，"星链"互联网卫星在全面优化后，将提供 1 Gbps 的网速。

7.2.2　地基互联网网络能力要求

卫星互联网将与 5G、物联网等多种模式的地面移动通信网络深度融合，形成以 5G 为主的地基通信系统。本节主要讲述以 5G 为基础的新一代通信系统对网络的要求。

1. 新一代通信系统网络

国际电信联盟指出，未来 5G 网络的主要性能参数如下：下行链路峰值数据速率为 20 Gbps，上行峰值数据速率为 10 Gbps；下行链路峰值频谱效率为

30 Gbps，上行链路峰值频谱效率为 15 Gbps；下行用户体验数据速率为 100 Mbps，上行用户体验数据速率为 50 Mbps。

国际电信联盟报告还显示，未来 5G 网络的时延将大大降低，约为 1～4 ms，远远低于现有 4G 网络的 20 ms；与 4G 网络相比，链路频谱效率提升 5～15 倍，能效和成本效率提升百倍以上。根据国际电信联盟公布的数据，未来 5G 系统的主要性能参数如下。

（1）峰值速率达到 Gbps 级的标准，以满足高清视频、虚拟现实等大数据量传输。

（2）空中接口时延水平在 1 ms 左右，以满足自动驾驶、远程医疗等实时应用。

（3）超大网络容量，提供千亿设备的连接能力，以满足物联网通信。

（4）频谱效率要比通用移动通信技术提升 10 倍以上。

（5）在连续广域覆盖和高移动条件下，用户体验速率达到 100 Mbps。

（6）流量密度和连接数密度大幅度提高。

（7）系统协同化、智能化水平提升，表现为多用户、多点、多天线、多摄取的协同组网，以及网络间灵活的自动调整。

2．移动边缘计算网络

边缘计算将网络系统中的计算任务移动到靠近数据产生源的位置，还有部分网络系统将整个计算资源部署于从数据源到云计算中心传输路径上的网络节点。这样的计算资源部署对现有的网络结构提出了服务发现能力、快速配置能力和负载均衡能力三方面的新要求。

1）服务发现能力

在边缘计算过程中，计算服务请求者具有高度动态性，因此快速在网络上发现周边的计算服务，将是边缘计算在网络应用层面中的一个核心问题。也就是说，通信网络结构需要具有服务发现的能力[1]。

传统的服务发现能力是基于 DNS 的服务发现机制的，该机制主要用于服务静态或服务地址变化较慢的场景。当服务变化较快时，DNS 服务器通常需要一定的时间来完成域名服务的同步,在此时间间隔内会造成网络抖动。因此,基于 DNS 的服务发现机制并不适合大范围、高动态性的边缘计算场景。

2)快速配置能力

面对未来高度复杂的智能网联车、智能物联网等网络应用场景,在边缘计算过程中,基于用户端和计算设备端的动态性随机增加,而基于用户开关造成的计算设备动态注册和撤销,服务通常也需要跟着进行改变,因此将会产生大量瞬时网络流量。与集中式的云计算中心不同,广域互联网的网络情况更为复杂,带宽等都存在一定的限制。

因此,从设备层实现支持服务的快速配置功能,将是未来边缘计算网络结构中的一个核心问题[2]。

3)负载均衡能力

在边缘计算网络结构中,边缘计算服务器将会提供大量的计算服务,同时会产生大量的数据。因此,计算网络系统需要具备根据边缘服务器计算能力及通信网络实时状况,动态地将这些数据调配至合适的计算服务提供者的能力。

针对以上三个能力需求,在所有的中间节点上都部署计算服务是一种最为简单有效的解决方法,然而这种解决方法会导致大量的计算冗余,同时也对边缘计算设备提出了较高的要求。

以"建立一条从边缘到云中心的计算路径"为例,首先要解决的问题就是建立计算链路、寻找计算服务。命名数据网络(Named Data Networking, NDN)是一种将数据和服务进行命名和寻址的,以点对点和中心化方式相结合的,进行自组织的数据网络模式。建立数据从源到云的传输关系,建立计算链路。计算链路的建立,在一定程度上也是数据关联的建立。因此,将命名数据网络引入边缘计算中,通过其建立计算服务的命名并建立数据的关联流动,可以很好地解决边缘计算链路服务中的问题。

随着边缘计算技术的兴起,尤其是在用户端高度移动的情况下(如地面车载网络系统),计算服务的切换、转移较云计算更加频繁,同时会引起数据大量的迁移,从而从网络层面对计算能力的动态性提出了较高需求。2006 年在美国斯坦福大学诞生的软件定义网络(Software Defined Networking, SDN)是一种控制面和数据面分离的可编程网络技术。利用控制面和数据面分离这一特性网络管理者可实现简单的网络管理,快速地进行路由器、交换机的配置,减

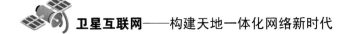

少网络抖动，快速支持流量迁移，进一步可以很好地支持计算服务和数据的迁移特性[3]。

综上所述，边缘计算技术可以有效结合命名数据网络和软件定义网络技术，从而较好地对网络及相关的服务进行组织、管理，初步实现计算链路的建立和管理问题。

7.3　计算能力要求

卫星互联网是继地面有线互联、无线互联之后的第三代互联网基础设施革命。卫星互联网依托低轨道卫星星座，在太空环境建设卫星网络，把地面互联网部分功能转移到太空环境中，地面用户通过终端设备实现互联互通。

伴随着地面段互联网、人工智能、物联网和 5G 的深入融合，互联网终端每时每刻都产生大量计算数据。此外，包括天基星间信息获取、信息传输与分发、卫星导航定位等在内的天基系统也产生大量的运行数据，这意味着卫星互联网天基系统需要具有较强的计算和存储能力。星载计算中心具有一定计算能力，相关应用可以实时进行数据分析，大量系统数据无须转发到网络中心进行处理。

目前，云计算、边缘计算等已在智慧城市、工业互联网、智慧园区等多个领域为客户提供低时延、省流量、高安全的各类网络业务服务，具有广阔发展前景。因此，未来云计算、边缘计算等资源也可在卫星互联网上进行部署，实现数据在轨实时处理，相较于地面信息回传系统将更加高效。

7.3.1　天基计算能力要求

卫星互联网的星上载荷处理设备需要支持多种用户类型，管理用户数量达上万个；需要支持话音、视频、数据等业务类型，信息传输速率需求多样，从数十 kbps 至数百 Mbps 均有；接入方式也从原有的固定规划向按需接入转变。以上这些需求，使得星上载荷处理设备的信号处理能力要达到数百 Mbps 甚至 Gbps 级别，核心交换能力也要达到几十个 Gbps 级别。

因此，在智能化、网络化、综合化、集中化的技术需求驱动下，未来卫星互联网发展急需高性能星载处理器，即星载处理器的主频要大于 1 GHz，峰值处理能力高于 1000 MIPS；需要支持高速的通信接口，如 RapidIO、FC 等；需要高速的内存总线及 GB 级的存储容量[1]。

7.3.2 地基计算能力要求

随着云技术时代的到来，计算和存储开始从局域网迁移到互联网，从而更好地实现了硬件之间的信息共享。可见云计算在地面互联网的发展过程中，发挥了十分重要的作用。云计算中心本质上就是一个超级计算中心，提供通信和社交应用，提供软件即服务，提供平台即服务，提供基础设施即服务。

高密度、低成本计算能力是对地基云计算服务器的基本要求。面向大规模部署的应用需求，数据服务器布置形式应该和数据计算中心高密度、低功耗、低成本的特点相符。高密度服务器布置形式能够有效减少云计算过程中的通信延迟，提高反应速度。目前，高密度服务器类型主要分为多路机架服务器和刀片服务器两种。因此，卫星互联网的地基系统的云计算服务器，要求具有虚拟化、横向扩展和并行计算的能力。

1. 虚拟化

地基云计算服务器虚拟化的能力，直接影响数据计算效果。云计算服务器虚拟化技术可实现资源调配，将高负载计算节点中的某些虚拟机实时迁移到低负载计算节点；同时还可以把多个低负载的虚拟机合并到一个物理节点，并将多余的空闲物理节点关闭，提高云计算资源的使用效率，使云计算服务负载达到均衡；从而达到资源统筹整合，保障上层应用的性能，减少云计算系统能耗的目的。

在大数据计算过程中合理利用服务器虚拟化技术，一方面可实现虚拟机的统一部署和优化配置，从而大大提高系统的效能；另一方面，可通过对虚拟机计算资源的弹性调整来实现软件系统的可伸缩性利用，在云计算系统遭到破坏的情况下，可以迅速从故障中恢复并继续提供计算服务，极大地提高了系统的可靠性与稳定性。

因此，云服务器硬件的虚拟化支持程度是考量服务器性能的一个重要因素。

2．横向扩展

云计算服务器需要具备良好的横向扩展能力。目前，英特尔公司已经推出了具有横向扩展能力的云计算服务器存储解决方案。结合服务器的硬件系统，面对大量的文件访问，可提供更高效数据库和更好的可扩展性。比如，英特尔的万兆网卡可以结合英特尔虚拟化技术，提高服务器的横向扩展能力，为整个数据计算中心提供更高效、更安全及更简化的工作方式，实现云计算数据中心的灵活性布置。

3．并行计算

数据计算模式主要分为分布式计算、并行计算和网格计算等三种。

数据计算可以看成数据"存储+计算"的有机结合。其中，数据计算就是指并行计算。因此，数据计算基础架构搭建的首要任务是确保能实现并行计算。数据计算对服务器配置的要求与普通服务器对配置的要求基本一致，但数据计算对服务器的结构灵活性有一定的要求。另外，数据计算对服务器的计算密度、虚拟化能力，以及是否能够实现并行计算的能力也有具体要求。因此，在配置服务器的时候，要重点看服务器是否满足以上条件。

7.3.3 边缘计算能力要求

物联网、流数据分析、自动驾驶、远程医疗等新技术应用领域的不断发展，使其对网络时延特性和带宽要求更加苛刻。同时，能够将地球上所有的用户接入互联网是未来卫星互联网的愿景。

传统地面网络是将数据传输到后端云计算中心，在后端云计算中心完成数据处理之后再传给用户，这种处理方式并不能满足卫星网络时延和带宽的需求，影响用户体验质量和网络传输性能。因此，面向未来技术需求，低轨道卫星网络需要在整体架构上有所创新。卫星互联网技术可以借鉴地面宽带网络中边缘计算技术的相关研究成果，将边缘计算应用于低轨道卫星网络。

边缘计算的目的并不是消除后端云计算中心。相反，边缘计算是后端云计算中心处理能力的延伸，将两者相结合能更好地提升低轨道卫星通信网络的性能和业务处理能力。

将低轨道卫星改造为边缘计算节点，在边缘计算节点上提供数据存储和计算能力，可以有效避免因为热点数据频繁传输造成的宽带消耗，提高低轨道卫星网络的效率；同时，可以将时敏性业务的计算任务规划在边缘计算节点上完成，从而减小数据回传的时延消耗，减轻卫星骨干网的数据传输压力。可以看出，边缘计算的引入能够有效地提升低轨道卫星网络的实时性并节省网络宽带。

在低轨道卫星网络中，卫星之间采用星间链路进行通信，通过在星上布置路由器，实现数据在卫星之间的交换传输，从而显著提高卫星网络的性能，并降低了网络损耗。但是，由于卫星网络中的节点一直处于高速运动状态，星间链路随着低轨道卫星间相对位置的改变时刻发生着变化，在原有星间链路断开后需立即建立一条新的星间链路，以维持自身及整个网络的能力。所以，低轨道卫星的网络拓扑一直处于变化的状态，导致卫星链路可能中断，此时卫星无法与后端云计算中心建立通信连接。所以，在设计低轨道星座边缘计算架构的时候，需要为每个卫星边缘计算节点都设计一种自主工作能力，从而保证其可以为终端用户提供持续服务。

由于大多数数据来自靠近数据源的本地端口，在边缘计算模型中，数据分析仅部分依赖于网络带宽。无论是在设备、边缘数据中心，还是雾层中处理数据，对数据的追踪、处理和存储都更靠近终端用户而非集中进行。现有的大型传统数据中心一直是网络计算和通信连接的核心，几乎所有的系统数据都集中在数据中心集中处理。移动化、技术进步和经济发展也对边缘计算提出了新的要求。

7.4 存储能力要求

卫星互联网将与 5G、物联网、车联网、工业互联网等互联网新技术深度融合，产生大量的数据，这些数据的集成和未来的挖掘使用，对各个行业都会产生极大的作用，因此对系统的存储能力具有较高要求。本节主要从天基、地基和边缘三个方面论述卫星互联网系统对存储能力的要求。

7.4.1 天基存储能力要求

随着遥感卫星多载荷技术的普及与应用，卫星载荷涉及数据类型越来越多，星载数据存储和处理越来越复杂。

星载存储系统管理的数据类型繁多、数据量庞大，其中主要包括速率高达数十 Gbps 的高分辨率成像数据、100 Mbps 的中速载荷数据、1 Mbps 的卫星平台健康管理数据和卫星重要数据等。卫星载荷工作时段各异，既可独立工作又可多个载荷并行工作。

数据类型不同，其存储颗粒度、检索精细化程度、存储可靠性要求也不完全相同。其中，高速载荷数据的传输速率很高，但受星地数据传输通道带宽的限制，需要先对原始数据，在轨进行云判、压缩等处理后，再进行下传。在在轨云判过程中，按存储时间、数据类型等特性值对存储的数据进行检索；平台的健康管理数据需要长期存储备份，而存储颗粒度要求较小；卫星重要数据则侧重于数据存储的可靠性。

综上所述，对于卫星载荷的不同类型数据，所需要的星载存储能力也不尽相同。因此，对这些数据进程管理成为目前星载存储设计的最关键问题。

7.4.2   地基存储能力要求

存储系统是卫星互联网地基部分的核心基础架构，是数据访问的最终承载体。地基存储技术在新一代信息技术产生后已经发生巨大改变，存储技术手段多种多样。传统的集中式存储已经不再是主流存储架构，块存储、文件存储和对象存储支撑起多种数据类型的读取和海量数据的存储访问。

当前，地基存储系统的建设以云计算为典型代表，卫星互联网地基存储系统的建设是为了实现业务在云平台上实现灵活的资源调度、良好的伸缩性、业务扩展的弹性和快速交付性。卫星互联网复杂多变的新应用场景，对地基存储系统的海量数据存储能力、数据容量可提升能力、系统规模高扩展能力、集成数据强整合能力、任务处理高实效能力、磁盘 I/O 高吞吐能力、多温数据自适配能力、支撑混合负载能力等提出了较高要求。

（1）海量信息存储能力：新一代信息技术触发大数据、移动互联网时代的数据井喷，卫星互联网地基系统应具备海量数据存储和归档能力，从而提供服务并为后续业务带来价值，因此应具备文件存储、分布式存储等多种存储形式。

（2）数据容量可提升能力：卫星互联网业务应用产生的数据容量会不断增加，这就要求地基存储系统能够方便地通过增加存储单元而实现扩容。这就要求地基存储系统具有灵活性和数据扩展性，而且扩容成本必须低廉。

（3）系统规模高扩展能力：在卫星互联网地基系统规模不断增加的同时系统负载也会随之增大，单一集群难以支撑高强度任务负载，这就要求对地基系统的存储规模进行高效稳定的扩展，并能够对其进行有效的管理。

（4）集成数据强整合能力：结合业务功能，实现规模数据的跨功能洞察，包括跨功能的集成决策能力，有益于数据分析。地基存储系统应具有数据整合能力，以实现分散数据源的汇聚。

（5）任务处理高实效能力：地基存储系统需要引入实时分析技术手段来保障卫星互联网实时类业务的开展，因此需要具备实时计算、流计算的能力，从而满足高时效业务需求。

（6）磁盘 I/O 高吞吐能力：卫星互联网高并发查询和苛刻的分析环境对磁盘 I/O 提出极大挑战，因为这将决定高并发处理的效率，系统必须尽可能保持高吞吐服务能力。

（7）多温数据自适配能力：业务需要频繁访问并使用的热数据，以及不常访问的冷数据并存在系统中，挤占资源，而且所占据的磁盘大多类型相同（SATA/ SAS/固态），这并不适于磁盘资源的合理使用，同时也浪费了宝贵的存储成本。因此，应根据具体的业务规则辨别数据访问和更新频率，从而判别这些数据应如何使用磁盘资源，实现资源自服务、自管理。

（8）支撑混合负载能力：卫星互联网地基存储系统需要支撑尽可能多的并发应用，应具备数据加载和并发查询负载、数据更新和导出负载等实际负载高并发应用能力。

7.4.3 边缘存储能力要求

边缘数据处理系统主要是指存储的地基部分，涉及众多模块，不同技术模块对存储技术的要求也不尽相同，主要涉及隔离技术、体系结构、操作系统和数据处理平台四个方面。

1. 隔离技术对存储的要求

隔离技术是边缘计算领域的核心技术。在边缘计算过程中，边缘设备需要通过有效的隔离技术来保证计算服务的可靠性和质量。其中，隔离技术主要涉及计算资源的隔离和数据的隔离两方面。计算资源隔离可以实现应用程序不相互干扰；数据的隔离可以实现不同应用程序具有不同的访问权限。

在传统云平台计算场景中，任一程序模块的崩溃都可能造成整个计算系统的不稳定，产生严重的后果。在边缘计算场景中，这一情况变得格外复杂。例如，在移动车联网自动驾驶操作系统中，操作系统既需要支持车载娱乐设备来满足用户需求，同时又需要运行自动驾驶任务以满足汽车本身的驾驶需求。此时，如果车载娱乐任务干扰了自动驾驶任务，或者影响了整个操作系统的性能，则可能会对乘客的生命财产安全产生严重后果。因此，在此应用场景中，隔离技术可有效实现网络的稳定。隔离技术同时还需要考虑第三方程序对用户隐私数据的访问权限。

在云平台上应用 Docker 技术可以实现应用程序在基于虚拟化的隔离环境中运行。其中，Docker 技术的存储驱动程序采用容器内分层镜像的整体架构，使得应用程序作为一个容器具备快速打包和发布的功能，从而保证了应用程序间的隔离性。

2．体系结构对存储的要求

无论是传统的高性能计算这类计算场景，还是边缘计算这类新兴计算场景，计算系统的体系结构都应是通用处理器和异构计算硬件并存的模式。

异构的计算硬件会牺牲部分通用计算能力，但是专用加速单元的使用会减少某类或多类负载的执行时间，并显著提高计算系统的功耗比。边缘计算平台通常针对某类特定的计算场景设计开发，边缘计算处理的负载类型较为固定。因此，目前有很多前沿的工作是针对特定的边缘计算平台建立体系结构的。

专门针对多元边缘计算系统的结构设计是一个新兴技术领域，面临很多巨大挑战。例如，高效地管理异构的边缘计算硬件和对边缘计算系统结构公平及全面的评测等。在第三届边缘计算大会期间，首次召开了专门针对边缘计算体系结构的研讨会，鼓励学术界和工业界对此领域进行深入探讨和交流。

3．操作系统对存储的要求

与传统物联网、互联网设备上的实时操作系统不同，边缘计算操作系统更倾向于对数据、计算任务和计算资源整体框架的管理。

边缘计算操作系统负责将复杂的数据、计算任务在边缘计算节点上部署、调度及迁移，从而保证计算任务高效完成及计算资源的最大化利用。边缘计算操作系统向下需要管理异构的计算资源，向上需要处理大量的异构数据及多种应用负载。

机器人操作系统最开始主要用于针对异构机器人机群的通信管理，现已经发展成为开源机器人开发及管理的工具。该操作系统提供硬件设施和驱动程序、消息通信标准、软件包管理等一系列系统工具，被广泛应用于工业物联网、车联网、无人机等典型边缘计算场景。

根据现有的技术发展现状，机器人操作系统及基于机器人操作系统建立的操作系统有望成为适用于边缘计算场景的典型操作系统，但其仍然需要在各种真实计算场景中经过评测和检验。

4. 数据处理平台对存储的要求

在边缘计算应用场景中，边缘计算设备时刻产生海量数据，数据的来源和类型多种多样。边缘计算处理的数据主要包括环境传感器采集的时间序列数据、摄像头采集的图片视频数据、车载激光雷达的点云数据等，大多具有瞬时性和时空属性。因此，构建一个针对边缘数据进行管理、分析和共享的数据处理平台十分重要。

以智能车联网应用场景为例，车辆本身就是一个移动的计算平台，同时越来越多的车载应用也被开发出来，因此车辆本身产生的各类数据较多。在移动的汽车上可部署数据处理平台，完成车载应用的计算需求，建立车与云、车与车、车与路边计算单元的通信，从而保障车载应用服务质量和用户体验。

因此，面向不同的边缘计算应用场景，建立数据处理平台对数据进行有效的管理，提供数据分析服务，保障用户体验是十分重要的研究课题。

7.5　安全能力总体要求

卫星互联网信息安全防护主要包括物理安全、网络安全、通信安全、数据安全、边缘安全等五个技术层面。

7.5.1　物理安全要求

未来信息化战争对通信卫星的依赖性越来越强。卫星处于太空环境中，伴随着各种反卫星武器的出现，当发生现代战争时，卫星及地面通信系统将成为对手的首要摧毁目标，而卫星是其中的最薄弱的环节。因此，太空中卫星的物理安全至关重要。鉴于此，对卫星互联网系统的抗干扰能力、变轨能力、威胁预警能力和干扰、摧毁对方干扰平台能力等提出了新的要求。

卫星在物理层面面临的威胁主要包括物理损毁、信号干扰等，因此该层面的安全防护主要涉及卫星系统的可用性和信息机密性两方面。

卫星物理损毁主要是指网络中的卫星、地面站等重要基础设施遭受物理破坏。在太空环境中，卫星时刻可能受到诸如太阳黑子爆发等不可控的自然因素的影响，这种突发性自然活动将对卫星平台等造成严重的威胁和破坏，影响网络的正常运转。不仅如此，基于卫星信息网络在未来战争中的重要性，卫星、地面站等重要设施还可能遭受武器攻击。特别是在军事领域，卫星等设施极有可能成为敌方的首要打击对象。此外，由于卫星系统自身硬件系统的问题，当发生系统故障时也会造成网络的瘫痪[4]。

卫星信号干扰主要是指传输链路信号遭受人为或自然的电磁干扰。由于通信卫星处于高度复杂的外太空电磁环境中，所以卫星平台极易受到恶意电磁信号、大气层电磁信号及宇宙射线等各类电磁信号的干扰，导致正常的数据传输过程受到影响，甚至发生中断。目前，信号干扰技术主要有欺骗干扰和压制干扰两类。

欺骗干扰技术主要指通过卫星信号转发、模拟伪造等方式诱导用户使用端做出错误判断的技术，与此对应的抗欺骗干扰技术主要有角度鉴别、认证加密等方式。

压制干扰技术主要指卫星信号被同频段大功率噪声信号干扰，导致信噪比降低，从而使可用性降低或失去的技术。与欺骗干扰技术相比，压制干扰技术具有成本低廉、可操作性强等特征。

7.5.2　网络安全要求

卫星互联网运行层面的安全问题主要针对网络系统运行的可控性和可用性两方面。

卫星网络在运行层面的网络接入、网络切换、控制访问等过程中面临的威胁主要包括欺骗攻击和恶意程序攻击等。

欺骗攻击主要指在卫星互联网中，卫星节点具有动态接入的特点，因此真实网络节点存在被顶替冒充的可能，从而使非法网络节点有机会接入信息网络，导致系统产生异常状况，甚至引起网络瘫痪。

恶意程序攻击是指通过利用卫星互联网中可能存在的脆弱点、安全漏洞、无效配置等自身结构缺陷，在网络系统中植入病毒、木马等各类恶意代码，使系统被远程操控，最终造成信息网络被破坏。

7.5.3　通信安全要求

随着卫星互联网技术的发展，低轨道卫星互联网通信即将进入大规模商用发展阶段，而通信安全是其关键问题。卫星互联网安全通信传输的构建，需从端到端加密、链路加密和安全的路由协议等三层面实现。

1．端到端加密

在数据发送端，将信源的明文信息通过加密算法和加密密钥变换成密文，生成的密文可以通过通信信道直接传输到接收端；在数据接收端，再使用解密算法和密钥，将密文解密为明文。

2．链路加密

在数据接收端和发送端之间，每段通信链路的两端节点都采用密钥进行加密和解密处理。根据实际情况，不同通信链路使用的加密/解密算法可以不同也可以相同，以满足不同客户端的用户业务需求。

3．安全的路由协议

在数据发送端和接收端之间建立相对安全的路由协议，该协议可以采用静态配置与动态调整相结合的配置策略。依据该路由协议可自动对链路路由进行快速调整，及时检测出通信网络中的主动或被动的恶意攻击，并迅速采取相应的处置措施，从而实现对网络内、外攻击的快速诊断与防范应对。

除以上三种基本业务能力以外，卫星互联网还应具备空间链路防护能力和网络安全防护能力。其中，空间链路防护能力主要指卫星链路具备信息防截获

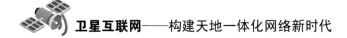

/破译能力；网络安全防护能力主要指卫星互联网具备接入认证能力，以及抗网络攻击、入侵的能力。

7.5.4 数据安全要求

卫星互联网数据层面的安全要求，主要是保障数据在传输、处理等过程中的机密性和完整性的技术需求。卫星互联网在数据路由、传输等过程中面临的主要威胁包括路由伪造/篡改、数据窃取等。

其中，在路由过程中，传输数据主要面临篡改攻击、伪造攻击等威胁。一方面，外部攻击者会冒充合法计算节点加入网络，打乱原有合法节点间的数据传输过程，造成传输失常或数据泄露；另一方面，攻击者会伪造路由消息，在网络中恶意篡改路由，导致无效路由的产生，从而导致数据传输时延、传输开销大幅增加等问题，严重降低网络的安全性能。

卫星互联网与传统地面网络类似，在数据传输过程中也会面临半连接攻击、中间人攻击等各类攻击威胁。此外，由于低轨道卫星网络具有高时延、大方差及间歇链路等特性，会进一步降低数据传输的可靠性，严重影响数据传输效率[5]。

卫星互联网技术发展将大量采用边缘计算模式，将计算过程推至靠近用户数据产生的地方，可有效避免数据在产生端和云端的交替传输，极大降低隐私数据泄露的可能性。但是，边缘计算相较于云计算中心，由于计算设备通常处于靠近用户侧或传输路径，因此具有被更高级别攻击者入侵的可能性。

7.5.5 边缘安全要求

边缘计算作为信息系统的一种全新计算模式，既存在信息系统普遍存在的共性安全问题（应用安全、网络安全、信息安全和系统安全等），又存在边缘计算系统个性安全问题。

边缘计算网络节点自身的安全问题是一个重要问题。边缘计算的节点结构各异、系统复杂，具有分布式和异构型两种形式，这些特点决定了难以对其进行统一的管理，将导致一系列新的安全问题，如隐私泄露等。

在边缘计算的环境中，仍然可以采用传统的网络安全防护方案进行信息防护，比如通过基于密码学的防护方案进行信息安全的保护，通过访问控制策略对越权访问等进行防护。额外需要注意的是，边缘计算防护方案需要对传统方案进行一定的修改，以适应边缘计算的环境。

同时，随着卫星互联网技术的发展，近些年也有部分新兴的网络安全防护技术（如硬件协助的可信执行环境等）可以使用到边缘计算中，用来增强边缘计算的安全性。此外，结合使用人工智能、机器学习来增强边缘计算系统的自身安全防护能力也是一个较好的研究方向。

7.6　资源调度与管理能力要求

随着全球在轨星座数目的不断增加，星座规模趋向巨型化，系统的服务能力逐步从传统的移动通信服务向宽带互联网服务拓展，巨型星座的网络性能管理成为保障网络稳健性及服务能力的重要因素。

巨型星座系统的异构性及小型化等使得卫星平台稳定性较差，出现节点或星座故障的概率相比大平台卫星要大，此外，受空间环境影响，易造成不确定性的设备损坏等情况。当前的卫星网络尚不具备健全的自检测功能，当某些卫星出现故障时，不能及时反馈故障信息及进行故障管理。大多数卫星故障分析主要依赖于卫星状态信息回传到测控站，再进行地面分析获知卫星健康状态，与此同时，通过测控指令上注方式解决大部分故障问题，如设备故障的重启动操作等。受限于测控站建设敏感性和卫星测控频段用户密度等，地面测控网无法实现对低轨道卫星的全时段观测。因此，亟须通过高效的网络运维技术，构建天基测控网辅助地面测控站，以实现对巨型星座卫星的全时段状态监测；同时设计高效的业务管理机制，实现在网络业务不变、业务需求变化及网络资源故障时对网络性能的高效管理[6]。

网络的稳健运行最终是为了开展高效的服务业务，具体而言，通过网络运维获取业务的状态信息及网络状态信息，实现业务管理与网络维护，如对网络资源状态、网络设备状态的监测等，为业务与资源的进一步匹配提供基础。若网络中某节点或资源突发故障，则网络可通过高效的运维技术进行故障响应与处置，进一步通过资源管控手段来重构有效资源，满足业务对故障资源的需求。因此，网络运维是资源管控的基础。巨型星座网络包含多个异构星座，具有天然的异构特性及节点高动态性，资源属性、能力差异大，资源状态时变、时空尺度大，使其发展面临资源调度协同难、资源使用率低的问题。与此同时，卫星运动导致的通信链路信道质量高动态性、卫星太阳能获取的高动态性，以及云层覆盖的动态性使得光学成像卫星的成像过程具有动态性。网络资源状态和环境变化的不确定性使资源调度时间尺度和环境变化时间尺度不匹配，导致资源调度响应慢、资源使用效率低。因此，急需一种实时智能的巨型星座系统，设计面向资源状态时变的智能资源调度策略，以缓解资源调度策略变化与资源状态变化的不同步，提高资源调度策略的适变能力。

7.7　本章小结

卫星互联网通过一定数量的卫星形成规模组网，从而辐射全球，构建具备实时信息处理的大卫星系统，是一种能够完成向地面和空中终端提供宽带互联网接入等服务的新型网络，具有覆盖广、低延时、宽带化、成本低等特点，相比于传统的卫星，除在运行轨道和单星通信能力方面有差异外，在传输时延、传输损耗、波束覆盖、卫星容量等方面差异也比较明显。因此，对于低轨道卫星互联网技术的要求完全不同于传统卫星。本节主要从卫星硬件、网络能力、计算能力、存储能力、安全能力等方面介绍了卫星互联网的技术要求。

本章参考文献

[1] 施巍松，张星洲，王一帆，等. 边缘计算：现状与展望[J]. 计算机研究与发展，2019，56(1)：73-93.

[2] 陆士强，梁赫光，刘东洋. 国产化星载计算机技术现状和发展思考[J]. 电脑知识与技术，2018(6)：126-129.

[3] 陈天，陈楠，李阳春，等. 边缘计算核心技术辨析[J]. 广东通信技术，2018，38(12)：40-45.

[4] 何异舟. 国际天地融合的卫星通信标准进展与分析[J]. 信息通信技术与政策，2018(8)：1-6.

[5] 张蕾，刘云毅，张建敏，等. 基于MEC的能力开放及安全策略研究[J]. 电子技术应用，2020(6)：1-5.

[6] 赛迪顾问物联网产业研究中心. "新基建"之中国卫星互联网产业发展研究白皮书[R/OL]. （2016-05-29）[2020-05-29]. https://www.sohu.com/a/397830118_378413.

第 3 篇

技 术 篇

第 8 章　卫星互联网空间技术体系

卫星互联网具有覆盖广、容量大、不受地域限制、具备信息广播优势等特点，可以作为地面网络技术的补充手段。卫星互联网技术体系中的核心设备为通信卫星，本章主要从火箭发射技术、卫星制造技术、卫星互联网接入技术、空间组网技术，以及卫星应用技术等方面介绍卫星互联网空间技术。

8.1　火箭发射技术

原始的火箭是将引火物附在弓箭头上，击中目标后引起焚烧的一种箭矢。现代火箭技术是指利用高速向后喷出的热气流产生的反作用力，推动装置向前运动的喷气装置。

火箭发射技术是指用于地球表面与空间轨道或不同轨道之间的运输技术，主要用于有效载荷发射和回收。火箭发射技术主要分为一次性运载火箭、轨道转移运载器、重复使用运载器三个领域，如图 8-1 所示。

图 8-1　火箭发射技术领域划分

火箭发射技术是多学科、多技术领域深度融合的复杂技术体系，主要涉及弹道技术、定位技术、定姿技术和控制技术等。现代运载火箭不需要空气中的氧气助燃，因此火箭既可在大气中，也可在空气稀薄的外层空间飞行。火箭可作为一种快速的远距离载荷运输工具，既可以用于发射人造卫星、人造行星和宇宙飞船等航天设备，也可以装上武器弹头制成导弹。

近几年，火箭发射技术在火箭、反舰导弹、反飞机导弹及攻击地面固定目标的战术导弹和战略导弹上均得到大力发展和完善。

目前，一次性运载火箭发射技术是我国空间技术需求的主体。我国运载火箭技术起步于 20 世纪 60 年代，经过半个世纪的发展，主要研制了四代 17 种运载火箭，具备发射低、中、高轨道和不同有效载荷的能力。"长征"系列运载火箭是我国现役运载火箭领域主要装备，截止到 2019 年 3 月 10 日，已累计发射 300 次，发射成功率达到 95.33%。

随着我国航天技术的不断发展，中、低轨道卫星发射需求越来越旺盛，而目前新一代运载火箭的运载能力尚存在空白，具备中、低轨道发射能力的主力运载火箭只能将最多 3 吨的有效载荷送到太阳同步轨道，不能满足发射 3～4.5 吨太阳同步轨道航天器（包含卫星）的需求。

8.1.1　弹道技术

火箭的飞行轨迹称为弹道，它属于弹道学领域中的外弹道学。

制导火箭的外弹道控制方法主要包括方案弹道和引导弹道两种类型。方案弹道的特点是火箭的飞行轨迹取决于既定的控制程序和相关参数，一旦运动参数（飞行高度、侧滑角、弹道倾角、攻角和俯仰角等）和程序确定，火箭的飞行轨迹将不可改变。引导弹道是指通过某种控制规律使制导对象主动追踪目标的运动状态，直至与目标相遇的弹道设计方法。控制制导对象与追踪目标最终相遇的控制规律一般被称为导引律或导引方法。火箭弹道如图 8-2 所示。

火箭的总体方案一般需要分别对方案弹道和导引弹道进行设计分析，而方案弹道的设计是第一位的，其后才是导引弹道设计。只有在方案弹道满足射程、弹道高度、飞行时间等基本技术指标要求的前提下，导引弹道才可能实现其功能，准确击中目标，抛物线飞行弹道和滑翔飞行弹道是火箭弹通常采用的方案弹道设计方法。

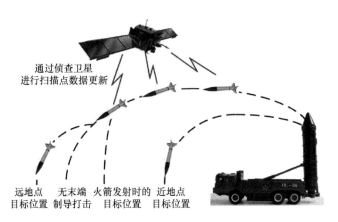

通过侦查卫星
进行扫描点数据更新

远地点　　无末端　　火箭发射时的　近地点
目标位置　制导打击　目标位置　目标位置

图 8-2　火箭弹道

火箭具有以下特点：起飞质量和体积较大，结构复杂；一般采用火箭发动机，自身携带燃料及助燃剂，不依赖氧气助燃，火箭发动机可串联、并联使用，具有推力大特点，可实现超远距离投射弹头；沿设定弹道飞行，攻击设定目标[1]。火箭一般采用垂直发射方式，尽量缩短火箭在大气层的飞行距离，以最少的能量损失克服空气阻力和地心引力；通过改变推力的方向实现火箭飞行姿态修正；箭体各级之间采取分离式结构，当火箭发动机完成推进任务时，即行抛掉，最后只有弹头飞向目标。弹头进入大气层时，与空气摩擦产生大量热量，因而需要采取防热措施。

8.1.2　定位定姿技术

火箭位置的变化是由推力和火箭姿态决定的，因此通常分为两个大回路：位置控制回路和姿态控制回路。位置控制回路又叫制导回路，包含姿态控制回路，因此姿态控制回路又称内回路。目前主流的火箭定位定姿技术需要利用惯性测量单元，陀螺仪和加速度计是其中的重要组成部分。陀螺仪通过测量运载平台的各种参数（如俯仰角、横滚角）实时记录运载平台飞行姿态；加速度计主要用来测量运载平台的加速度。

1. 平台式惯导定位定姿技术

火箭上搭载一个稳定平台，在地面上对平台的稳定状态进行标定后（通常标定为参考坐标系），在火箭飞行过程中平台会一直保持该稳定状态，从而测量出火箭相对于该稳定状态（参考坐标系）的姿态和加速度。因此，使用平台式系统可以直接得到载体相对于参考坐标系的姿态和加速度，后者进行积分即可得到载体位置数据。平台式惯导定位定姿的优点为不需要烦琐的数学计算，姿态测量不通过积分，精度较高；缺点为体积大、质量重、价格贵。

2. 激光陀螺仪捷联惯导定位技术

激光陀螺仪捷联惯导定位系统是以激光陀螺仪和加速度计为核心的惯性导航系统，激光陀螺仪和加速度计与火箭固连坐标系的三个轴对齐。

激光陀螺仪具有反应能力强、动态测量范围宽、线性度好、动态误差小、高精度、高可靠等优点，将它用于飞机、导弹和运载火箭的导航设备，可以克服一般陀螺捷联惯性导航系统的缺点，大幅度提高系统的精度和可靠性。

3. 激光陀螺/GPS 联合定姿技术

激光陀螺仪在输出火箭的飞行姿态时，由于存在噪声、零点漂移及初始姿态误差信号，会使求解的火箭弹姿态含有随时间振荡的误差。GPS 载波差分相位定姿技术可有效消除时间振荡误差，具有精度高、不受美国 P 码保密限制等优点。

利用 GPS 载波差分相位定姿技术大致分为两类，一类单独使用 GPS 信息，由参数优化方法对火箭弹进行定姿定位，该方法对 GPS 天线的位置布置和观测噪声比较敏感；另一类与其他传感器测量信息进行融合，将激光陀螺输出信号与 GPS 载波查分相位组合，构成激光陀螺/GPS 联合定姿系统。

在激光陀螺/GPS 联合定姿系统中，首先将 GPS 提供的姿态和速度信息用于捷联惯性导航系统动基座初始状态校准，与传统的动基座初始状态校准方法相比，该方法具有速度快、对惯性器性能要求不高等优点；然后通过导航系统的辅助，可以提高 GPS 定姿系统的成功率和稳定性。

8.1.3　制导技术

制导技术是通过测量和计算导弹与攻击目标的相对位置，按照预定的导引规律控制导弹飞达目标的技术，又称导弹导引和控制技术。发展到今天，弹道导弹的制导精度由最初的千米级提高到十米级。按技术方向，导弹制导技术大致可以分为以下六类。

1．自主式制导技术

自主式制导技术是指制导过程中不依赖攻击目标的直接信息，同时也不需要导弹以外设备的配合，导弹自主飞向攻击目标。该制导技术主要用在攻击地面固定目标，是一种完全自主式的制导技术，在现代武器中广泛应用。目前，自主制导系统主要选用自主性强、隐蔽性好、机动性好、连续性好、实时性好和不受气候条件限制等优点的惯性制导方式。

目前，世界各国研制的弹道导弹绝大多数采用自主式惯性制导技术，该技术主要有平台式和捷联式两种布置形式。

平台式是利用陀螺仪的定轴性特性，将陀螺平台稳定于平台式惯性空间内，加速度表安装在平台台体上，平台隔离了弹体的角运动和振动，因此加速度表不受影响。现已装备的导弹系统大多采用此种布置方式。捷联式是将陀螺仪和加速度表直接连接在弹体上，根据陀螺仪测出的加速度值与惯性参考系之间相对角度的测量值，由计算机系统直接计算处理得出综合加速度。与平台式相比，捷联式中的仪表受弹体振动作用的影响较大，但捷联式系统简单、可靠。捷联式对处理器运行能力的要求较高，随着超级计算机技术的发展，捷联式技术日益受到重视。

惯性制导在设计、材料、工艺、测量及误差补偿等方面采用了先进技术，先后研制出液浮、气浮、静电悬浮及激光陀螺等核心元件，极大地提高了弹道导弹的命中精度。"宇宙神"洲际弹道导弹，射程为 10 000 km，命中精度为 2.77 km；"民兵Ⅲ"洲际弹道导弹，射程为 13 000 km，命中精度为 0.185 km。

2．寻的制导技术

寻的制导系统的目标感知装置安装于弹头，能感受目标辐射或目标反射的无线电、热或光辐射波信号。根据测量到的位置、速度等信息参数，直接在导弹控制系统中形成制导指令，指导导弹飞向目标，具有制导精度高的特点。多数空空导弹和一部分地空导弹采用这种制导系统，它比较适合攻击短距离目标。根据目标信息的来源，寻的制导方式可分为主动、半主动和被动式三种类型。

雷达寻的制导具有"发射后不用管"的优点，能从任何角度攻击目标，精度高，但易受电子干扰；毫米波制导具有精度高、抗干扰能力强的优点，但作用距离短。目前，世界各国应用较多的寻的制导技术是激光雷达寻的制导。

3．遥控制导技术

遥控制导技术主要通过导弹外的指挥站系统，实时测定导弹与目标的相对位置，并向导弹发出制导指令，操纵导弹飞向目标。遥控制导技术主要用于反坦克导弹、空地导弹、防空导弹、空空导弹和反弹道导弹。

目前主要的遥控手段有有线指令、无线电波束和激光波束三种形式。最常见的遥控制导技术是无线电制导，部分防空导弹采用这种制导方式，该制导技术的缺点是易被敌方发现和干扰。

4．地形匹配与景象匹配制导技术

地形匹配与景象匹配制导技术是指通过将实地感知数据与通过遥测、遥感等技术手段预先存入弹载计算机内的数字地图进行比较，并随时根据修正弹道控制导弹飞向目标的技术。根据地图绘制的方法不同，主要有转达图像匹配、可见光电视图像匹配、激光雷达图像匹配和红外热成像匹配等制导方式。

5．导航系统制导技术

导航系统制导技术主要利用卫星导航系统的准确定位功能为导弹武器提供全天候、连续、实时和高精度的定位导航服务，保证导弹武器实时得到位置、速度和时间三维信息。

到目前为止，比较完善的卫星导航系统主要有美国的 GPS 系统、俄罗斯的 GLONASS 系统、欧盟的伽利略系统和中国的北斗系统。

6．复合制导技术

导弹从发射到命中目标，一般可分为初始段、中间段、末段三个飞行阶段。

导弹在同一阶段或不同阶段采用两种或两种以上制导方式的制导系统称为复合制导系统。采用复合制导系统，可提高制导距离、制导精度和抗干扰能力。现代某些防空导弹、岸舰导弹和反弹道导弹等都采用复合制导技术。

8.1.4　姿态控制技术

面向不同应用需求，航天器或卫星的姿态控制技术主要分为被动姿态控制和主动姿态控制两大类。其中，利用航天器自身的动力和环境力矩来实现稳定控制姿态的方法称为被动姿态控制技术；根据姿态误差（测量值与标称值之差）形成控制指令，产生控制力矩来实现姿态控制的方法称为主动姿态控制技术[2]。

一般来说，通信卫星对指向精确性要求较高，因此大多采用主动姿态控制。由于每个细微角度的差异都会影响太阳能电池板的朝向及信号收发的准确性，所以姿态控制系统的精度尤为重要。主动姿态控制系统具有精度高、灵活性大、响应快等优点，但控制电路系统较为复杂、成本高。主动姿态控制系统主要由姿态敏感器、星载计算机和执行机构三大核心部分组成，如图 8-3 所示。

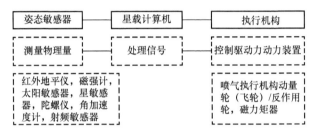

图 8-3　主动姿态控制系统

1. 姿态敏感器

姿态敏感器是卫星的"眼睛"，主要用于实时检测卫星的状态及空间方位[3]。

根据不同的基准标准，姿态敏感器主要可以分为基于地球物理特性的红外地平仪、磁强计，基于天体位置的光学敏感器，基于惯性信标的陀螺仪、角加速度计和基于无线电信标的射频敏感器等。一般由基于惯性信标的陀螺仪提供短期姿态信息，由基于天体位置的光学敏感器提供校准信号修正陀螺仪的位置漂移。

2. 星载计算机

星载计算机主要由两块互为备份的 CPU 板构成，是整个航天器的控制中心，制造成本占整个通信系统的 5%～15%。

星载计算机主要利用姿态信息形成控制指令，其核心单元为 SoC 芯片及 SIP 模块。基于 SPARC 架构的 SoC 芯片具有开放性高、稳定性强、集成度高的特点，在航空航天领域应用广泛。同时，各类功能芯片集成的信号处理 SIP 微系统也是星载计算机的重要组成部分。

3．执行机构

执行机构是直接进行姿态控制的驱动动力装置。根据控制原理不同，常见的执行机构有喷气执行机构、磁力矩器和飞轮。喷气执行机构通过排出高速气体或离子流对航天器产生反作用力矩；磁力矩器通过通电绕组所产生的磁矩和环境磁场作用实现姿态控制；动量轮（飞轮）/反作用轮是由电动机驱动的高速转动部件，通过动量交换来控制航天器的姿态[4]。

根据产生的推力不同，推进分系统有电推进及化学推进两种实现方式。电推进分系统主要包括离子推力器、储供子系统、电源处理单元、矢量调节机构及控制单元，目前有电弧加热系统、霍尔推进系统及氙粒子推进系统三种，后两者因比冲高、效率高、寿命长等优点被广泛采用。化学推进系统通过化学推进剂在发动机燃烧室内燃烧，产生高温、高压气体并通过喷管喷出，产生反作用力完成飞行器姿态调整[5]。

8.1.5　运载技术

由长征三号火箭改进的长征三号甲系列火箭，目前已经成为中国现役运载火箭的主力。长征三号甲、长征三号乙和长征三号丙统称为"长三甲系列"。2019 年 4 月 20 日，随着长征三号乙火箭在西昌卫星发射中心将"北斗三号"卫星成功送入预定轨道，长三甲系列火箭完成了第 100 次发射，成为我国第一个发射次数过百的单一系列火箭。"长征"系列第三代运载火箭主要包括长征二号 F（CZ-2F）、长征三号甲（CZ-3A）、长征四号（CZ-4）系列运载火箭。第三代在第二代基础上，持续开展可靠性增长和技术改进的研究，采用了系统级冗余的数字控制系统；增加了三子级，任务适应能力大大提高，可满足载人航天任务需求。

CZ-3A 系列火箭是在长征三号（CZ-3）火箭的基础上进行设计研制的，运载能力达到 2 600 kg。CZ-3A 系列火箭自 1994 年 2 月 8 日，一箭双星发射"实践四号"卫星和"模拟"卫星成功以来，13 年间，将所有北斗卫星送入预定轨道，发射成功率为 100%。CZ-3A 系列运载火箭在通信卫星工程、探月工程、北斗导航工程、气象卫星工程及国际商业卫星发射服务中发挥了关键作用。

CZ-3A 系列运载火箭可以一箭单星或一箭多星发射，可用于标准地球同步转移轨道发射、超同步转移轨道或低倾角同步转移轨道发射及深空探测器发射；具备在飞行过程中侧向机动变轨、多次起旋、消旋、定向等功能，可满足不同卫星用户的多种使用要求。

CZ-3A 系列火箭按照"上改下捆、先改后捆、坚持三化、统筹发展"的总体方案，具备前瞻性、全局性和适应性特点。在其研制过程中，首先研制火箭氢氧三子级构成长征三号甲（CZ-3A）火箭，作为火箭系列化的第一步，再以 CZ-3A 作为芯级，捆绑 4 枚或 2 枚助推器，形成长征三号乙（CZ-3B）和长征三号丙（CZ-3C）火箭，确定了以 CZ-3A 火箭为基本型的发展模式，如图 8-4 所示。

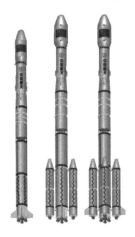

图 8-4   CZ-3A、CZ-3B、CZ-3C 运载火箭（从左至右）

截至目前，CZ-3A 火箭家族共包括 10 个子构型，已经形成了构型丰富、梯度合理、模块通用的系列火箭。

8.1.6   火箭发射技术应用

火箭发射技术能体现一个国家的综合国力。当今世界各发达国家在发展战略上都把综合国力的增强作为首要目标，其核心是发展高科技，而高科技的主要内容之一就是火箭发射技术。同时，火箭发射技术在国防和军事领域具有重要意义。

（1）火箭弹：火箭弹通常由弹头、发动机和稳定装置三部分组成。按飞行稳定方式的差异，火箭弹分为尾翼式和涡轮式两类。尾翼式火箭弹的尾翼主要用于保持飞行稳定。涡轮式火箭弹则是通过从倾斜喷管喷出燃气，使火箭弹绕弹轴高速旋转，产生陀螺效应，保持飞行稳定。

由于火箭弹带有自助推动力装置，具有发射装置受力小，单兵使用轻便、灵活的特点。其主要用于杀伤、压制敌军，破坏敌军工事及武器装备等场景。

（2）导弹：发射导弹一般采用垂直发射技术。导弹在垂直发射箱内处于待发状态，不需进行装填作业和瞄准目标，接到命令即可发射击；垂直发射可以缩短反应时间，提高发速速率，极大地提高了军队战斗效率。

导弹垂直发射击技术有效利用了空间，增大了储弹量，可根据具体应用情况对导弹数量进行灵活配置。垂直发射击系统采用模块化结构，发射装置结构简单，垂直发射可有效消除上层建筑盲区，实现全方位发射，可靠性大大增强，易于实现标准化、通用化、系统化。

（3）洲际弹道导弹：洲际弹道导弹通常指射程大于 8 000 km 的导弹，其构成主要为液体或固体推进装置、二级或多级助推火箭、惯性制导系统、一个或多个载入飞行器。

推进装置是其重要的核心部件之一，因为只有多级推进装置才能使有效载荷达到洲际射程。推进器主要有液体燃料推进器和固体燃料推进器两类。如今多数推进装置使用固体燃料推进器，固体燃料可以在弹体中存放较长时间，稳定性高。而早期使用的液体燃料因其性质不太稳定且有一定的腐蚀性，无法长时间储存在弹体中，当需要发射导弹时，需先注入燃料且注入燃料时间长，影响导弹反应时间，因此目前大多数国家都以固态燃料作为推进器的动力来源。

先进的火箭发射系统是一种可实现载人垂直起飞、水平着陆的两级航天运输系统，根据上面级系统作用可以分为两大类：一类是带翼的，用于载人，可重复使用；另一类用于运送大型有效载荷。可重复使用的上面级又称轨道器，全部使用液氢、液氧推进剂，主要用于空间站和共轨平台进行日常补给、设备更换及回收专门有效载荷；而大型有效载荷不需要回收，可采用较为廉价的上面级。

（1）载人登月技术：2004 年 1 月，美国发布了新一期太空探测蓝图。该蓝图中重新提出返回月球、登陆火星的太空探测新构想，由此开启了新一轮的技术创新、太空发现之旅。此外，欧洲太空局也提出了曙光太空探索计划，明确了太空探索时间表[6]。

（2）可重复使用运载器技术：可重复使用运载器是指能够重复使用的、往返于地球和太空的航天运输系统，该系统要求航天运载器使用的液体火箭发动机具备可重复使用的功能。可重复使用运载器结构可以是一级的，也可以是二级的。

（3）大推力火箭发动机技术：与国外火箭发动机技术相比，中国的液体火箭发动机推力低一个数量级，因此发展大推力液体火箭发动机是中国发展新一代火箭的基础。固体火箭发动机以动力较高、可靠性高、使用维护简单、研制成本低等优点在国外航天运输系统中得到广泛运用。从航天设备的发展及中国运载火箭的发展趋势来看，大吨位固体火箭发动机将是中国火箭发动机发展的一个方向。

8.2　卫星制造技术

卫星制造是卫星互联网产业链中的利润环节，主要包括卫星平台及整星研制、有效载荷研制两部分。卫星制造环节根据完成功能不同，可以分为卫星通用平台系统技术和有效载荷系统技术两种。

8.2.1　卫星通用平台系统技术

卫星通用平台系统是为保障载荷正常工作而为其服务的系统，一般包括结构分系统、电源分系统、姿态及轨道控制分系统、推进分系统、遥测及指令分系统、温控分系统等。

1．电源分系统

卫星电源分系统为整星提供稳定的能量来源，主要由电源、电源控制设备、电源变换器和电缆线网四部分组成。

电源根据能源产生形式的差异，分为化学原电池-蓄电池电源、氢氧燃料电池电源、太阳电池阵-蓄电池组电源及核电源四种。目前，全球大部分卫星都以太阳能电池阵-蓄电池组电源作为系统电源。三价砷化镓太阳电池以其转换效率高、单位面积功率高、耐辐照高等性能优势，成为我国卫星中太阳电池的主流产品；锂离子蓄电池以其比能量高、无记忆效应等突出优点，成为储能装置的重要发展趋势。

电源控制器是卫星电源分系统的控制核心，其设计水平直接决定了电源分系统的工作效率。电源控制器的主要功能是协调太阳电池阵或锂电池组的能量传输及载荷的功率平衡。在卫星日常作业过程中，除天然辐照、热应力、原子氧影响外，电源工作条件变化、负载变化及性能衰减等会导致输出功率或电压发生变化，相应的稳压及功率调节措施是保障载荷系统稳定工作的重要前提。

2. 姿态及轨道控制分系统

姿态及轨道控制分系统控制卫星飞行角度及空间位置[7]。

依据是否具有专门控制力矩和姿态测量的装置，卫星的姿态及轨道控制分系统可分为被动姿态控制和主动姿态控制两类。其中，利用飞行器自身动力特性和环境力矩来控制姿态的方法称为被动姿态控制；根据姿态误差（测量值与标称值之差）形成控制指令，产生力矩来控制姿态的方法称为主动姿态控制。

3. 结构分系统

卫星本体、支撑卫星各分系统及有效载荷的骨架，直接决定了卫星平台的空间适应能力。结构分系统由主结构（承力筒、承力构架等）、次结构（仪器设备支撑连接结构、电缆及管路支撑连接结构等）及特殊功能结构（机构部件、返回防热结构、密封舱体等）构成。

4. 推进分系统

推进分系统是卫星的动力装置，依靠反作用原理为卫星提供推力。根据推力产生方式的不同，推进分系统主要有化学推进及电推进两种方式。

5. 遥测及指令分系统

遥测及指令分系统的主要任务是向地面站传送卫星平台及系统的工况，并接收、执行地面站发来的控制信号。其中，遥测信号主要包括电压、电流、温度及控制用的气体压力等信号；指令主要指地面站发射的控制卫星设备产生动作、保证卫星正常工作的运行策略。

6. 温控分系统

温控分系统是控制卫星内、外部环境热交换，以平衡卫星温度的重要装置。卫星内部温度过高会影响设备性能及寿命，甚至引发故障；卫星内外温差过大，会影响天线指向及传感器精度。温控分系统有被动式温控和主动式温控两种模式。

8.2.2 有效载荷系统技术

有效载荷系统技术是实现卫星互联网功能的结构单元,低轨道通信卫星的有效载荷分系统主要由天线系统和有效载荷通信转发器系统两部分组成。

1. 卫星天线技术

卫星天线系统是卫星信号的输入和输出设备。卫星天线经历了从简单天线(标准圆或椭圆波束)、赋形天线(多馈源波束赋形或反射器赋形)到多波束天线(大型可展开天线或相控阵天线)的发展历程。卫星距离地面较远,为满足多波段、大容量、高功率需求,其天线有较高的增益要求。

2. 有效载荷通信转发器技术

有效载荷通信转发器有透明转发和处理转发两种基本类型。透明转发器由分路器及低噪声放大器构成,不含星上处理器,没有信号处理功能,主要用于窄带移动卫星。处理转发器主要包含微波接收机、功率放大器及输入/输出多工器,且含有星上处理器,在高通量卫星中被广泛采用[8]。

8.3 卫星互联网接入技术

卫星互联网的场景由多颗卫星组成的卫星星座、分布在地球表面的物联网终端和地面信关站组成。其中,物联网终端用来对周围的信息进行感知和收集,并将采集得到的数据通过卫星转发给地面站进行后期的一系列处理。这些终端业务的特点是数据量比较小、传输速率较低、传输占空比小且具有突发性。

按照资源分配方式不同,传统的多址接入协议可分为固定分配和按需分配两种。固定分配是指将资源预先分配给各个用户,按照预定的时隙/频率直接发送数据,主要包括时分多址(Time Division Multiple Access,TDMA)、频分多址(Frequency Division Multiple Access,FDMA)和码分多址(Code Division Multiple Access,CDMA)多种形式,这几种形式的具体内容在后面卫星应用技术中会有详细介绍。按需分配是指按照用户对资源的不同需求,对资源进行动态分配。

TDMA 和 FDMA 的信道利用率较高,适用于中、大容量,实时或比特率恒定的业务。实际上,卫星互联网的业务具有突发性和随机性,且数据量较小,使用这两种接入方式会造成资源的浪费。CDMA 接入更加灵活且不需要系统进行时间同步，但因为有远近效应，所以需要严格功率限制。卫星互联网采用严格的闭环功率控制会引入额外的浪费，但在面对卫星互联网频繁请求突发业务时，由于数据传输的占空比较小，会降低工作效率。卫星互联网通过卫星中转进行通信，由于距离原因，系统的通信时延会较大，特别是宽带比较窄的卫星互联网系统，无法满足语音通信和视频聊天等对实时性要求较高的业务需求。综上可以看出，传统的固定分配方式不适用于卫星物联网，而无须太多信令交互，基于 TDMA 的按需分配方式比较适合卫星互联网。

8.3.1　同步类随机多址接入

多址接入是两个或多个用户利用同一个传播信道同时通信的信号传输方式，更准确地说，是无线通信系统中上行链路的传输方式。ALOHA 技术作为一种常见的数据网络通信接入技术，已经在卫星系统中得到了广泛应用。下面简要介绍 ALOHA 技术。

1. 时隙 ALOHA 协议

在时隙 ALOHA 协议中，时间轴被划分成为若干个时隙，终端只能在规定的时隙内发送数据包，有效避免了部分碰撞。

时隙的规定有效限制了终端发送数据包的随意性，降低了数据包冲突的概率。从图 8-5 中可以看出，时隙 1 中的数据包被成功接收；在时隙 2 中，终端 2 和终端 3 发送的数据包发生了碰撞。ALOHA 协议采用确认机制检查每个终端的数据是否被成功接收，如果有哪个终端的数据包发送失败，为了避免数据之间的再次碰撞，一段时间后终端会随机重新发送数据包[9]。

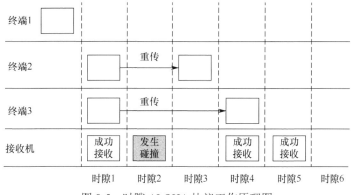

图 8-5　时隙 ALOHA 协议工作原理图

2. 冲突解决分集时隙 ALOHA 协议

ALOHA 协议上衍生出时隙 ALOHA 和分集时隙 ALOHA 协议，但这两种协议的总体吞吐量还是比较小，Enrico 等人进一步提出一种冲突解决分集时隙 ALOHA 协议，在传统 ALOHA 协议的基础上，引入了连续迭代干扰消除技术，用于恢复发生冲突的数据包，从而增加系统的吞吐量。具体来说，每个数据终端都在一个数据帧内随机选择两个时隙发送数据包，这两个数据包所包含的信息相同，并且每个副本的有效信息载荷都包含着另一个副本的位置信息（所在时隙位置）。接收端会对时隙上所有的数据包进行译码，如果译码成功则认为没有发生数据包碰撞，并将数据包接收，再根据未发生碰撞数据包的有效载荷找到其副本位置，消除副本引入的干扰，具体机制如图 8-6 所示。

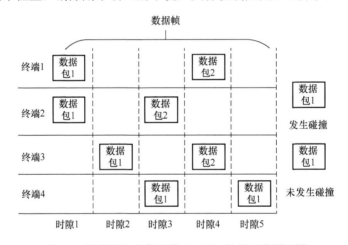

图 8-6　冲突解决分集时隙 ALOHA 协议工作原理图

3. IRSA 协议

IRSA 协议可以认为是在冲突解决分集时隙协议基础上的改进版，即每个数据包的重复发送次数都由用户终端根据概率分布进行选择，整个系统的吞吐量取决于此概率分布。

其中，干扰消除过程如图 8-7 所示。

图 8-7（a）：终端 B1 将同一个数据包分别在时隙 S1、S2 各发送了一次，节点 B1 的度为 2（度定义终端在几个时隙发送数据包）。

图 8-7（b）：由于时隙 S2 只有一个数据包发送，所以可以成功译码，将

S2、B2 之间标为 1，并找到副本，即 B2 发送给 S1 的数据包消除并标记为 1。

图 8-7（c）：经过第一次迭代后，由于时隙 S1 只有一个数据包发送，所以可以成功译码出 S1 和 B1 之间的数据包，同时消除副本在 S3 上的干扰。

图 8-7（d）：由于消除了之前的副本干扰，所以时隙 3 上只有一个数据包，可以成功译码，并消除其副本干扰。

图 8-7（e）：最后只有终端 B4 在时隙 S4 中发送的数据包，所以可以被成功译码。

图 8-7（f）：数据包被成功编译后，整个系统的吞吐量降为零。

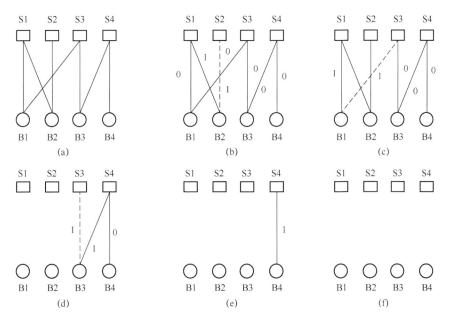

图 8-7　IRSA 工作原理图

8.3.2　异步类随机多址接入

多址接入方法可解决多个节点或用户如何快速、高效、公平、可靠地共享信道资源的问题。异步码分多址方式又称随机接入多址方式，不同用户地址码在接收点不要求保持同步关系。异步码分多址系统是采用异步码分多址接入方式的系统。

1. 异步冲突解决分集 ALOHA 协议

对于时隙的随机接入协议，用已经给定的接收器的时间线来定义时隙和帧边界，采用时隙同步机制来控制每个发射机时隙的序列，使其在预期时隙的边界内到达接收机。但是，异步冲突解决分集 ALOHA 协议并没有参考集中式网管解调器的时间线全局定义时隙和帧边界；相反，仅在终端本地定义了时隙和帧边界，各终端之间是完全异步的。异步冲突解决分集 ALOHA 协议将终端本地的时隙和帧定义为虚拟时隙和虚拟帧。异步冲突解决分集 ALOHA 协议的工作原理如图 8-8 所示。各个终端没有进行时间上的同步，因此图中的虚拟帧 VF（1）、VF（2）、VF（3）在时间上的偏移是任意的。针对某一终端，VF 将以随机时间偏移开始，该随机时间偏移通常由随机接入拥塞控制机制确定。在发射终端处，异步冲突解决分集 ALOHA 协议与冲突解决分集时隙 ALOHA 协议的工作机制基本类似，其中异步冲突解决分集 ALOHA 协议也要将数据包副本位置信息进行一同编码，但和冲突解决分集时隙 ALOHA 协议不同的是，此时的位置信息是副本之间的虚拟时隙偏移个数。异步冲突解决分集 ALOHA 协议主要采用连续迭代干扰消除技术，用于恢复发生碰撞的数据包。

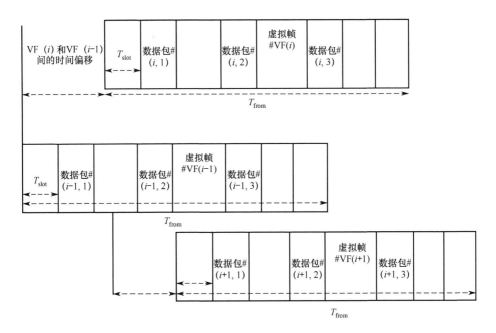

图 8-8　冲突解决分集 ALOHA 协议的工作原理

2. 扩频 ALOHA 协议

因为时隙类 ALOHA 协议是要求终端和卫星进行时间同步的,但是扩频类 ALOHA 协议并没有这个要求,从这点来分析,扩频 ALOHA 协议可以说是异步的(并不是所有扩频系统均是异步的)[10]。扩频技术具备较强的隐蔽性和抗干扰性,扩频 ALOHA 协议可以被看成 CDMA 协议的简化版本,但与 CDMA 协议不同的是,它无须为不同的用户分配不同的扩频码。典型的扩频 ALOHA 协议原理如图 8-9 所示。典型的扩频 ALOHA 协议将要传输的每个比特数据都先进行扩展,再进行传输。扩频 ALOHA 协议利用了扩频码的自相关特性,其在卫星数据传输过程中的机理可以描述为:接收卫星采用匹配滤波器结构的接收机,如果信道中只有一个分组,则匹配滤波器结构的接收机输出分组的相关峰波形;如果信道中有两个时刻存在偏差分组,并且偏差为 d 时,则对应的接收机输出两个分组的相关峰波形,且这两个分组相关峰的时间偏差为 d,再根据同一个分组内相关峰之间的时间间隔具有固定性的特点,分离出不同的用户组;依此类推,则可实现信道中存在多个分组的情况。

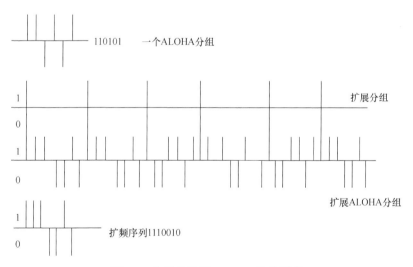

图 8-9 典型的扩频 ALOHA 协议原理

扩频 ALOHA 协议具有复杂度低、吞吐率高的特点,在卫星系统中具有较多应用场景。同时,扩频 ALOHA 协议不需要全网同步,有较好的抗干扰能力和抗多径衰落性能。

8.3.3　卫星互联网接入技术发展方向

在当前卫星互联网接入技术的发展过程中，大多采用性能较好的分时隙随机接入技术，同时利用串行干扰消除技术来解决数据包冲突的问题。首先，这种方式最终接入性能的优劣大都是受限于一帧中时隙的数目；其次，这类利用时隙同步的随机接入技术跟异步接入方式相比，需要更多同步所需要的信令和功率开销，所以异步接入机制更适用于卫星互联网系统。因此，未来可以在异步冲突解决分集 ALOHA 协议和扩频 ALOHA 等协议基础上进一步研究卫星互联网终端的异步随机接入策略，包括卫星网络中对于碰撞容忍技术的设计思路，利用波束域、能量域的针对性设计解决卫星网络中串行干扰消除技术的分离条件问题等，将碰撞容忍的异步随机接入技术真正引入卫星互联网应用系统。

8.4　卫星互联网空间组网技术

低轨道卫星互联网网络涉及的卫星数量较多，通常以星座组网的形式出现。卫星之间使用星际链路相互连接，且每颗卫星都与地球具有一定的相对速度，因此需要重点研究其组网技术[11]。

早在 2000 年，NASA 已经在满足国际空间站空间观测高速数据传输要求的前提下，开展长期空间观测任务的宽带通信架构研究，用来降低星际链路建设成本；进一步整合现有技术和网络设备，建设支持现有地面网络的卫星互联网宽带通信网络，其空间基本构架如图 8-10 所示。

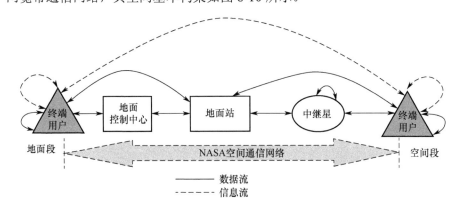

图 8-10　NASA 空间通信网络基本架构

8.4.1　分布式空间系统组网技术

随着空间卫星技术的发展，分布式卫星系统得到了迅速发展与应用。分布式卫星系统主要包括 GPS、"铱星"等星座系统、地球重力场恢复与气候试验卫星、三维定位系统等编队系统和分离卫星航天器系统等。

目前，对于分布式空间系统的定义、概念存在一定争议，尚未形成一致认识。尤其在美国 F6 计划提出以后，一些新概念不断衍生并被提出，如星群、卫星异构、通用或标准卫星、卫星集群及分布式集群空间飞行器系统等概念。

但是，上述具有不同概念的分布式卫星系统，都具备星间数据交互的共同特点，且均提出星间组网技术是分布式卫星系统的关键技术。根据不同的技术特点，分布式卫星系统间的星间组网方式主要分为可预测类和自组织类两种[12]。

1. 可预测类组网技术

目前可预测类星间组网方式已实现在轨应用，典型的卫星系统，有"铱星"系统、"北斗"二代导航系统等。以"铱星"星座（如图 8-11 所示）为例，通过 66 颗卫星的极轨 π 形 Walker 星座实现全覆盖全球移动通信。在该星座中，采取空间上轨道面均匀分布、轨道面上卫星也均匀分布的布置形式，相邻轨道之间的卫星相位差也通过系统设计保持一定。

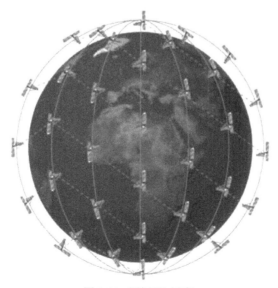

图 8-11　"铱星"星座

在"铱星"星座中，每颗卫星都具有 4 条固定连接的星间链路，主要包括同一个轨道面上的两条星间链路和相邻轨道面的两条星间链路[13]。同一个轨道面上的两条星间链路永久保持连接；指向相邻轨道面的两条星间链路周期性切换，切换时间表提前根据星历计算上传到控制系统。该系统具有高度确定的拓扑关系。"铱星"星座可以采用较小波束的 Ka 频段链路实现较高速率的星间数据传输，并大大降低链路切换带来的通信影响。

"铱星"星座系统具有星间链路数量确定，不支持链路数量增加；卫星之间连接拓扑关系确定，不支持拓扑连接动态变化的主要技术特点。

早期关于星间组网技术的研究，以星座组网应用为背景的居多。目前，由于小卫星及编队飞行应用需求迅速增加，以小卫星编队、集群为背景的星座组网技术成为研究热点。

1）星座系统星间组网技术

关于星座系统星间组网技术的研究开展得较早。根据应用需求与系统特点，该技术领域的研究以网络层技术为主，物理层和链路层一般采用较为成熟的现有技术，具体研究情况如下。

（1）星间微波链路技术

在分布式卫星系统中，星间链路的设计以实现定向星间通信为目的。星间链路一般采用频分双工模式以实现双向通信，其中要求天线系统具备指向跟踪能力，天线数量根据星间链路建立需求数量确定。星间微波链路技术相对比较成熟，已在较多系统中应用。

"铱星"在运行轨道的前后、左右方向各配置有一个天线系统。其中运行轨道左右方向的天线采用相控阵天线产生一个点波束，与相邻轨道卫星天线波束对准；在同步轨道，星间链路一般采用抛物面天线产生波束，一旦与相邻卫星星间天线对准，就保持天线指向固定。

目前，星间微波链路普遍采用 Ka 频段，后续将向更高频段、更精确指向的技术方向发展。其中，V 频段将是未来星间频段发展的重点。

（2）星间激光通信技术

星间激光通信是未来星间技术发展的重要方向。作为一个相对独立的技术方向，激光通信技术的研究主要集中在激光链路跟瞄技术、光调制解调技术和光中继等技术方向。

基于高性能激光链路技术，构建高速安全的数据传输系统，可为不同轨道、不同功能的卫星和航天器提供高速率、大容量、无缝隙的数据中继服务，在军民领域具有广泛的应用前景。

星间激光链路数据中继技术与微波链路相比具有传输速率高、可靠性高、抗电磁干扰能力强等优点。因此，结合数据中继卫星系统发展现状与卫星互联网系统对新一代大流量、低时延、高安全数据中继传输技术的需求，建设基于高性能激光链路技术的数据中继卫星系统具有广泛的应用前景，研究星间激光链路数据中继技术具有重要的战略意义[14]。

① 转型卫星系统。美国国防部规划的转型卫星系统 TSAT（如图 8-12 所示）是一个相对保守的卫星系统。转型卫星系统整合静止轨道卫星系统、光学中继卫星系统、高级极轨卫星通信及数据中继系统为一体，能够对南北纬 65°之间区域提供连续覆盖的新一代宽带卫星服务。

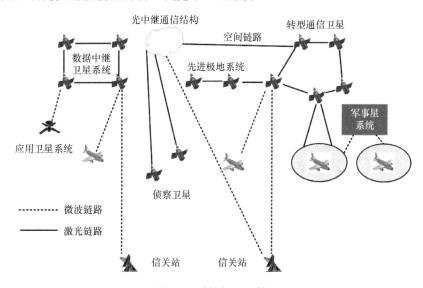

图 8-12 转型卫星系统

转型卫星系统的空间段主要由 5 颗卫星组成，该系统星间通信以激光链路为主。该系统较微波系统大幅提高了带宽，可提供 20～50 路高速激光链路，使卫星与航天器间的数据传输速率达到 6 Gbps，星间激光链路传输速率可达10～40 Gbps。

② Alpha 星系统。Alpha 星是在 2012 年发射的高轨道地球卫星，定轨在东经 25°，为欧洲、非洲、亚洲等地用户提供数据转发业务。与欧洲半导体激光星间链路试验系统类似，低轨道卫星将对地观测数据通过激光链路传输到高轨道卫星，高轨道卫星通过 Ka 频段微波链路将数据传回地面，高轨道卫星最大下行速率达 600 Mbps。Alpha 星主要通过高速激光通信为低轨道与高轨道卫星提供高速数据中继服务，支持 45 000 km 距离的 2.5 Gbps 的数据传输[15]。

③ 欧洲数据中继卫星系统。欧洲数据中继卫星系统空间段由 3 颗高轨道卫星组成，卫星之间采用激光链路互联，如图 8-13 所示。该系统可覆盖全球，面向应用端直接提供数据中继服务，具备星间激光链路组网的雏形。

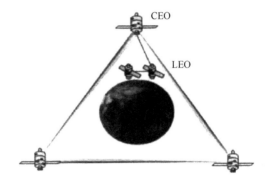

图 8-13　欧洲数据中继卫星系统空间段示意图

欧洲数据中继卫星系统地面段主要包括卫星控制中心、地面站和任务与运行中心三部分。目前，欧洲数据中继卫星系统的主要任务是为欧洲"全球环境和安全监视"计划提供数据中继服务。

在欧洲数据中继卫星系统星座中，数据从低轨道卫星通过激光链路传到高轨道卫星，再从高轨道卫星通过微波链路传回地面。该系统能够提供低轨道与高轨道卫星之间 1.8 Gbps 的激光双向链路，同时为"哨兵"系列卫星提供 600 Mbps 的 Ka 频段双向链路及高轨道卫星与地面之间 600 Mbps 的微波链路。

④ 下一代数据中继卫星系统。通过数据中继卫星可灵活拓展业务，构建新一代数据中继卫星对人类航空活动具有重要作用，建立星间激光链路是提高数据中继卫星传输容量的最有效方法。

为了满足高分辨率对地观测卫星大量数据传输的需求，日本率先提出了基于星间激光链路的下一代数据中继卫星系统。激光链路主要用于对地观测低轨道卫星与数据中继高轨道卫星之间的信息传递。

（3）数据链路层协议设计技术

由于现有的在轨卫星星座系统星间拓扑关系是确定的，所以这类系统的星间链路一般采用比较成熟的，以点对点链路传输协议（比如异步传输模式链路层协议、高级数据链路控制链路层协议）为基础改进而来的各种专用协议。比如，"铱星"星间链路协议主要由摩托罗拉公司基于异步传输模式链路层协议技术改进设计而来。

2）卫星编队星间组网技术

卫星编队的星间通信类似于无线局域网内部通信，没有复杂的中转、路由等网络控制环节，仅涉及数据链路层和物理层两级协议。

卫星编队的最大特征为对地面站的自主性和信息共享性，因此编队内卫星间必须建立可靠的通信链路。目前关于星间通信链路的研究大部分集中在对链路层与应用层技术的探讨；从减轻地面站测控负担和实现小卫星自主导航的角度出发，编队内小卫星间的准确测距也非常重要。

高级数据链路控制协议（High-level Date Link Control Protocol，HDLC）是一种数据链路层协议。该协议主要用于执行同步或异步的无加密数据传输，被广泛用于高比特率、大范围点对点情景，如地面–空间卫星系统、多路复用交换网络系统等。该协议不是为无线和星间链路而设计的，该协议不能对执行不同任务、不同星群间的卫星实现功能互联，因此不符合动态组网条件。

CCSDS Proximity-1 协议是一种专门为近距离、低功耗的空间链路而设计的链路层协议，主要面向距离近、位置固定单元间的无线通信，其链路具有时延低、强度信号中等、对话简短独立的特征。该协议主要用于固定探测器、星球着陆器、在轨星座等之间的通信。

2. 自组织类组网技术

自组织类组网技术主要用在空间网络拓扑高度动态变化、系统结构与数量不确定的分布式空间卫星网络系统中。这类系统主要包括卫星编队中松散的星群、美国 F6 计划的分散式卫星系统、大规模异构星群或联合式卫星系统。

这类系统主要具有以下特点：系统支持节点数量变化和星间链路数量的变化，卫星间拓扑关系高度动态；系统内单星组网的空间尺度较小，可通过组网构建较大尺度的组网。这类系统的星间通信目标是构建自组织、自适应、智能化的自组织星间空间网络，要求该网络可动态适应卫星数量变化、编队构型变化。

自组织星间空间网络技术适应不同的空间应用场景和高度动态的环境，应用范围较广。根据应用场景与系统结构的不同，自组织星间空间网络技术涉及的组网类型主要有 Ad hoc 网络、空间传感器网络和空间网格网络等。

1）Ad hoc 网络

Ad hoc 网络具有无中心和自组织性、网络拓扑动态变化、传输带宽有限、路由多跳、能量受限和安全性较差等特点，因此主要用于非精密编队的星群系统和联合式卫星系统[16]。

Ad hoc 网络是一个不需要基础设施的对等网络架构，通过多节点的星间多跳链接，可构建基于 Ad hoc 网络架构的大尺度空间组网。Ad hoc 网络中的节点可随意接入和退出，提高了网络系统的灵活性，同时也增加了网络系统信息安全的不确定性。因此，Ad hoc 组网技术在联合式卫星系统中有较大的应用潜力。

2）空间传感器网络

空间传感器网络主要以数据交互传输为业务，网络资源与路由完全用于保障数据向用户的传输。

由 NASA 提出的"爱迪生小卫星"系统是典型的空间传感器网络，该系统计划发射 8 颗 1.5U 的立方体卫星，主要用于完成以空间环境辐射变化探测为主要目的的小卫星组网技术验证。该系统中主要包含 1 颗主卫星和 7 颗子卫星，7 颗子卫星进行空间辐射环境探测，并将探测数据汇集到主卫星，主卫星将探测数据传输到地面终端。空间传感器网络技术以数据为中心，动态拓扑结构多变，其网络结构如图 8-14 所示。

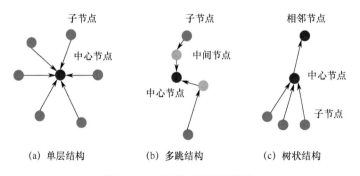

(a) 单层结构   (b) 多跳结构   (c) 树状结构

图 8-14　空间传感器网络结构

3）空间网格网络

美国 F6 卫星系统同时具有星内网络系统与星间网络系统，是一种典型的分散式卫星系统。网络结构中有网络节点作为基础设施，因此该系统属于网格网络。网格网络支持 Ad hoc 网络，具有自形成、自恢复和自组织特点，在节点失效时，其部分功能可由其他模块替代。网格网络中的路由器没有移动性，可以完成复杂的路由和配置，大大减小网格终端和客户端的负载。在典型 F6 系统（如图 8-15 所示）中，部分节点作为网络基础节点负责主要的路由与信令，为次一级的网络节点提供服务。

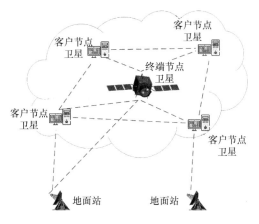

图 8-15 典型空间网格网络拓扑

目前关于空间网格网络技术的研究情况大致可以归纳为以下三个方面。

（1）物理层技术：射频和激光是轨道间通信链路的两种基本通信介质。与射频链路相比，激光链路具有较高的传输速率和较低的功率，但是对于高速运动的低轨道卫星来说，波束的获取跟踪特别困难。因此，在网络拓扑结构高度动态变化的自组织空间网络中一般采用射频链路技术。

超宽带链路技术具有速率高、多址接入灵活、抗多径干扰、定位精度高等优点，是一种有效可行的链路选择方案，可以满足低轨道卫星编队星间链路的要求。以美国 F6 卫星系统为应用背景，星间通信链路采用宽带直序扩频技术，码速率为 25 Mbps。部分研究者提出以标准的通信技术作为星间链路物理层技术，如无线局域网技术、蓝牙技术等，但以上技术均未得到在轨应用与验证。

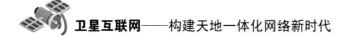

目前，大部分研究人员采用射频链路模型开展链路层、网络层技术研究。卫星编队模型内星间通信链路可达，研究过程中未考虑编队构型、天线覆盖、平台安装等工程问题对链路通信的影响。

（2）链路层技术：主要用于解决卫星间共享链路的问题，是星间链路技术研究的重点。链路层技术（Multiple Access Control Protocol，MAC 协议）决定了星间组网的动态性、自组织适应能力等关键性能，是自组织类组网的关键与难点技术。根据不同场景，MAC 协议主要分为竞争类、非竞争类和混合类三种。

（3）网络层技术：主要用于解决星间网络内卫星路由选路问题。随着卫星互联网技术的发展，卫星编队内卫星规模与数量不断增加，网络复杂度逐渐增高，合适的路由算法十分重要，而目前对于卫星编队内星间网络路由技术的研究较少。

8.4.2　空间组网形式

目前主流的低轨道卫星组网形式主要有星形组网和网状组网两种。

星形组网形式又称天星地网模式[17]，在此种模式架构下，卫星间不设星间链路。卫星连接用户终端与网关总站，网关总站接入地面网络，借助全球分布的地面站系统实现全球网络互联服务，因此用户终端之间的通信方式可表述为：用户—卫星—总站—卫星—用户模式。

网状组网形式又称天星天网模式，在此种模式架构下，卫星作为网络传输节点。卫星间架设星间链路，用户可以直接接入卫星互联网络，而无须经过地面网络系统。其优势在于系统可减少对地面网络的依赖，可灵活进行路由选择及网络管理，地面站数目更少且无须在他国部署地面站，因此地面段的复杂度及投资成本明显较低。但是设置星间链路的设计难度较大，星间链路天线指向控制技术及子网络的路由选择为主要技术难题。相比星形组网，网状组网缩短了传输时延，但同时提高了对用户终端的设备要求。用户终端之间的通信方式可以表述为：用户—卫星—用户模式。

在各国的卫星星座组网计划中，"星链"、OneWeb、O3b、Telesat 卫星系统为典型代表，见表 8-1。

表 8-1　典型星座对比

星座名称	卫星数量/颗	轨道高度/km	轨道类型	频段	接入速率	时延/ms	星间链路
OneWeb	720	1 200	LEO	Ku/Ka	50 Mbps	20～30	否
O3b	42	8 062	MEO	Ka	最高 500 Mbps	约 150	否
星链	11 927	550 1 110～1 325 335～345	LEO	Ku/Ka/V	最高 1 Gbps	约 15	是
Telesat	117	1 000（极地） 1 248（倾斜）	LEO	Ka	100 Mbps	30～50	是

8.4.3　星间链路技术

星间链路是指卫星之间建立的数据交互通信链路，也称星际链路或交叉链路。通过星间链路将多颗卫星互联可实现卫星之间的信息交互，形成一个以卫星作为数据交换节点的空间网络系统[18]。

该系统减少了地面信关站的数量，降低了对地面网络系统的依赖，构成相对独立的星座系统或数据中继系统。同时该系统扩大了覆盖区域，可实现全球覆盖，但是通信信号在星间传输时，会产生由于大气层阻挡和降雨等而导致的衰减。

目前，"星链"、LeoSat、Telesat、O3b、OneWeb、"铱星"和"全球星"等中低轨道星座项目纷纷建立。截至 2020 年年底，高通量中低轨道卫星的通信容量，已达到 5 Tbps，随着高宽带、大容量星座的建成，通信能力将进一步增加到 40 Tbps 以上。

近些年，在低轨道卫星星座的推动下，星间链路成为研究热点。在上述中低轨道卫星星座中，美国的"星链"星座、LeoSat 星座和加拿大的 Telesat 星座都将采用激光星间链路建立空间激光骨干网，以实现空间组网，达到网络优化管理及服务连续性的目标；美国的"铱星"星座则设置了 Ka 频段星间微波链路；O3b、OneWeb 和"全球星"星座未设置星间链路。

1. 星间链路分类

按照卫星所在轨道，星间链路可分为同轨道面卫星（如高轨/高轨等）的星间链路和异轨道面卫星（如高轨/低轨等）的星间链路两大类。

以"铱星"星座为例，每颗卫星都有 4 条（低轨/低轨）星间链路。其中 2 条是同轨道面内相邻卫星间建立的相对固定的星间链路（如图 8-17 中的 1 号卫星与 2、3 号卫星）；另 2 条是与邻近异轨道面内 2 颗卫星建立的可动波束星间链路（如图 8-16 中的 1 号卫星与 4、5 号卫星）。为了降低星间链路设计的难度，星间链路的数量具有一定限制，因此 1 号卫星与相邻异轨道面上的 6 号和 7 号卫星之间并没有星间链路[19]。

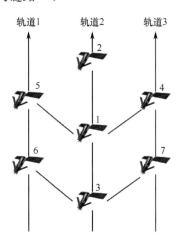

图 8-16   "铱星"星座的星间链路示意图

同轨道面内卫星具有固定的相对位置，因此同轨道面内星间链路容易保持；异轨道面内卫星之间的相对位置不断变化（如链路距离、方位角和俯仰角等），因此卫星天线系统需要有一定的自跟踪能力，星间链路很难维持，以低轨道卫星系统"铱星"星座为例，每 250 s 就需要切换星间链路。

星间链路除按照轨道层面划分外，还可以按照通信链路的工作频段划分，主要分为微波链路（Ka 频段）、毫米波链路（部分 Ka 频段和 Q/V 频段等）、太赫兹链路（太赫兹频段）和激光链路等。

星间链路可采用的频率划分如表 8-2 所示。按通信频率主要可分为窄带低速链路和宽带大容量链路两类。

表 8-2   星间链路工作频率

种　　类	频率或波长范围	备　　注
微波	22.55～23.55 GHz	可用带宽 1 000 MHz
	24.45～24.75 GHz	可用带宽 300 MHz
	25.25～27.50 GHz	可用带宽 2 250 MHz

（续表）

种　　类	频率或波长范围	备　　注
毫米波	32～33 GHz	可用带宽 1 000 MHz
	54.25～58.20 GHz	可用带宽 3 950 MHz
	59～64 GHz	可用带宽 5 000 MHz
	65～71 GHz	可用带宽 6 000 MHz
	116～134 GHz	可用带宽 18 000 MHz
	170～182 GHz	可用带宽 12 000 MHz
	185～190 GHz	可用带宽 5 000 MHz
太赫兹波	0.3～30 THz	待规划
激光	10.6μm	CO_2 激光器
	1.06 μm	Nd:YAG 激光器
	0.532 μm	Nd:YAG 激光器
	0.8～0.9 μm	AlGaAs 激光器

星间微波/毫米波链路系统具有可靠性高、波束较宽、跟瞄容易等优势，技术相对较为成熟。星间激光链路系统具有频带宽，链路通信容量大，设备功耗、质量、体积较小，波束发散角较小，抗干扰和抗截获性能好的优势，但激光链路技术的主要缺点是瞄准、捕获、跟踪系统较为复杂。因此，跟踪技术是星间激光链路的关键技术之一。

太赫兹波的频率介于毫米波和激光之间，因此星间太赫兹链路可兼具毫米波链路和激光链路的优势。与毫米波链路相比，星间太赫兹链路通信容量更大，传输速率可达 10 Gbps 以上；波束更窄，方向性更好；同时太赫兹波可被大气层吸收，具有更好的保密性；设备质量和体积等更小。与激光链路相比，星间太赫兹波通信能量效率更高；具有更好的穿透能力，在相对恶劣的天气情况下具有一定技术优势。

2．星间链路频段的选择

在实际工作中，常用的频段名称和划分方法见表 8-3。

表 8-3　常用的频段名称和划分方法

名　　称	频率范围/MHz	名　　称	频率范围/GHz
P 频段	225～390	Ku 频段	12.5～18
L 频段	390～1 550	K 频段	18～26.5
S 频段	1 550～3 400	Ka 频段	26.5～36
C 频段	3 400～8 000	Q 频段	36～46
X 频段	7 925～12 500	V 频段	46～56

星间链路不受大气层的阻挡，无线电通信频率的选择范围较大，因此星间链路频率的选择主要考虑星间链路与地面、邻近卫星无线电系统之间的相互干扰作用，考虑链路传播损耗、卫星姿态控制和天线定向是否容易实现等因素[20]。

一般来讲，星间链路主要采用微波和毫米波频段，如在美国的跟踪与数据中继卫星系统中，星间链路主要采用 S、Ku、Ka 频段，传输速率达 650 Mbps。L、S 频段一般用于中、低速率的星间数据传输链路；与 L、S 频段相比，C 频段的可用带宽较宽，工作频段较高，天线尺寸小。由于空间中 C 频段开发较早，大多数卫星网络都工作在 C 频段。目前该频段内可用带宽不足。

因此，从信道可用带宽或系统容量考虑，星间链路频率越高越好。与 C 频段相比，Ka 频段具有带宽大、天线小型化、缓解卫星拥挤问题等方面的优点。

8.5　卫星应用技术

卫星行业的应用技术主要有三类：卫星通信技术、卫星导航技术和卫星遥感技术。这些技术将使人类快速地获取地球表面物体随时间变化的几何和物理信息，了解地球表面的各种现象及其变化，从而指导人们合理地利用和开发资源，有效地保护和改善环境，积极地防治和抵御各种自然灾害，不断地改善人类生存和生活的环境质量，达到经济腾飞和社会可持续发展的双重目的。

8.5.1　卫星通信技术

卫星通信技术是利用人造卫星作为中继站，在地球上（包括陆、海、空和天）的无线电通信站之间建立微波通信链路，是地面段微波通信的继承和发展。

近年来，低轨道卫星通信技术由于其具有覆盖区域大、信道容量大，并具有多址连接能力等优点，已成为实现海、陆、空天全覆盖、远距离通信的重要技术手段。其中，卫星网络系统所涉及的技术体系主要有多址接入技术、天线技术、抗干扰技术、调制技术、编码技术和控制技术等。

1. 卫星通信多址接入技术

卫星通信多址技术又称多址接入技术，是卫星无线通信的核心技术之一。

多址接入技术的主要任务是将有限的卫星资源（时间、频谱、计算存储空间等）进行合理划分，统筹资源以便于卫星通信覆盖区域内多任务终端实现资源共享[21]。

卫星通信多址技术主要通过基于信号正交分割原理的通信信道复用技术实现。目前，根据信道复用方式的不同维度，卫星互联网网络中基本的多址接入方式主要有频分多址（FDMA）、时分多址（TDMA）、码分多址（CDMA）和空分多址（SDMA）四种形式[22]。其中，FDMA、TDMA、SDMA 已广泛应用于卫星通信之中。随着卫星通信技术的发展及应用的需要，已将多种基本通信方式结合形成新的通信技术，如 MF-TDMA、MC-CDMA、PCMA 等通信技术。

1）频分多址接入（FDMA）技术

频分多址接入技术是将卫星转发器的频带资源划分成各自独立且互不重叠的信道子带，这些子带分配给不同用户终端。用户终端通过滤波器选择对应的信道子带进行数据通信接受。

最常见的频分多址接入技术体制主要有单路载波和多路载波两种形式。在单路单载波系统中，一个载波上仅能传送一路数据或话音业务；在多路载波系统中，通过采用多路复用技术，一个载波上可以传送多路数据或话音业务。

频分多址接入技术的优点是：通信技术较为成熟，设备简单，操作灵活，发送功率较低。

频分多址接入技术的缺点是：以多路载波方式工作时，信道子带间容易相互干扰，且转发器利用率低，不适合大规模组网。

2）时分多址接入（TDMA）技术

时分多址接入技术是各用户终端通过固定时隙共享转发器资源，在统一时间同步系统控制下，在规定的时隙内向卫星转发器发射信号，在时间上这些信号互不重叠，卫星转发器将各用户终端发来的信号按时序分别转发出去[21]。

时分多址接入技术允许卫星转发器以单载波方式进行工作，可以在一定程度上避免频分多址接入技术中载波信道子带间互调的问题，具有组网灵活的优点；星上转发器工作在饱和状态，效率提高；但时分多址接入技术系统需要复杂的同步机制。

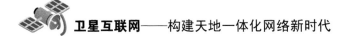

3）码分多址接入（CDMA）技术

码分多址接入通信技术是不同用户终端的载波同时存在于相同的频带资源内，不同载波通过独特的伪随机码（Pseudo-Noise Code，PN 码）进行区分。码分多址接入通信系统的发送端先按照一般方法对发射信号进行信息调制，再使用 PN 码对发射信号进行扩展调制，将频谱扩展到可用的射频带宽内，经过 PN 码调制后的信号频谱远大于原基带信号频谱。

对于码分多址接入技术，用户终端之间无须协调频率和时间，数据接收更加灵活方便；通过 PN 码对发射信号进行扩频调制，信号功率频谱密度低，隐蔽性较好，具有一定的抗干扰、抗截获能力；然而该技术需严格控制各用户终端的功率，地址码选择较难，捕获机制较为复杂。

4）空分多址接入（SDMA）技术

空分多址接入技术主要通过指向不同空间的卫星波束，来区分不同区域内的用户终端，不同波束间通过物理空间隔离来区分。同一波束内可以采用 FDMA、TDMA、CDMA 等不同通信方式来区分不同的用户终端。

空分多址接入技术方式是提高现有卫星通信网络容量的必要手段。目前，卫星网络基本采用空分多址接入通信技术。空分多址接入技术可以提高卫星频带利用率，增加卫星系统的容量；提高卫星的 EIRP 和 G/T 值，降低用户终端发送能力要求；但控制系统复杂，需考虑不同波束的交换体制，且存在同道内信道相互干扰问题。

5）多频时分多址接入（MF-TDMA）技术

多频时分多址接入技术（MF-TDMA）是将频分多址接入通信技术和时分多址接入通信技术体制相结合的一种混合多址接入方式。

多频时分多址接入技术是目前卫星宽带多媒体网络所采用的主要体制，该技术体制允许多个用户终端共享不同速率的载波。对单一载波进行有效时隙划分，通过综合调度时频二维资源，达到时隙资源灵活分配的目的。

与传统的单载波 TDMA 系统相比，在多频时分多址接入系统中，各载波使用的通信速率可以相同也可以不同，不同时隙内的载波速率也可不同；单载波速率降低，降低了用户终端发送能力要求。使用不同速率的载波组合可构成兼容大、小用户终端，具有灵活组网能力的宽带多媒体卫星网络系统。

多频时分多址接入技术可灵活组网，具备从一点到多点的通信能力；通过对信道资源的动态分配，具有中高速数据通信能力；有效灵活支持 IP 多媒体业务。然而，多频时分多址接入技术需要在多个载波上实现全网时隙资源同步，资源分配算法复杂；同时，多载波协同工作，信道通信资源会相互干扰影响。

6）载波成对多址接入（PCMA）技术

基于大型移动载体（火车、轮船、飞机等）对移动通信技术的迫切需求，1998 年，美国 ViaSat 公司提出了载波成对多址接入（PCMA）通信技术，该技术可以有效提高频谱资源利用率，在宽带"动中通"技术领域中具有良好应用前景。[21]

在载波成对多址接入系统中，通信双方用户终端可以同时使用完全相同的频率、时隙、扩频码资源，因此可以节省空间段资源。同时，该技术还可以有效防止第三方对通信信号的截获，使通信系统具有更高的安全性和保密性。

7）多址方式的分析与比较

（1）FDMA：主要适合业务量较大、终端种类单一、接入数量较少的通信系统。该通信方式具有操作可靠、管理简单等优势，因此站点数较少的高速视频网络一般采用这种方式。

（2）CDMA：需通过提高发射功率来解决用户端、通信系统之间噪声干扰的问题，因此该通信方式对小型通信终端提出了较高的技术要求。此外，对于 Ka 及以上频段的卫星系统来讲，雨衰、信道衰落和低传输时延使得功率控制非常困难，CDMA 通信方式需要严格控制设备功率。因此，目前宽带多媒体卫星网络还没有采用 CDMA 的成功案例。

（3）TDMA：在卫星互联网网络环境中，单纯的 TDMA 通信系统要求用户终端具有较大的 EIRP 和 G/T 值。由于大多数用户终端天线口径较小，所以构建一个单载波的高速 TDMA 系统不现实。此外，用户终端实现高速网络同步和调制解调也具有极大挑战。

（4）MF-TDMA：弥补了 TDMA 的不足，是当前卫星互联网广泛采用的多址接入方式。卫星转发器随着业务量的增加逐步加载波数，降低了卫星通信系

统初期的建设成本；根据终端业务需求，分配不同的载波和时隙，灵活支持多种数据传输。另外，结合多波束天线技术，通过频率复用，可实现 MF-TDMA 与 SDMA 技术结合，从而提高系统容量。MF-TDMA 系统中存在多个载波，为了使系统正常工作，需要对系统中所有用户终端的收发时隙和频率进行协调。MF-TDMA 系统的各用户终端可以在所有载波频段上发送或接收数据，但不能同时在多个载波频段上接收和发送数据。

2．卫星天线技术

卫星天线技术是卫星通信技术发展过程中一项重要关键技术。该技术经历了从单波束覆盖全球到多波束、点波束天线对特定区域重点覆盖，从模拟波束成形到数字波束赋形和光学波束成形等不同技术阶段。

高通量卫星通信技术及低轨通道卫星互联网技术发展将使新一代通信服务项目产生极大变化。Ka 互联网技术和直播电视、Wi-Fi 覆盖、现代远程教育、双盲应急演练、船载光纤宽带服务、机载光纤宽带服务、网络热点直播间、专用型网上平台、物联网等将空间一体化卫星网络宽带技术衔接。因此，卫星天线技术是近几年在卫星有效载荷领域中发展较快的技术。

1）点波束天线技术

一般指卫星通信天线向地球辐射的电磁波的覆盖立体角很小，是能量相对集中的单波束。从卫星上观察，电磁波辐射到地球表面后覆盖的地表面积较小，因此叫点波束天线技术。在点波束投射范围内，波束截面、地球表面覆盖区近似圆形。

点波束一般由对称反射面天线产生。一般来说，反射面天线直径越小，覆盖地球面积越大；天线直径越大，覆盖地球面积越小[23]。点波束辐射能量集中，增益比全球波束和区域波束高，有利于提高局部地区（如某一城市或岛屿等）的覆盖电平，从而显著提高通信系统在该地区的通信容量和抗干扰性能。因此，点波束天线技术在移动通信及军事通信中已经得到广泛应用。

2）多波束天线技术

多波束天线能够在特定方向上发射或接收功率更大，减少信号干扰，从而提高数据传输性能。多波束天线技术的应用使大面积单波束覆盖变为多个点波束共同覆盖，可有效增加信号发射时的等效全向辐射功率和信号接收时的天线品质因数值[24]。

多波束天线技术使地面终端成本和复杂度有效降低，采用小口径天线即可实现高速数据传输。另外，利用多波束天线的特性，可对物理空间进行隔离，实现频谱复用，增加卫星通信系统容量。

目前，常见的多波束天线主要有三类：多波束反射面天线、多波束透镜天线及多波束阵列天线[25]。

（1）多波束反射面天线：多波束反射面天线由信号反射器及放置于反射器焦平面上的馈源装置组成。多波束反射面天线具有结构简单、设计成熟、增益高、成本低，易于安装等优点；但其宽度扫描性差，形成的有效波束数量较少，无法满足低轨道卫星通信系统宽扫描角、多波束接入的技术需求。

（2）多波束透镜天线：由透镜天线和放置于透镜焦平面上的馈源装置组成。透镜天线主要通过调节馈源与焦点的位置，形成相互交叉且指向不同区域的点波束组。多波束透镜天线方向性好，具有良好的宽角扫描性能；但结构复杂、成本高，设备体积大，应用场景有限。

（3）多波束阵列天线：通常也称相控阵天线，主要由天线辐射单元与波束形成网络两部分组成。天线辐射单元主要由多个独立的天线系统组成，常见的阵列组合方式有线阵及面阵两种。阵列天线间的距离可以是均匀的，也可以是不均匀的。根据波束幅度及相位信息，在特定方向上形成网络波束，产生加强的天线辐射。多波束阵列天线具有体积小、质量轻、信号无频谱泄露损失、波束间隔易控制、宽角扫描性能好等优点。

在高轨道卫星无线通信系统中，卫星所处轨道高、传输路径长，无线信号传输过程中存在较大的路径损耗，因此一般通过多波束反射面天线产生窄波束以提高系统增益。

对于低轨道卫星无线通信系统，轨道低、传输距离短，空间信号损耗小，反射面天线和相控阵天线均适用。但低轨道卫星通信网络系统要求具有良好的宽角扫描性能，且覆盖范围内不同位置处的增益有较大差异，因此多波束反射面天线难以胜任，一般采用多波束相控阵天线技术。

3）卫星通信设备的天线种类

卫星通信设备的天线主要分为路面卫星通信天线、便携式卫星通信天线和

动中通无线天线三种。

（1）路面卫星通信天线：根据客户终端设备是否有无线天线设备，路面卫星通信天线可分为固定不动站和挪动站两种类型。绝大多数固定不动站无线天线设备规格大、传输速度高，不可以在移动中应用，常作为通信主站和中继站使用。挪动站机动灵活，在车载、船载、机载行业的应用十分普遍。随着新技术的应用、新型材料的推广、制造水平的提高，无线天线逐渐由传统的机械式扫描抛物面无线天线，向机械式扫描平板天线发展。

（2）便携式卫星通信天线：是针对新闻收集、单兵作战、紧急通信等场景开发的手持式无线天线设备，具有质量轻、可携带、可信性高、实际操作简单等优势。其中，单兵手持式卫星通信天线主要进行图像、视频、音频、数据信息的远程控制通信，自然环境适应力强、质量高。目前，便携式卫星通信天线在政府部门、公安、消防、边防、人防、气象、武警部队等领域的紧急通信中发挥了关键作用。

（3）动中通无线天线：该无线天线可便捷安装在移动载体上，能够在移动状态下维持对卫星系统的精确追踪。动中通无线天线系统主要有抛物面、削边抛物面、平板列阵等形式。实际应用方式的选取与移动载体平台、通信特性、系统花费等息息相关。例如，船载设备安装空间大，多选用抛物面形式；机载设备中主要选用能够降低模型气动阻力的平板形式；除一部分直升机或无人机选用抛物面形式；车载设备趋向于选用平板形方式。

3. 卫星通信抗干扰技术

卫星通信技术是现代通信技术的主要发展方向之一，其主要优点表现在系统容量大、通信质量高和组网方便等方面[26]。但是，由于卫星通信网络暴露在空间中，通信信道脆弱，信号传输过程易受各种干扰。卫星通信受到的干扰主要分为通信系统内的相互干扰、电磁干扰、天电干扰和人为干扰四种类型。

1）通信系统内的相互干扰

由于卫星通信系统之间使用的通信频率相同，且通信系统间物理距离近。所以通信系统内会出现通信信号相互干扰的现象。

2）电磁干扰

卫星系统和地面无线电系统之间的通信容易受到的通信系统以外的其他

电磁波信号的干扰。干扰的来源主要有：广电系统干扰、雷达系统干扰和微波通信系统干扰等；还有一部分来自工业、科学和医疗等领域的器械设备。此外，当地面无线电系统的质量不达标或操作不规范也会产生类似的干扰信号。

3）天电干扰

天电干扰主要是指由于宇宙中某些星体发生碰撞或爆炸，产生巨大的能量，发出射线，从而对卫星通信系统的信号产生一定的干扰。比如，流星会对卫星通信产生干扰。

4）人为干扰

人为干扰是指人为因素介入卫星网络上行与下行传输链路对通信信号产生干扰。

目前，卫星通信系统主要从天线、卫星和数据传输三个维度对抗干扰技术进行研究。卫星通信系统中常用的抗干扰技术主要有天线抗干扰技术、扩频抗干扰技术、星上处理抗干扰技术、自适应编码调制抗干扰技术、扩展频段技术、无线光通信抗干扰技术和限幅抗干扰技术等方面[27]。

（1）天线抗干扰技术：卫星通信系统很容易受到干扰，灵活、优化地布置卫星，提高卫星覆盖率，使卫星接收天线最大限度地接收端口信号是抗干扰技术的首要内容。因此，天线抗干扰技术是卫星通信系统中最有效的抗干扰措施，包括自适应调零、智能天线和相控阵天线等技术。

（2）扩频抗干扰技术：是卫星通信系统中一种最基本的抗干扰信息传输方式[28]。发射端用一个与其无关的码序列来扩展信号频谱，使带宽超过信息传输所需要的最小带宽；接收端用相同的码序列对信号进行同步接收、解扩，将信号恢复到原始状态。扩频技术具有安全保密、抗干扰能力强、衰落速度慢、不干扰其他通信设备、频率复用等优点。

根据频谱扩展的不同方式，扩频可以分为直接序列扩频和跳变频率扩频两种。直接序列扩频是用具有高码率的扩频码序列直接在发射端扩展信号频谱，在接收端用相同的码序列来扩展信号频谱，把扩展的扩频信号还原成原始的信息。跳变频率扩频是一种用码序列进行多频频移键控的通信方式，发射端、接收端双方传输信号的载波频率受伪随机变码的控制而随机跳变，传输信号按照预定规律进行离散变化，是一种码载频跳变的通信方式[29]。

（3）星上处理抗干扰技术：可以使上、下行链路解耦，避免将卫星转发器推向饱和，减少或消除上、下行链路间的干扰。目前，星上处理技术包括星上信号解调再生、解跳/再跳、解扩/再扩、译码/编码、速率变换、多波束交换、智能自动增益控制及多址/复用等。星上处理技术可充分利用行波管放大器的功率，大幅度减小用户端的天线尺寸；同时对上行功率的较少需求也降低了对地面站设备的性能要求。

（4）自适应编码调制抗干扰技术：建立在信道估计基础之上，是一种具有信道自适应特征，适用于卫星或其他无线通信系统的信息传输技术。通过回传信道将信道状态信息传送到发送端，发送端根据不同的信噪比改变编码和调制方式，信噪比较低时，传输速率较低；信噪比较大时，传输速率较高。信道利用率比固定速率的系统得到提高，系统高效可靠，整体性能达到最优。

（5）扩展频段抗干扰技术：极高频对应的频段为 30～300 GHz，相当于民用卫星的 Ka 频段。极高频传输具有天线尺寸较小，数据传输率更高等技术优点，具有良好的抗干扰性能和较大的带宽。该技术的主要缺点是对雨滴等环境因素比较敏感。

（6）无线光通信抗干扰技术：无线光通信技术是在发射端和接收端两个端机之间以大气作为媒介来进行信号传递的技术，只要存在无遮挡的视距路径和足够的光发射功率通信就可以发生。无线光通信技术是物理层数据传输设备，通过叠加传输协议可实现话音、数据、图像等业务的透明传送[30]。

无线光通信系统包括三个基本部分：光发射机、信道和光接收机[31]。发送端和接收端均设有光发射机和光接收机，可实现全双工通信。光发射机的光源受到电信号的调制，通过光学望远镜，将光发射机发出的光信号通过大气信道传送到接收机望远镜；在光接收机中，望远镜将收集到的光信号聚集在光电检测器中，光电检测器将光信号转换成电信号。

无线光通信技术具有频带宽、传输速率高、频谱资源丰富等优点，工作频段在全球不受管制、协议透明、架构灵活、保密性强，与其他无线电波不存在相互干扰。

（7）限幅抗干扰技术：可有效避免转发器中的功率放大器被上、下行链路推向饱和，是目前星载设备上广泛采用的一种抗干扰技术。限幅器在高功率信号输入时具有很大的信号衰减，在低功率信号输入时具有很小的插信号损耗[32]。

4．卫星通信调制技术

在卫星通信领域中，用数字信号进行通信已成为十分重要的技术。随着数字通信技术的日益发展和广泛应用，数字调制技术作为这个领域中极为重要的一部分，得到了迅速发展。

调制就是为了使信号特征与信道特性相匹配，用基带信号对载波波形的某些参数（如幅度、相位和频率）进行控制，使这些参数随基带信号的变化而变化。调制方式的选择是由系统的信道特征决定的。卫星通信中使用的数字调制方式有幅移键控（Amplitude Shift Keying，ASK）、相移键控（Phase Shift Keying，PSK）和频移键控（Frequency Shift Keying，FSK）三种基本方式。FSK 和 PSK 都属于恒包络数字调制方式。因为频率和相位互为微分和积分关系，所以就其本质而言，FSK 也可以看成 PSK，由载波相位的变化值来传递信息。

5．卫星通信编码技术

通过优化卫星通信系统，可减少系统存储容量，增加传输带宽，降低数字信息在传输过程中误码率，实现信息传递的完整性和准确性。卫星通信编码技术是实现数字通信的必要手段，使用数字信号进行数据传输有抵抗噪声干扰、便于存储、易集成化、容易进行各种复杂处理等诸多优点[33]。

目前，卫星通信过程中常见的编码技术主要有信源编码和信道编码两大核心技术。

1）信源编码技术

为了减少信源输出符号序列中的剩余度，提高平均信息量，针对信源输出符号序列的统计特性，对符号序列实施变换，将符号序列变换为最短的码字序列，可使码字单元承载的平均信息量最大，同时又能保证信号无失真地恢复到原来的符号序列[34]。

一般情况下，信源编码技术可分为离散信源编码、连续信源编码和相关信源编码三种。其中，离散信源编码可做到无失真编码，连续信源编码能做到有限失真编码。

2）信道编码技术

信道编码技术又称差错控制编码技术，主要通过增加信源冗余度来提高信息传输的可靠性。

在数据发送端通过添加和原始数据相关的冗余信息，在数据接收端依据数据相关性原则来检测和纠正数据传输过程中产生的差错，可消减信息传输过程的干扰因素。目前，信道编码技术所采用的一般方法是增大码率或增大宽带。

8.5.2　卫星导航技术

卫星导航技术是指利用卫星定位系统对地面、海洋、空中和空间各用户终端实时进行定位导航。

经过几十年的飞速发展，欧洲的伽利略（Galileo）系统全球导航卫星系统（Global Navigation Satellite System，GNSS），美国的全球定位系统（Global Positioning System，GPS），俄罗斯的 GLONASS 定位系统，中国的北斗卫星导航系统（BeiDou Navigation Satellite System，BDSS）均已建成并投入使用。

在亚太地区，北斗卫星导航系统的可见卫星数量较多且卫星高度角更高，单点定位精度（4～8 m）略优于全球定位系统（6～10 m）[35]。

1. 定位增强手段

随着天基与地基增强技术的发展，实现卫星通信与导航功能的一体化将是未来卫星导航系统的建设方向。

在 5G、物联网、人工智能时代，人们对时间与空间位置的需求在不断升级，绝大多数互联网应用端都与定位信息系统深度耦合，应用端对物理位置、信息实时性、准确性提出极高要求。因此，面向未来的网络信息服务将实现通信与导航功能的深度融合，对卫星导航定位的精度、服务品质的要求也会越来越高。

常规卫星导航定位精度是米级的，未来对卫星定位技术提出了更高技术要求。目前，提高卫星定位精度的主要系统有三个：地基增强系统、高轨道星基增强系统和低轨道星基增强系统，如图 8-17 所示。

目前，随着国际低轨道卫星通信技术的蓬勃发展，卫星导航领域面临新的发展与挑战，各国不断探索和研发低轨道卫星定位与导航技术的增强、备份和补充。

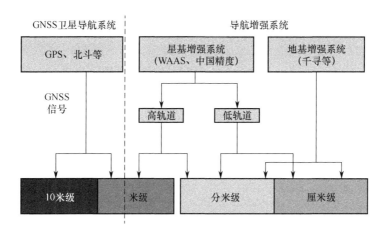

图 8-17　提高卫星定位精度的手段

其中，美国"铱星"系统与 GPS 结合共同推出了新型卫星授时与定位服务系统，已成为现有 GPS 的重要备份和补充；欧洲 GALILEO 系统技术团队也在积极布局开普勒定位系统的升级研究，以期通过 4～6 颗低轨道卫星构成的低轨道星座链路系统，对中、高轨道卫星进行监测和高精度测量，从而大幅提高 GALILEO 星座的定轨精度。

与此同时，国内的低轨道卫星技术也不断发展进步。从 2017 年年底发射的第一颗"和德一号"卫星开始，目前已有"鸿雁星座""天地一体化网络""微厘空间"等多个低轨道卫星项目开展在轨试验，并在进行相关探索性研究。

2. 定位增强技术

目前，卫星导航系统常用的定位增强技术主要有载波相位差分技术、天基导航增强系统和地基导航增强技术三类。

（1）载波相位差分技术：常用的动态测量方法主要有实时动态定位技术（Real Time Kinematic，RTK）和连续运行参考站系统技术（Continuous Operational Reference Systems，CORS）两种[36]。

RTK 是一种实时处理两个测站间载波相位差的方法，该方法先将参考站的单点定位的观测结果与参考站的已知坐标进行比较，计算出参考站至卫星的距离改正数，并将改正数发送给移动台，移动台则根据参考站的改正数，实时对定位结果进行改正。RTK 技术分可使定位精度达到厘米级别，目前单基站 RTK 定位方法中设计到的技术主要有伪距法和载波相位法两种。

CORS 系统是在 RTK 技术基础上发展而来，它由一个或若干个固定的、连续运行的 GNSS 参考站组成[37]。借助通信传输技术和互联网技术组成数据传输网络，实时地向不同的类型、不同需求、不同层次的用户端提供不同形式的 GNSS 观测值（载波相位、伪距）、状态信息以及其他有关的数据信息。按照 CORS 技术的布置方式，可以分成单基站 CORS、多基站 CORS 和网络 CORS。

（2）天基增强系统（Satellite-Based Augmentation System，SBAS）：该系统借助地球静止轨道卫星搭载的卫星导航增强信号转发器，自主向用户端发送星历误差、卫星钟差、电离层延迟等多种数据修正信息[38]。基于上述修正信息对卫星导航系统定位精度改进是各航天大国竞相发展的技术。SBAS 服务可免费使用，定位精度可达 0.4 m。

SBAS 的工作原理是，首先由广泛分布的位置已知的差分站，对导航卫星本体进行实时监测，获取原始定位数据；然后差分站将数据实时送至中央处理设施（主控站），通过计算机计算得到卫星定位各种修正信息；最后将修正后的信息通过上行链路发送给高轨道卫星，高轨道卫星将修正信息播发给广大用户端，从而提高定位精度。

（3）地基导航增强技术：主要通过地基增强站及加强算法实现精准定位。比如，基于"互联网+位置"设计理念的"千寻位置"，主要依托北斗导航定位系统结合自主开发的互联网精确算法。该技术比普通导航卫星具有更高的定位精度，可提供动态亚米级、厘米级和静态毫米级的定位服务。

8.5.3 卫星遥感技术

卫星遥感系统主要由遥感器、遥感平台、信息传输设备、判读和成图设备、接收装置及图像处理设备等组成[39]。

遥感器安装在遥感平台上，是遥感系统重要的基础设备。它可以是照相机、多光谱扫描仪、微波辐射计或雷达等多种设备。信息传输设备主要用于航天器和地面站之间的信息传递。图像处理设备主要对地面接收到的图像信息进行处理，以便判读和成图设备准确地获取地物特征和状态，常用的是数字图像处理设备。判读和成图设备把经过处理后的遥感图像信息提供给特定技术人员进行判读，找出典型特征与地物特性进行比较，快速识别目标，以进行进一步数据分析。

我国遥感卫星数量占卫星总数的 1/3。目前，我国已经形成涵盖气象、海洋、陆地、减灾、高分等多维空间民用基础设施领域的卫星体系。卫星遥感技术从单一卫星遥感技术发展到涵盖遥感、地理信息系统、全球定位系统等在内的多维空间信息技术体系，逐渐深入到国民经济、社会生活与国家安全的各个方面，其发展与应用水平已成为综合国力评价的重要标志之一。与此同时，遥感卫星民营化和商业化也有了极大发展。

1. 遥感卫星数据接收一体化技术

遥感卫星数据接收一体化系统主要由遥感天线、信道设备、数字解调器、基带矩阵开关、通用记录、信号模拟源、数据管理、测试验证、站控、辅助站控、设备监控、任务计划，以及时统和网络通信等分系统或设备单元组成，如图 8-18 所示。

在接收站系统中，卫星下行数据经过天伺馈、信道、天线控制单元（Antenna Control Unit，ACU）等模块处理后，送至数字解调器进行解调处理，解调后的信号通过基带矩阵开关的分配，送至通用记录分系统进行数据记录操作[40]。接收站系统可将数据实时传送至数据管理服务器进行数据存储，也可将数据传送至测试验证中心进行数据验证等工作。信号模拟源分系统和调制器分系统使接收站具有更加完备的数据测试与验证功能。时统设备主要用于接收站系统内各个服务器进行时间校准工作；由站控和辅助站控单元对遥感天线等前端设备和数据管理等后端设备进行统一管理。

远程监控系统主要在接收站的远端，对接收站系统内的相关设备运行状态和工作状态进行实时监控。其中，设备监控和计划任务监控服务器主要对设备状态和各分系统计划任务的执行状态进行监控，相关的结果能够在集中显示装置中进行显示。此外，集中显示装置还能对测试验证分系统所输出的快视图像和播报图像及各类测评报告进行集中显示。

接收站系统和远程监控系统间主要通过千兆以太网构建通信链路，使其互联互通，实现数据实时传输。

2. 遥感卫星智能化技术

随着卫星互联网技术的发展，遥感卫星的用途越来越广，对卫星载荷本体提出的要求也越来越高。比如，卫星分辨率越来越高，重访周期越来越短，谱段越来越多，质量越来越轻。因此，面向复杂化的用户需求及成像模式的多样化，新一代遥感卫星技术的发展迎来了机遇。

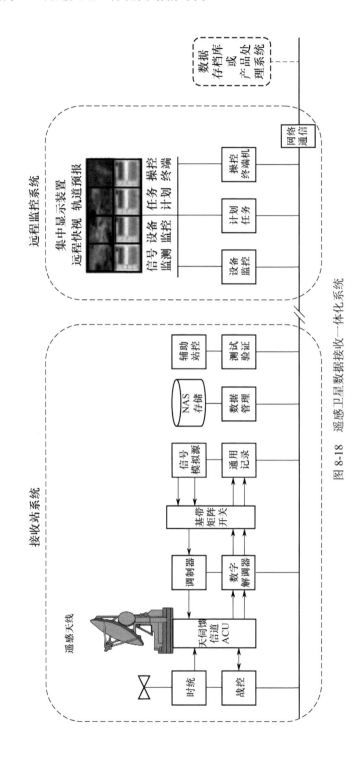

图 8-18 遥感卫星数据接收一体化系统

遥感影像在轨处理技术，包含了大量的星上实时处理算法研究，为智能遥感卫星的实时智能处理提供了基础保障。空间信息网络为智能遥感卫星的运行提供了环境基础，为智能遥感卫星的实时传输提供了基础保障。人工智能的发展，能够极大地提高星上数据处理的智能化和自动化水平，为卫星的智能化发展提供强有力的支撑。

1）在轨实时处理技术

在遥感影像在轨实时处理技术方面，世界各国科研院所与商业公司开展了大量的星上实时处理算法研究，促进了遥感数据实时获取、智能处理、稀疏压缩、实时分发等全流程技术的发展。

2）空间信息网络技术

典型的项目有美国的转型通信卫星系统计划、SeeMe 计划和欧洲的天基互联网计划。其中，通信、遥感一体化的 SeeMe 计划，可以使用地面移动终端直接指挥有效载荷操作并接收图像。"对地观测脑"概念是将遥感卫星、导航卫星和通信卫星组合，形成多层卫星网络结构，共同服务于用户。

3）人工智能技术

随着卫星载荷影像分辨率的提高和遥感卫星获取数据量的增多，提高遥感卫星系统的影像自动化处理能力显得十分重要。基于人工智能的类脑技术，对遥感卫星数据进行批量化处理可有效提高数据处理效率。同时，人工智能的应用可有效解决因系统分辨率提高而导致的"同物异谱"和"同谱异物"问题。

3. 星载激光雷达技术

星载激光雷达技术是新兴的地球探测技术，该技术以高轨道卫星作为载荷平台，具有运行轨道高，观测范围广，观测速度快，受影响小，分辨率、灵敏度高的特点，可覆盖地球表面任一区域。为三维控制点和数字地面模型数据的获取提供了新途径，在国防和科学研究领域具有重要应用价值和研究意义[41]。

星载激光雷达技术还具有天体测绘观察的能力，可实现全球信息采集、大气结构成分测量。此外，该技术在环境监测、农林资源调查、植被垂直分布、海面高度测量、云层和气溶胶垂直分布，以及特殊气候现象实时监测等方面也发挥着重要作用[41]。

目前，国际上比较典型的星载激光雷达系统主要有地球观测 GLAS 系统、CALIOP 星载激光雷达、ALADIN 星载多普勒激光雷达。从技术应用角度看，激光雷达主要有多光谱激光雷达、单光子激光雷达和固态激光雷达技术三个重要的发展方向。

（1）多光谱激光雷达技术：可同时发射两个及两个以上波段的激光信号对地物进行探测，通过信号分析同时获取地物的光谱和结构信息。

（2）单光子激光雷达技术：将对现有机载和星载激光雷达系统造成极大影响。单光子激光雷达传感器拥有纳秒级的最短激发时间，能够大幅提高激光脉冲的发射频率，并能大幅提高激光接收器的敏感性。这使得单光子激光雷达能够在更高的高度采集高密度、高精度的激光雷达点云。

（3）固态激光雷达技术：将对于小范围测绘技术发展产生革命性的影响。该类型的激光雷达设备可以像打印集成电路一样进行批量化生产，从而进一步减小激光雷达设备的质量和成本。

4. 星载微波遥感技术

星载微波遥感技术根据远程目标对电磁波的反射、散射、透射、吸收和辐射等特性，从空间环境获取各类目标的特征信息，从而反映空间内物体的存在、状态和变化信息。星载微波遥感技术可应用在国民经济建设和科学研究的各个领域，如地形勘测、地质研究、资源勘探、海洋观察、大气测量、环境保护、灾害预报、收成预估等。

星载微波遥感器主要分为有源和无源微波遥感器两大类。星载微波遥感器具有全天候工作、可穿透天然植被、获取多极化信息、不依赖于太阳角工作、自身可控辐照等多种能力。

微波遥感器可使用或组合使用多个通信频率，从多种极化和多个视角开展遥感测试工作，主动获取目标物体的空间关系、形状尺寸、表面粗糙度、对称性和复介电特性等方面的属性信息。

5. 星载遥感器定标技术

星载遥感器在发射前必须经过绝对辐射定标，才能从卫星对地观测数据中获得不同类型地物的定量辐射信息[42]，然后通过大气传输模型反向推导地物的光谱反射和光谱辐射特性，为更准确地识别地面目标提供判别依据，使得不同卫星遥感器的数据可以进行比较，从而提高遥感数据的应用水平。

星载多光谱遥感器一般选择太阳作为基准光源，对性能变化进行监测和校正。在标定过程中，将太阳辐射引入星载遥感器并调节到其动态范围内，进行绝对辐射定标。

8.5.4　无人机技术

无人驾驶飞机简称无人机，是利用无线电遥控设备和自备程序控制装置操纵的不载人飞机。机上无驾驶舱，但安装有自动驾驶仪、程序控制装置等。地面、舰艇上或母机遥控站人员通过雷达等设备对其进行跟踪、定位、遥控、遥测和数字传输，使其可在无线电遥控下像普通飞机一样起飞或用助推火箭将其发射升空，也可由母机带到空中投放飞行；回收时，可用与普通飞机着陆过程一样的方式自动着陆，也可通过遥控用降落伞或拦网回收。无人机可反复使用多次，广泛用于空中侦察、监视、通信、反电子干扰等。

下面主要从无人机通信、无人机链路通信和无人机安全三个方面分析无人机技术。

1. 无人机通信技术

无人机的使用范围可以从遥控发展到自主控制。作为无人机系统重要组成部分的通信技术是无人机执行任务的重要保障，可将无人机获取的高质量情报数据及时传递给操控平台。

1）微波通信技术

5.8 GHz 微波信号是面向消费级别的开放频段，该频段是航拍领域使用最广泛的无线微波视频传输频段。该频段具有体积小、热量低、距离远、最大可释放出 32 个可选频道的优点。

5.8 GHz 微波信号在画质的处理上能够完全释放出 64 位模拟色彩度输出，并且这个频段在环境污染、辐射人体、干扰其他无线设施测试中的得分最高。该频段的主要缺点为信号穿透力极差，易受外界因素干扰，因此航拍要求陆空环境相对空旷。

2）4G/5G

2013 年 6 月，北京 4G 联盟联合无人机联盟组织召开了"4G 联盟与无人

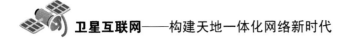
机联盟交流研讨会"，旨在通过加强 4G 联盟和无人机联盟之间的技术交流，实现无人机机载载荷与 4G 的结合，促进无人机产业发展。

2015 年，中国移动开发的"4G 超级空战队"设备支持航拍设备影像即拍即传功能，将 4G 网络率先应用于部分时延容忍度高的无人机应用场景，但下行、邻区干扰等问题使其数据传输速率难以满足日益多样化的无人机自主飞行需求。

5G 将有效应对无人机通信对高可靠、低时延通信技术的需求。新一代通信技术将赋能无人机发展，推进空中通信平台的革新。5G 的速度比现有的 LTE 网络标准连接速度快 250 倍，标志着无线通信行业的一个新的里程碑。无论智能手机，还是汽车、医疗设备、无人机和其他设备，都将受益于 5G。

3）无线广域 Wi-Fi 通信技术

无线广域 Wi-Fi 通信技术是德国卡尔斯鲁厄理工学院于 2013 年开发的新的通信技术，该技术打破了最快的 Wi-Fi 网络速度纪录[43]，具有传输距离远、覆盖范围广、传输速度快（40 GBps）的优点，因此很适合无人机航拍图传或在光纤通信不方便的偏远地区应用。

4）卫星通信技术

2020 年 6 月 16 日，美国霍尼韦尔公司公开了其最新产品——轻小型无人机卫星通信系统（UAV SATCOM）。该系统的外形尺寸为 13 cm×7.4 cm×4.8 cm，天线尺寸为 14.2 cm×11.2 cm×5.1 cm，最大传输速率 200 kbps，功率低，可安装在无人机机身内，质量仅为 1 kg，比该公司此前最小的通信系统还要轻 90%。

2．无人机链路通信技术

无人机链路通信技术根据应用级别的不同主要分为点对点通信和数据链通信两种。

1）点对点通信

点对点通信的无人机系统大多是中小型手持级别的，通过无人机机载高带宽数字化电台系统，实时回传飞行器参数、传感器读数和流媒体数据。高带宽数字化电台一般工作在 L 和 C 频段，电台支持跳频功能。一般来讲，小型无人机装不下高带宽双工电台，为了节省成本，一般会装配低带宽的双工数据链路和高带宽的单工链路。低带宽的双工数据链路主要用于传输控制指令和回传数据，高带宽的单工链路主要用于图像传输。

在部分无人机系统中，为了降低成本，将数据的回传链路信号叠加在高带宽图像链路中，将硬件变成单工数据链路。

高功率通信设备配上较好的天线，链路的工作距离大约可达几十千米，对空可达上百千米甚至数百千米，但因为地球曲率，一般实用的通信范围为 70～90 km，小型无人机电台的对空距离为 5～10 km。

2）数据链通信

数据链通信的无人机的链路与点对点通信链路类似，可以简单理解为加入了一个巨大的空中局域网，通信链路中增加了空间组网和数据转发的功能，因此加入数据链的飞行器或中继站都可以为无人机做通信转发中继，实现无人机传回数据的共享。

3. 无人机安全技术

无人机安全体系包括无人平台安全、无线网络安全、应用控制安全、安全运维和安全支撑五部分。无人平台安全主要提供安全可信的无人机软硬件平台，抵御针对部件、传感器的抵近式恶意破坏；无线网络安全以轻量级密码认证为基础，构建从物理层到网络层的无人机网络可信互联，抵御窃听、假冒、篡改等网络攻击；应用控制安全通过软件可信和数据加密保护等措施，防止非法软件滥用和数据窃取；安全运维提供无人机设备、安全策略、密钥的管理，并可呈现无人机系统的整体安全态势；安全支撑提供认证和加密等手段需要的密码算法、密码芯片和身份管理支撑。

1）无人平台安全

无人平台安全基于可信计算技术，以可信模块为基础，构建可信软硬件平台，建立自下向上的可信链，确保无人机平台软硬件环境安全可信，将可信度量结果与基线核查结果共同作为安全度量参数构建可信网络环境。

2）无线网络安全

无线网络安全主要保障无线空口机密性、完整性和可用性，通过射频指纹识别、抗干扰、轻量级认证、无线接入控制、传输加密、无线攻击检测及针对移动 Ad hoc 网络（Mobile Ad hoc Network，MANET）的组网安全防护，从物理层、链路层和网络层等各个层面保障合法无人机入网，抵御窃听、假冒、篡改等网络攻击[44]。

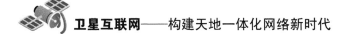

3）应用控制安全

应用控制安全通过身份认证和授权访问控制，确保合法用户能够正常访问和使用控制软件。基于软件可信度量实现应用软件运行控制，防止非法软件的运行；对存储在无人机内的敏感数据进行加密存储，防止攻击者窃取。

4）安全运维

安全保密运维通过设备管理、策略管理、密钥管理和安全态势，实现无人机状态监控、安全策略的调整与分发、无人机密钥管理与分发，以及无人机安全态势分析与呈现[45]。

5）安全支撑

安全保密支撑为无人机平台、组网、数据存储等提供密码算法、密码芯片和身份管理支撑。

8.6　本章小结

卫星互联网是指利用卫星星座实现全球互联网无缝连接服务，能够作为地面网络的补充手段，实现用户随时随地地接入互联网，具有通信覆盖面广、容量大、不受地域限制、具备信息广播优势等特点。卫星互联网技术广泛渗透到通信、遥感、导航等各个领域，本章对卫星互联网应用过程中的关键技术进行了阐述。同时，本章着重从卫星互联网接入、空间组网，以及卫星应用三个技术层面介绍了卫星互联网技术。

本章参考文献

[1] 钱航. 北斗"专列"——长三甲系列运载火箭[J]. 国防科技工业，2020，23(7)：25-27.

[2] 刘立东，张亦朴，李聃，等. 长三甲系列火箭发射研制技术[J]. 导弹与航天运载技术，2019，7(4)：8-10.

[3] 刘晓伟. 登月飞行器软着陆末端姿态控制[D/OL]. 哈尔滨：哈尔滨工业大学，2007[2007-07-01]. https://kns.cnki.net/kcms/detail/detail.aspx?dbcode=CMFD&dbname=CMFD2009&filename=2008195737.nh&v=9z1An8y62%25mmd2BRufBa1wYhsRPoJZLKs%25mmd2BeOz%25mmd2BVvb9i80gKJYe4QSUSXYjrNCdsYRBRUE.

[4] 满超. 空间飞行器轨道制导算法与在轨控制研究[D/OL]. 哈尔滨：哈尔滨工业大学，2012[2012-07-01]. https://kns.cnki.net/kcms/detail/detail.aspx?dbcode=CMFD&dbname= CMFD201401&filename=1013036100.nh&v=EwjLUzdqGvBZZqvhZEKT70aJx%25mmd2 Fn6vrVXHPJZYr2fE8br9h3F9MXtgiopt0nwVPU%25mmd2F.

[5] 于达仁. 我国等离子体推进技术发展现状及展望：第十八届全国等离子体科学技术会议摘要集[C]. 2017.

[6] 琚春光，东华鹏，王国辉. 航天运输系统对火箭发动机的需求[J]. 导弹与航天运载技术，2011(4)：23-27.

[7] 韩邦成. 单轴飞轮储能/姿态控制系统的仿真及其实验研究[D/OL]. 长春：中国科学院长春光学精密机械与物理研究所，2004[2004-04-01]. https://kns.cnki.net/kcms/detail/ detail.aspx?dbcode=CDFD&dbname=CDFD9908&filename=2005050010.nh&v=gwc4d%2 5mmd2BdwVUkeZPNI574mG%25mmd2FO2P490R9J5FNwaMWGcBnUK3sE%25mmd2 FEtjuuEx36m%25mmd2BWm61v.

[8] 杨力强. 卫星转发器系统设计与仿真的研究[D/OL]. 成都：电子科技大学，2015[2015-09-01]. https://kns.cnki.net/kcms/detail/detail.aspx?dbcode=CMFD&dbname= CMFD201602&filename= 1016060028.nh&v=u5o8wqD6WyX1XK4CFGfySJGop4uH%25mmd2BHSzGAmhufkrWQ 0zwXw%25mmd2Fct7DsIZ0AxWlwTR1.

[9] 林来兴. 分布式空间系统和航天器编队飞行辨析[J]. 航天器工程，2008，17(4)：24-29.

[10] 黄长文，等. 低轨道卫星系统扩频 ALOHA 多址接入性能分析：第十三届卫星通信学术年会论文集[C]. 中国通信学会，2017.

[11] 秦勇，惠蕾放，刘晓旭，等. 分布式空间系统星间通信组网技术研究综述[J]. 空间电子技术，2015，12(4)：1-10.

[12] 林来兴. 分布式小卫星系统的技术发展与应用前景[J]. 航天器工程，2010，20(1)：60-66.

[13] 朱振才，张晟宇，胡海鹰. 分布式空间系统组网技术综述[J]. 航天器工程，2018，27(6)：81-87.

[14] 赵静，赵尚弘，李勇军，等. 中继卫星资源调度问题研究现状与展望[J]. 电讯技术，2012，7(11)：1837-1843.

[15] 祖继锋，刘立人，栾竹，等. 星间激光通信技术进展与趋势[J]. 激光与光电子学进展，2003，40(3)：7-10.

[16] 杨灿，张冲，杜玮，等. 基于新型 P2P 与 CDN 融合技术的流媒体系统设计[J]. 电视技术，2009，33(12)：71-74.

[17] 徐军，路威，张更新. 宽带 LEO 星座卫星通信系统业务量仿真分析[J]. 电子技术应用，2019，45(3)：73-76.

[18] 韩慧鹏. 低轨通信星座星间链路浅析[J]. 卫星与网络，2018(8)：40-42.

[19] 李伟斌. 卫星网络动态路由组网技术研究[D/OL]. 北京：北京邮电大学，

2015[2015-04-31].   https://kns.cnki.net/kcms/detail/detail.aspx?dbcode=CMFD&dbname=
CMFD201601&filename=1016015774.nh&v=6uOnn1BKfv9pfuqO46OcRGdE5tNtkY3z9g
Mxfm5xonofzZTy3oUc0iQ12LDmkzHy.

[20] 陈佳宝. 低轨道编队小卫星星间链路设计分析[D/OL]. 哈尔滨：哈尔滨工业大学，
2009[2009-06-01].   https://kns.cnki.net/kcms/detail/detail.aspx?dbcode=CMFD&dbname=
CMFD2011&filename=2010064492.nh&v=JUml8s4GbOeXcBSpy1DFlkyvLJs9vqmuUUG
zJXsqZRLcq7TO%25mmd2FZrjL7EcV4a%25mmd2BVWbr.

[21] 冯少栋，吕晶，张更新，等. 宽带多媒体卫星通信系统中的多址接入技术(下)[J]. 卫星
与网络，2010，8(8)：66-66.

[22] 蒋青泉，张喜云，周训斌，等. 接入网技术[M]. 北京：人民邮电出版社，2005：145.

[23] 王钧铭. 数字通信技术[M]. 北京：电子工业出版社，2003：304.

[24] 高爱勇. 宽带卫星移动通信系统上行链路传输技术研究[D/OL]. 南京：东南大学，
2017[2017-03-04]. https://kns.cnki.net/kcms/detail/detail.aspx?dbcode=CMFD&dbname= CMFD
201702&filename=1017171498.nh&v=6YKqpy5IQQkyzrLJ1sWSVUuGWjxCV4ZiA4SPb
565WvtrIBF3ljpFps9oV2V6i6gg.

[25] 丁阳. 通信卫星区域覆盖多波束天线设计与多频带终端印刷天线研究[D/OL]. 西安：西
安电子科技大学，2014[2014-09-01].   https://kns.cnki.net/kcms/detail/detail.aspx?dbcode=
CDFD&dbname=CDFDLAST2016&filename=1015437755.nh&v=X%25mmd2Fyb4CJgM
z4ktPF3uLbrNayOLRRzqcnoSW9KYQJMhJEEtkAvUtFCHtSBITLdVHjZ.

[26] 杜祥春. 关于卫星通信抗干扰技术的发展趋势研究[J]. 新媒体研究，2016，2(16)：52-53.

[27] 姚力. 卫星通信抗干扰技术综述[J]. 移动信息，2018(6)：50-52.

[28] 柴焱杰，孙继银，李琳琳，等. 卫星通信抗干扰技术综述[J]. 现代防御技术，2011，39(3)：
113-117.

[29] 吴慎山，朱明杰，吴雪冰. 扩频技术及其应用[J]. 通信和计算机，2007，4(6)：62-65.

[30] 顾玉娟. 无线光通信技术研究[J]. 数字通信世界，2007(4)：76-78.

[31] 李思慧，王岩. 无线光通信技术及其应用[J]. 科学与财富，2016(3)：8-8.

[32] 李锴. 卫星通信抗干扰技术的发展趋势[J]. 数字通信世界，2016(2)：316.

[33] 张晓钦. 卫星通信的新型信道编码技术：中国通信学会国防通信技术委员会学术研讨会[C].
中国通信学会，2006.

[34] 李晶，潘亚楠. 信源编码与信道编码解析[J]. 城市建设理论研究，2012，7(5)：12-14.

[35] 傅圣友，李圣明，王兆瑞. 基于 CAPS/BDS 和 GPS 的组合卫星定位精度分析[J]. 天文
研究与技术，2018，60(4)：26-32.

[36] 张世良. 汽车影音与导航[M]. 武汉：华中科技大学出版社，2012：75.

[37] 丰勇，郭义. GPS 连续运行参考站系统（CORS）原理及应用[J]. 内蒙古科技大学学报，
2010(4)：298-301.

[38] 赵爽. 国外卫星导航星基增强系统发展概况[J]. 卫星应用，2013(5)：58-61.

[39] 万世文. 国土资源遥感技术的应用与分析[J]. 科学与财富，2015，7(2).

[40] 杨仁忠，石璐，韦宏卫，等. 遥感卫星数据接收一体化系统技术研究：第二十三届全国空间探测学术交流会[C]. 2010.

[41] 张振涛，王伟，苏贵波. 激光雷达的现状与发展趋势[J]. 科技信息，2012(10)：431-431.

[42] 贺威. 传感器与遥感影像的辐射校正方法探索[D/OL]. 秦皇岛：燕山大学，2005[2005-07-01]. https://kns.cnki.net/kcms/detail/detail.aspx?dbcode=CMFD&dbname=CMFD0506&filename=2005091206.nh&v=Stt15wcNRx6XB%25mmd2BPWc6t9zzBTKfSv9GOTi4SODLoNf1FLUYTmPMrNJ2fR%25mmd2BoKpymMd.

[43] 全权. 解密多旋翼发展进程[J]. 机器人产业，2015(2)：72-83.

[44] 章小宁，朱立东. 通信与安全一体化的天地异构融合网络体系架构[J]. 天地一体化信息网络，2020，1(2)：11-16.

[45] 修威，杨光，田海燕. 电磁调控液晶相控阵天线发展现状[J]. 天地一体化信息网络，2020，1(2)：109-115.

第 9 章　卫星互联网地面技术体系

卫星互联网的地面部分主要是指地面系统,地面系统为卫星端与用户端提供接入服务,用户可以通过地面站直接接入卫星系统形成通信链路。本章介绍卫星互联网地面技术体系,主要包括卫星互联网地面系统构成、卫星互联网地面传输技术、卫星互联网地面组网技术、卫星互联网地面计算技术、卫星互联网地面存储技术等。

9.1　卫星互联网地面系统构成

卫星互联网中的地面系统负责天基网络中回传数据落地的处理及连接其他网络等操作,涵盖基本的消息解析传输功能和连接外网功能。除此之外,还需要终端接入控制的管理鉴权配置及认证计费等相关系统。

卫星互联网中的地面系统除与空间系统建立通信链路实现信息交互外,还可对卫星进行跟踪、监测,控制空间系统正常营运。如图 9-1 所示,地面系统一般由网络操作中心、地面站和客户端三部分组成。其中,地面站一般采用由网络控制中心、卫星控制中心等构成的多维星形网络结构。

用户站通过卫星与信关站建立通信关系。通常来说,用户站向信关站传输的流量较小而回程流量较大。信关站配置大口径天线,用于连接卫星和地面网络,容量较大。

信关站系统主要由射频分系统和基带分系统两部分组成。其中,基带分系统主要由卫星调制解调器、接入服务器、Web 加速器、网络路由和安全系统等构成。用户站主要由各类用户终端与“陆地链路”及其相匹配的接口系统组成。典型用户站包括天线、室外单元、室内单元三部分。

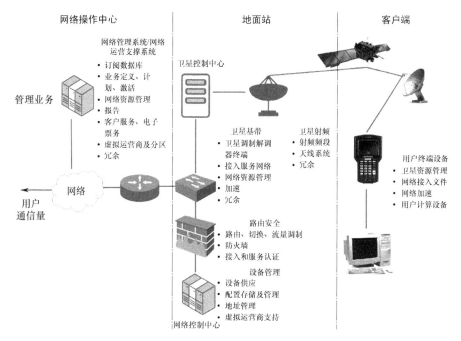

图 9-1　典型卫星互联网地面系统构成

用户终端主要分为移动终端及手持终端两大类。

除此之外，卫星互联网地面系统还包括网络运营中心，主要用于管理卫星网络和用户服务。

1．国外典型的卫星互联网地面系统

美国卫讯-1（Viasat-1）高通量通信卫星总通信容量高达 140 Gbps，采用公司自研的 Surfbeam 系统。该卫星互联网地面系统一共设计有 21 个信关站（美国 17 个，加拿大 4 个）。每个信关站都配套有天线系统和一栋办公大楼，天线设备的直径为 7 m，大楼用来容纳连接光纤互联网主干网设备。

2．国内典型的卫星互联网地面系统

目前国内典型的卫星互联网地面系统主要有中国电子科技集团公司第五十四研究所（以下简称中电科 54 所）研制的"天通一号"地面信关站和"中星 16 号"地面信关站系统。

与现有高轨道卫星通信系统相比，低轨道卫星互联网地面系统更为复杂，具体体现在：卫星是高速移动的，卫星数量庞大，星座通信总容量巨大。因此，

低轨道卫星互联网地面系统结构体系更复杂，造价更高。

9.1.1 信关站系统

信关站系统用于连接卫星和地面网络，建立卫星与地面网络间的通信链路，为地面端移动用户终端提供网络接入服务[1]。信关站系统是构建应急通信网络、行业应用专有网络和特种安全保密网络的关键基础设施，主要由核心网和接入网两个关键部分组成。

接入网主要为用户终端实时提供无线信号接入服务，构建信令传输和业务数据交互的物理通道。接入网通信设备主要由天线系统、射频处理设备、基带处理设备、信关站控制设备等组成。

核心网主要采用 3GPP Rel-6 标准提出的网络架构，由电路域设备和分组域设备两部分组成，分别负责各自业务，并通过网络互联接口与公共交换电话网络（Public Switched Telephone Network，PSTN）、公共陆地移动网络（Public Land Mobile Network，PLMN）、Internet、软交换及 IP 多媒体子系统（IP Multimedia Subsystem，IMS）网络实现实时信息交互。核心网与无线侧的数据交换和信令传输主要采用 IP 化技术实现。

（1）电路域设备：主要包括移动交换中心（Mobile Switching Center，MSC）、归属位置寄存器（Home Location Register，HLR）、设备标识寄存器（Equipment Identity Register，EIR）和媒体网关（Media GateWay，MGW）等。电路域设备的主要功能为实现话音和短信业务。

（2）分组域设备：主要包含 GPRS 服务支持节点（Serving GPRS Support Node，SGSN）和网关 GPRS 支持节点（Gateway GPRS Support Node，GGSN）等设备。分组域设备的主要功能为实现 IP 数据业务的交换、移动管理和路由管理。

1. 接入网技术

卫星接入网架构如图 9-2 所示，主要由天线、射频和基带处理、无线控制与资源调度、时钟同步和管理维护五大子系统等组成。天线子系统与射频和基带处理子系统通过 C 频段连接；无线控制与资源调度子系统与核心网连接。

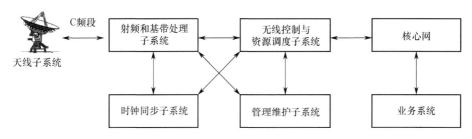

图 9-2　卫星接入网架构

天线子系统主要由天馈伺服设备和无线射频设备组成，其中天馈伺服设备主要由天线、馈源和伺服单元三部分构成。一般来说，天线大多采用 C 频段 13 m 直径抛物面天线。

射频和基带处理子系统是信关站中的主要通信设备。信关站基带分系统主要由卫星调制解调器、接入服务网、Web 加速器、网络路由器和安全系统等部分组成。信关站射频分系统主要由射频部件和中频部件等构成，其中射频部件包括滤波器、功放器等器件，中频部件主要为上、下变频器件。射频分系统与基带分系统之间以中频信号进行数据通信，基带分系统首先将卫星发送来的射频信号变换为中频信号，随后射频分系统将基带分系统发来的中频信号变频至射频并放大辐射到卫星平台上。

无线控制与资源调度子系统主要是由信关站控制器和卫星资源分配器组成。它主要负责接收和发射载频，是进行数据接入控制和资源分配策略实施的软硬件实体，是整个信关站的关键设备。

时钟同步子系统主要是由北斗、GPS 铷原子钟，时钟分发单元和频率定时同步设备等组成，为信关站系统提供时间基准和频率基准。

管理维护子系统主要由射频管理、收发系统管理、业务控制系统管理等模块组成，主要对卫星接入网硬件设备实时管控，同时收集网络节点运行状态信息，并将信息汇总提交给支撑子系统内的综合网管系统。

调制解调器系统对用户终端系统、信关站路由器及服务器之间的数据流量进行管控，同时也可对前向、反向通信链路功率、频率及卫星通信网络宽带实时进行综合管理。

接入服务网络主要负责提供用户端登录认证和用户授权访问服务，并进一步实施服务质量综合管理。

Web 加速器主要用于提高基于 HTTP 和 TCP 服务的应用程序和软件本身数据吞吐量。Web 加速服务器位于网关位置，客户端软件嵌入用户终端。

网络安全和路由系统实施流量安全和服务质量服务，并将所有管理和数据流量路由到目标网络目的地，主要包括路由器、交换机、防火墙、流量整形器和动态主机配置协议（Dynamic Host Configuration Protocol，DHCP）、简单文件传输协议（Trivial File Transfer Protocol，TFTP）和网络时间协议（Network Time Protocol，NTP）服务器等。

2．核心网技术

地面站核心网络系统是卫星互联网地面技术体系中控制部分的重要组成，担负着信息处理、数据交互处理、服务认证计费及 IP 地址综合管理等相关功能。核心网络系统构架如图 9-3 所示，主要由信令处理单元、数据处理单元、认证计费系统和专用 VoIP 系统组成。

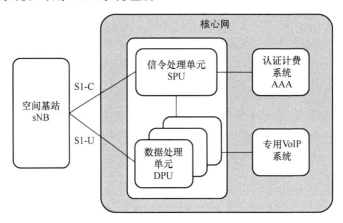

图 9-3　核心网络系统架构

1）信令处理单元（Signaling Processing Unit，SPU）

信令处理单元是系统数据处理的核心设备，主要负责数据解析及分发处理等一系列操作，具体包括：与空间基站 sNB 接口的建立与维护管理；S1AP 消息的处理；非接入层消息的处理，包括终端的接入、用户的认证与鉴权、会话管理等；IP 地址分配与管理；隧道端点标识的分配与管理。

2）数据处理单元（Data　Processing Unit，DPU）

数据处理单元负责卫星网络与外部数据网络之间数据交互传输的处理，具体包括：空间基站 sNB 与数据层建立的 S1-U 接口的处理，即处理该接口上的数据接收与发送；隧道的建立、删除、更改与查询等操作；数据包的处理，主要包括拆包、添加与去除隧道包头、数据表的校验和重计算等核心功能；终端计费管理，包括根据不同业务制定的基于时长或基于流量的计费，要求能够根据系统中的专业认证计费系统 AAA 服务器进行实时更新，对该终端的计费配置进行计费的同步。

3. 关键设备技术

在卫星互联网地面信关站系统中，无线接入与控制子系统具有数据接收和发射载频处理功能，是实施数据接入控制和资源分配的软硬件关键设备。无线接入与控制系统主要包括射频处理设备、基带处理设备和信关站控制器三部分。

（1）射频处理设备：主要用于控制、管理和数据交换，完成数据发送方向的成形、调制、上变频等处理，以及接收方向数据的 A/D 采样，下变频、滤波等处理。

（2）基带处理设备：是信关站收发信机的重要组成部分，主要实现卫星移动通信空中接口物理层的处理任务，完成多波束信号的调制解调、编译码及物理信道与逻辑信道映射等。

（3）信关站控制器：信关站控制器是信关站系统的核心控制中枢，主要实现对信令处理、接纳控制和资源分配等。

9.1.2 用户终端系统

面向未来应用的卫星互联网地面部分的用户终端系统主要有三种类型：固定型用户终端、企业专业型终端及便携移动式终端。

固定型用户终端和企业专业型终端主要由天线、室外单元和室内单元三部分组成。便携移动式终端将三者有效集成在一起。室外单元主要由馈源、接收设备（低噪声放大器和下变频器）和发射设备（高功率放大器和上变频器）三部分组成，室外单元通过中频电缆连接到室内单元；室内单元包括基带接收设备（中频器、下变频器和解调器）和基带发射设备（中频器、上变频器和调制器）两部分；用户终端天线一般采用固态功放模式，结构尺寸约为 1 m。

9.1.3　网络运控系统

网络运控系统一般通过网络管理系统、运营支撑系统和业务支撑系统来综合管理卫星互联网地面网络和接入网络的用户端服务需求。网络运控系统确保按照用户端服务级别协议提供服务，同时对多个远程网关和卫星实施中央控制。网络运控系统的主要任务包括用户终端订阅、计费和自动化非接触式资源调配等。

9.2　卫星互联网地面传输技术

面向未来的应用需求，卫星互联网将与新一代地面移动通信系统深度融合，取长补短，构建全覆盖、低时延、高可靠的海、陆、空、天一体化立体综合网络系统，满足不同级别用户在不同业务场景下的实时通信业务需求。

在地面移动网络通信系统中，偏远地区、飞机或远洋舰艇上无法布置 5G 网络。此时，通过卫星互联网与地面网络的融合，可提供经济可靠的网络接入服务，将网络延伸到地面网络无法到达的地方，弥补地面网络的不足。而对于要求高可靠、低时延的应用场景（如工业互联网、远程医疗、无人驾驶）来说，新一代 5G 网络具有更大的优势。因此，卫星互联网地面传输技术主要以和宽带互联网深度融合为主。

9.2.1　5G

5G 是最新一代蜂窝移动通信技术，是 4G（LTE-A、WiMax）、3G（UMTS、LTE）和 2G（GSM）网络通信系统的延伸。5G 的远景目标是实现高数据传输速率，降低链路时延，节省系统能耗，降低成本，提高系统容量和支持大规模设备的泛在连接[2]。

对比现有网络，5G 不仅速度更快、时延更低，而且主要是针对未来典型的应用场景进行设计的，这些场景的特点可以归纳以下四个。

（1）连续广域覆盖：对用户来说，要求体验速率达到 100 Mbps。5G 的覆盖不再局限于目前小区的概念，而是多种接入模式的融合，通过智能调度，为用户提供更快的速率体验。

（2）热点高容量：在用户的集中区域，如大型演唱会现场、车站等人口密度大、流量密度高的区域，5G 网络要根据动态的资源调度，满足体验速率为 1～10 Gbps 和流量密度不低于 10 Tbit/km² 的网络要求。

（3）低时延、高可靠：在未来的自动驾驶和工业控制领域，对时延和可靠性的要求非常严苛，未来端到端毫秒级时延和可靠性接近 100%的网络要求是 5G 必须满足的。

（4）低功耗、大连接：万物互联是下一代信息技术革命的目标，未来智慧城市、环境监测、森林防火等以传感和数据采集为目标的应用场景，具有小数据包、低功耗、海量连接等特点。这类终端分布范围广、数量众多，不仅对连接密度有很高的要求，而且还要保证终端的超低功耗和超低成本。

在 5G 网络架构中，移动通信服务网络可以划分为接入云、控制云和转发云三部分，如图 9-4 所示[3]。

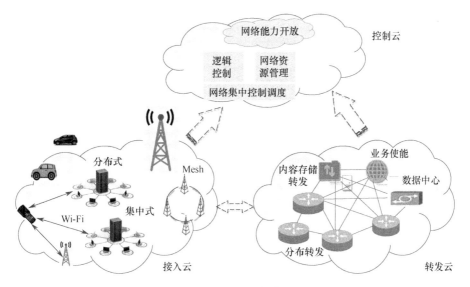

图 9-4　5G 网络架构

（1）接入云：支持接入控制和承载分离、接入资源的协同管理，满足未来多种部署场景（如集中、分布、无线 Mesh），实现基站的即插即用。

（2）控制云：实现网络控制功能集中，网元功能虚拟化、软件化及具备重构性，支持第三方的网络能力开放。

（3）转发云：将控制功能剥离，转发的功能靠近各个基站，将不同的业务能力与转发能力融合。

按照 3GPP 的定义，5G 具备高性能、低时延与高容量，而这些优点主要体现在大规模多输入/输出（Multi Input Multi Output，MIMO）技术、设备到设备传输（Device to Device，D2D）技术、超密集网络技术、同时同频全双工四大技术。

1．大规模多输入/输出技术

大规模多输入/输出技术是现有天线阵列技术的升级[4]。天线阵列技术是基于多用户波束成形原理提出的新技术。

传统的通信方式主要通过基站与客户端之间单天线的电磁传播进行数据通信，而大规模天线阵列是指基站拥有多根天线，发射基站的多个无线通信系统既可以独立发送信号，又可以同时接收多个天线信号。大规模天线阵列技术可自动调节通信链路并找到最佳的通信相位，产生最佳的传输接收效果，最终达到提高接收信号强度的目的，同时该系统具有能够复原信息的能力。

2．D2D 技术

5G 的大规模广泛应用对原有无线通信系统提出了新需求，需要不断提升无线通信的性能，以及提升用户感知度、舒适度。D2D 技术正好顺应这一技术发展趋势，可从一定程度上满足新技术的需求而获得推广应用。

D2D 技术可实现近距离范围内两个客户终端之间的直接通信，如 Wi-Fi-direct、蓝牙、ZigBee 等[5]。终端设备之间通信链路建立成功后，其数据的传输无须外部基础设施辅助。在由 D2D 通信用户组成的分散式网络中，每个用户节点都能发送和接收信号，并具有自动路由（转发消息）的功能。网络的接入端共用它们所拥有的部分硬件资源，可实现信息处理、存储及网络连接能力的共享。这些共用资源向网络提供服务和资源，能被其他用户直接访问而不需要经过中间实体。因此，D2D 技术在提升现有频谱利用率、减轻基站数据处理压力、降低端对端传输时延、提高系统网络性能等方面具有极大优势，同时还可提供跳增益、复用增益、临近增益等各种增益。

3．超密集网络技术

设备单元终端的多元化、智能化是 5G 发展的趋势。随着接入互联网电子设备终端的大量普及，网络数据流量的使用量会呈现直线上升，对现有数据链路传输能力提出较大需求，超密集网络技术将成为缓解局部网络压力的主要技术手段。

超密集网络技术主要从增加无线传输站点数量和缩小无线传输站点距离的两方面实现。超密集网络技术可大大提高网络覆盖率，减轻网络间的信号干扰度，更能够集中高效地复用网络通信频率。

4．同时同频全双工技术

同时同频全双工技术是指基站设备的发射和接收模块占用相同的频率资源，同时进行双向数据传输，使得通信链路的发射端、接收端在上、下行通信链路上，在相同时间使用同一工作频率，突破了现有的频分双工和时分双工的数据通信模式。因此，同时同频全双工技术是使通信节点实现双向链路通信的关键技术之一，也是 5G 所需的高吞吐量和低时延的关键技术。

9.2.2　高速光互联网通信技术

随着信息技术的发展，互联网技术逐渐渗透到人们学习、工作和生活的各个环节。人们对宽带互联网网络的依赖性越来越强，因此从宽带互联网通信技术的发展来看，网络用户数量飞速增长，宽带互联网业务量呈指数增长。同时，随着人工智能技术的普及，大量先进的智能终端设备不断涌现，海量计算数据同时接入互联网系统，容易造成数据链路拥堵，产生时延。在这种情况下，未来宽带互联网技术必须具备应对大流量数据带来的信息传输压力的能力，因此高速宽带光互联网技术具有显著的技术优势。

1．宽带传输网

在未来宽带传输网络中，光纤将成为主要传输物理介质。光纤传输宽带网络有以下几个技术优势：带宽大、衰减速度低和保密性强。

2．宽带交换网

宽带交换网中最重要的两个技术热点是异步传输和 IP 数据传输。

IP 是一种网络之间不需要事先建立连接关系，仅依靠 IP 分组报头信息就可以决定转发路径的数据协议，因此 IP 使用起来较为灵活[6]。

使用异步传输技术的宽带交换网需要提前建立连接关系。异步传输需要在发送端和接收端之间先建立一条虚拟链路，然后它们之间才可以进行网络通信，产生信息交换。随后，需要传输的信息将会被分割成一个个虚拟化的信元载体，通过先前建立的虚拟链路进行传播。当信息全部传送完成时，该虚拟链路消失。

利用异步传输技术的宽带交换网最大的优点就是可以最大限度地利用传输信道带宽资源，具备数据高速传输的能力。

3. 宽带接入网

（1）电话网络接入技术：目前发展较为成熟，该技术既可提供传统的电话业务，又可以提供数据传输服务，目前在欧美国家使用较多。

（2）家庭电话网络接入技术：与电话网络接入技术类似，也是将电话业务和宽带业务合二为一。目前该技术主要在我国的深圳等地使用。

（3）混合光纤同轴电缆接入技术：与前面两种接入方式不同，每个小区内用户共享网络速度，随着人数的增加，网络速度会逐步下降。

（4）光纤+超五类网线接入技术：价格实惠且能够为用户提供超高的网络速度，因此将成为未来宽带网络接入的主要方式。

（5）光纤接入技术：是我国运营商最看好的宽带接入方式，目前处在快速发展阶段。

4. P2P 网络技术

计算机网络的目的就是建立一个各节点对等的计算机网络通信系统，但计算机网络客户端的配置不高，计算、存储能力有限，因此在相当长一段时间内，主要使用基于客户端和服务器的 C/S（Client/Server）模式及基于浏览器和服务器的 B/S（Browser/Server）模式。与传统的 C/S 结构不同的是，在 P2P 网络结构中，各节点地位对等，没有主从之分，每个节点都既是服务器也是客户端。

P2P 网络技术又被称为相互对等的互联网通信技术，是一种新型网络通信技术。P2P 网络技术通过 Ad hoc 技术连接信息传输节点，该技术不依赖集中分布的计算服务器，充分调动了网络中各个参与节点本身的计算能力和带宽资源。该技术已经广泛用在各种档案分享软件，此外也广泛使用在 VoIP 等实时媒体数据通信业务领域中。

P2P 网络技术根据其查询的路由结构可以分为集中式、无结构式和结构化三种类型，也分别表示 P2P 网络技术发展的三个阶段。

1）集中式对等网络结构

集中式对等网络结构基于中央目录根服务器建立，这种网络结构比较简单，可直接为网络中各节点提供目录查询服务，传输内容无须经过中央服务器，中央服务器的负担大大降低。但由于目录集中管理，网络结构仍存在数据传输中央节点，容易造成数据传输拥堵，网络结构扩展性也较差，增加了管理成本，不适用于大型网络，小型网络的管理和控制可选择此种结构。

2）无结构分布式网络结构

无结构分布式网络结构与集中式对等网络结构的最显著区别在于，没有中央服务器，所有节点直接与相邻节点建立通信关系，实现整个网络的接入[7]。在无结构分布式网络结构中，节点主要通过查询包的机制来主动从网络结构中搜索需要的资源。具体的实施方式为：节点将包含需要查询内容的查询包随机发送到相邻节点，该查询包以扩散的方式在网络中传播。这样的信息查询方式如果不加限制，会引起消息泛滥传播，因此一般会设置一个适当的截止时间（生存时间）来终止查询过程。截止时间随查询过程的延长逐渐缩短，为 0 时不再向周围节点发送查询包。

无结构分布式网络结构的系统组织方式松散，网络节点的加入与离开具有随机性。当查询的内容较热门时，很容易就能找到；但如果查询的内容比较冷门，就需要较长的截止时间，容易引起较大的网络流量。当网络查询范围扩展到一定规模时，即使截止时间值较小，也会引起网络流量的剧增。在网络中存在一些拥有丰富资源的类服务器节点时，该结构可显著提高数据查询效率。

3）结构化分布式网络结构

结构化分布式网络结构是基于分布式哈希表技术孵化出来的研究成果。它的基本原理是将网络中存在的所有数据资源汇总成一张包含关键字信息的巨大数据图表，图表内包含资源关键字和存放节点的地址两个重要参数[8]。这张图表被分解后随机存储到网络系统中的每一节点。当客户端在网络中搜索资源时，能在图表中迅速锁定与关键词对应内容所存放的节点，并得

到存储节点的地址信息，然后根据节点地址信息，与对应节点建立连接并传输资源。

结构化分布式网络结构是一种技术上比较先进的对等网络结构，它具有高度结构化、高度可扩展性，计算节点的加入与离开相对比较自由，因此这种方式适合较大型的网络，是未来网络结构的发展趋势。

9.3 卫星互联网地面组网技术

组网技术就是网络组建技术，目前卫星互联网地面系统涉及的组网技术主要分为超密集组网技术和 SDN/NFV 组网技术两大类。

9.3.1 超密集组网技术

超密集异构组网技术是提升网络容量最有效的技术手段之一。在超密集异构组网技术中，利用微基站、WLAN、毫米波基站等低功率设备大范围覆盖的有利条件，提升网络接入点密度，从而将信息通信站点之间的距离降至米级别，从而达到地面网络的高流量、高峰值速率性能需求，进一步推动新一代移动通信系统与宽带通信技术深度融合。

1. 超密集组网技术的主要问题

在网络热点高容量、高密度密集布置的场景下，无线通信环境复杂且干扰多变，基站面临频繁数据接入与退出服务[9]。基站的超密集组网可以在一定程度上提高系统的频谱利用效率，并通过系统资源调度技术可以快速进行无线资源调配，提高系统无线资源利用率和频谱效率，但同时也带来了以下问题。

（1）系统干扰问题：在复杂、异构、密集场景下，高密度的无线接入站点共存可能带来严重的系统干扰问题，甚至导致系统频谱效率恶化。

（2）移动信令负荷加剧：随着无线接入站点间距进一步减小，小区间的切换将更加频繁，会使信令消耗量大幅度激增，用户业务服务质量下降。

（3）系统成本与能耗：为了有效应对热点区域内高系统吞吐量和用户体验

速率要求，需要引入大量密集无线接入节点、丰富的频率资源，以及新型接入技术，需要兼顾系统部署运营成本和能源消耗，尽量使其维持在与传统移动网络相当的水平。

（4）低功率基站即插即用：为了实现低功率小基站的快速灵活部署，要求小基站具备即插即用能力，具体包括自主回传、自动配置和管理等功能。

2．超密集组网关键技术

卫星互联网技术体系中地面段的移动通信技术主要为 5G。其中，高频段是未来 5G 网络的主要频段，在 5G 的热点高容量典型场景中，将采用宏微异构的超密集组网架构进行部署，以实现 5G 网络的高流量密度、高峰值速率性能。为了满足热点高容量场景的高流量密度、高峰值速率和用户体验速率的性能指标要求，基站间距将进一步缩小，各种频段资源的应用、多样化的无线接入方式及各种类型的基站将组成宏微异构的超密集组网架构。

1）多连接技术

随着互联网技术的发展，微基站和宏基站的交错布置，可以实现智能设备随时随地接入网络系统，因此互联网系统存在宏微异构组网的特点。微基站大多面向用户终端在热点区域局部部署，微基站或微基站簇之间存在非连续覆盖的区域；宏基站一方面要实现信令基站的控制面功能，另一方面还要根据实际部署需要，提供微基站未覆盖区域的用户终端数据承载功能。

多连接技术是面向宏微异构组网的互联网技术，目的在于实现用户终端与宏微基站多个不同无线网络节点的同时连接功能[10]，不同网络节点的无线接入技术可以相同，也可以不同。在多连接技术中，宏基站不负责微基站的用户面处理，因此不需要宏、微基站实现严格时间同步，从而降低了对宏、微基站之间网络通信回传链路性能的要求。同时，宏基站也承担了部分数据基站的作用，因此可有效解决微基站间非连续覆盖处的网络传输业务问题。

2）无线回传技术

在现有网络组网架构中，基站与基站之间很难构建快速、高效、低时延的横向通信链路。同时，受基站本身条件的限制，基站底层不支持网络回传这一功能。因此，实际上基站不能实现理想的即插即用功能，而且部署和维护成本高昂。

无线回传技术是指利用与接入链路相同的频谱和技术进行数据无线回传，

以提高网络系统中计算节点部署的灵活性，降低多节点的部署成本。无线回传技术既可为终端提供服务，又可为节点提供中继服务。

3. 超密集组网布置技术

卫星互联网地面技术中的超密集组网可以划分为"宏基站+微基站"及"微基站+微基站"两种模式，可分别通过不同的方式实现干扰与资源的调度。

1)"宏基站+微基站"模式

在"宏基站+微基站"模式中，根据业务发展需求，灵活部署微宏基站，宏基站与微基站在业务层面分工明确，相互配合。宏基站主要负责低速率、高移动性的数据传输业务，微基站靠近数据热点区主要负责高带宽类业务。除此以外，宏基站还负责补充覆盖微基站空洞区域及微基站间的资源协调管理，从而实现控制与承载的分离功能。

2)"微基站+微基站"模式

在"微基站+微基站"模式中，没有宏基站这一网络单元模型，为了具有类似于宏基站的资源协调管理功能，需要在由微基站组成的密集网络单元中构建一个虚拟宏小区模块[11]。

微基站簇内多个微基站共享资源（包括信令、频道、载波等），构建虚拟宏小区基础设施模块。同一簇内的微基站在相同资源上控制数据的传输，以达到虚拟宏小区构建的目的。同时，各个微基站在其剩余资源上同时进行用户端数据的传输，从而实现超密集组网场景下控制端数据与用户端数据的物理分离。

9.3.2 SDN/NFV 组网技术

在卫星互联网地面组网技术领域，基于软件定义网络（Software-Defined Networking，SDN）和网络功能虚拟化（Network Function Virtualization，NFV）等前沿技术构建的地面网络组网架构在提升网络灵活性、降低部署成本及提升效率方面具有巨大优势，使得 SDN 及 NFV 成为地面系统的关键技术。

1. SDN 技术

SDN 是一种控制与转发过程物理分离，并可直接用于编程的新型网络架构[12]。SDN 技术的核心是将传统网络设备中紧密耦合的网络架构解耦成应用、控制和转发三层相互独立的网络架构，并通过标准化制定，实现目标网络的集中管控和网络应用的可编程性[13]。SDN 的基本架构如图 9-5 所示。

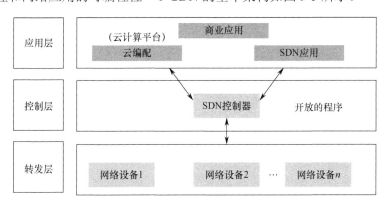

图 9-5　SDN 的基本架构

2．NFV 技术

NFV 是一种通过硬件资源调配技术，来减少计算能力对硬件资源依赖性的，更灵活和简单的网络发展模式[14]。

NFV 技术的实质是基于现有的计算、存储等网络硬件设备，利用虚拟化功能将网络功能从专用的硬件设备中剥离出来，实现物理上软件和硬件系统解耦，保证各自功能独立，从而实现网络功能及其动态的灵活部署。由于 NFV 以云计算和虚拟化技术为基础，所以欧洲电信标准化协会的 NFV 高层架构一开始就把虚拟网络功能单元的管理和编排功能加入到了架构中，如图 9-6 所示。

3．SDN/NFV 和云计算的关系

新一代移动互联网网络架构中的软件自定义技术是连接、控制云平台和转发云平台的关键。网络功能虚拟化技术可将控制云平台中的控制设备和转发云平台中的转发设备用通用设备来替代，从而节省系统建设成本。移动互联网中控制云、转发云中的资源调度、性能扩展和自动化管理都依赖云计算平台基础设施，其中无线接入云更多地侧重于多种接入资源的协调优化，并不太依赖软件自定义网络带来的转发面控制和承载分离。

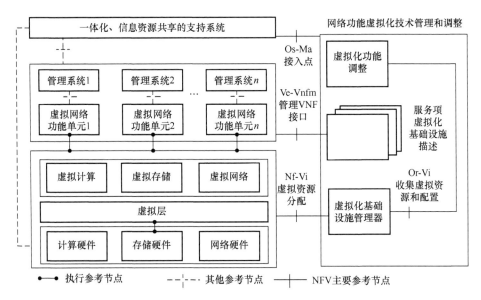

图 9-6　NFV 高层架构

在未来新一代技术中，SDN/NFV 技术和云计算技术的关系，可以看作点、线、面的关系。NFV 技术负责虚拟化网络单元，形成"点"；SDN 技术负责网络连接，形成"线"；所有这些网络单元和网络连接都部署在虚拟化的云计算平台中，云计算技术将上述"点"和"线"扩展形成"面"。

（1）NFV 主要负责网络功能的软件化和虚拟化，并保持功能不变。软件化是基于云计算平台的基础设施，虚拟化的目的是充分利用 IT 设备资源的低成本和灵活性，但并非所有的网络功能都是需要被虚拟化的。NFV 提供了一种更经济和灵活的建网方式，开放的产业链中会有更多的供应商，软硬件的解耦会让更多软件供应商参与其中，运营商的选择面更大。

（2）SDN 技术追求的是网络控制和承载的分离，将传统分布式路由计算转变成集中计算、流标下发的方式，在网络抽象层面上，将基于分组的转发粒度转化为基于流的转发粒度，同时根据策略进行业务流处理。

（3）云计算是 SDN/NFV 的载体和基础。SDN/NFV 所必需的弹性扩展、灵活配置及自动化的管理都依赖于基础云平台的能力。

9.4　卫星互联网地面计算技术

在云计算技术的帮助之下，卫星互联网地面网络不但实现了较大的进步，而且得到了广泛的应用。云计算技术的应用在很大成程度上解决了移动通信网络优化过程中存在的问题，方便了人们的生活，并且对今后我国经济的发展具有非常重要的作用。

9.4.1　云计算技术

云计算技术是一种根据计算资源使用量付费的新型计算模式，客户端投入很少的管理工作，或与服务供应商进行很少的交互便可快速获取所需计算资源。云计算技术提供可用的、便捷的、按需的网络接入访问服务，云平台可快速提供可配置的计算资源共享池（包括带宽、服务器、存储、应用软件等资源）。

面向互联网技术定制化的客户服务需求，云计算是必不可少的服务模式。同时云计算技术本身的分布式计算、虚拟化、负载均衡和热备份冗余等特性也可以很好地满足网络架构对低成本和灵活性部署的要求。

9.4.2　量子计算技术

量子力学在实际过程中的应用主要有量子通信和量子计算。目前谷歌、IBM 已经在量子计算机领域展开研究。而在量子通信领域，中国已经处在世界领先地位。

1. 量子计算机

对于量子计算技术的研究开始于 20 世纪 80 年代。量子计算机涉及的关键技术包括量子处理器的物理实现、量子编码、量子算法、量子软件、外围保障和上层应用等多个环节。

量子计算机和量子计算，都是利用量子现象来加快计算进程执行速度。与现有计算机相比，量子计算机具有两大显著的技术优势：对特定计算困难问题具有指数级计算能力的提升，有更加强大的并行计算能力，具有高效的量子模拟能力。

世界各国纷纷出台相关政策，支持量子信息技术的发展，同时下拨大量资金用于支持以量子计算为主的量子信息通信技术研究。美国政府持续投入，政府、高校、科研院所、科技巨头和初创企业等多方力量合作，在基础理论研究、量子处理器研制和量子技术应用探索等方面占据了国际领先地位。欧洲、日本、加拿大和澳大利亚等发达国家紧跟美国步伐，成立产业联盟，通过联合技术攻关和成果共享等方式不断提升联盟科技水平。印度、韩国、俄罗斯、以色列等国家也逐渐重视量子计算技术的发展，并相继将其列入国家技术计划。近几年，我国对量子信息技术发展较为重视，并在《国家中长期科学和技术发展规划纲要（2006—2020年）》中明确将"量子调控"技术列为国家级基础研究领域重大科学研究计划，并支持建立量子信息科学国家实验室。

目前制约量子计算机技术成熟和商业化的因素主要有量子比特数、相干时间和合适的算法等。科学家认为量子计算机仍然需要在量子比特制备、相干时间长度等软硬件方面继续有所突破，才有望最终实现商用。

2. 量子计算云平台

量子计算技术最有可能成为下一代信息技术的核心，有望突破经典计算技术的瓶颈，实现计算能力的飞跃。如今，全球主要科技强国与各大科技公司持续加大对量子计算领域的资助力度。

量子计算机体系是微观结构体系，因此对运行环境要求相当苛刻，尤其对温度带来的噪声干扰非常敏感。当温度噪声带来的影响与量子计算体系的能级间隔相当时，就会对的计算结果造成极大的信息干扰，因此量子芯片需要工作在低温环境中。

近乎苛刻的运行环境要求，意味着量子计算机难以像移动终端那样普及及广泛应用。建立量子云计算平台，可将客户端对量子计算机的操作信令通过链路传达到云计算服务器，通过云计算服务器中转服务对量子计算机进行间接操作，然后云计算服务器将量子计算机的运行结果通过网络返回到客户端。量子计算云平台是提供量子计算服务的云计算平台，可利用网络间接地实现用户对量子计算机的操作。云平台前端对客户端用户直接提供量子算法开发测试环境，后端直接连接量子计算机体系和经典仿真计算环境。

目前公开的量子计算云平台有四个：中科院-阿里云、IBM量子云平台、本源量子云平台、NMR量子云平台。

量子计算技术完全不同于现有计算技术，因此传统的网络安全防护技术将会发生翻天覆地的改变，其网络安全防护技术和防护手段将会远远超出目前人们的技术认知范围。量子计算技术具有强大的计算能力，可以轻而易举地攻破现有基于质因数分解的密码防护技术体系，计算加密规则将在一夜之间被改写。因此，面向未来量子计算技术，密码技术将会变得更有创意（使用更多基于问题或网格的加密）、更多元化、更具挑战性，开发用于存储有价值信息及防范黑客攻击的，更安全的量子计算密码系统显得十分重要和迫切。

3. 量子通信技术

量子通信技术是指利用量子效应经过数据加密处理并进行信息传输的一种新型通信方式，它主要涉及量子密码通信、量子远程传态和量子密集编码等三大技术。量子通信虽然不可能真的超光速，但量子通信技术本身具有更安全、更快捷的特点。

量子通信技术的目的是建立超广域乃至全球范围的安全可靠的量子通信网络体系，这需要依赖多颗量子通信卫星。2016 年 8 月 16 日，我国成功发射了世界第一颗用于量子通信的 "墨子号"卫星[15]。

面对未来复杂的网络信息安全形势，信息安全已然成为未来网络防护技术的刚需。量子通信理论上具有 "无懈可击""无条件安全""零信任"的优势，在军事、金融、重大基础设施和个人私密方面意义重大。目前，国内即将实用化的"量子通信"仍然采用传统技术（光纤和激光）传递信息，但已经可以做到用量子原理来分配、传递密钥，同时对给定的信息进行加密处理。

9.5　卫星互联网地面存储技术

随着卫星互联网技术与新一代移动互联网通信技术的深度融合，产生的数据量将进一步呈爆炸式增长。比如，自动驾驶中仅摄像机和雷达等设备每秒产生的数据就有 10 GB 之多，大数据、人工智能、云计算等也都将产生大量数据。根据互联网数据中心（Internet Data Center，IDC）的研究报告，2016 年以来，全球数据存量以每两年翻一番的速度在发展，2020 年的这一数值已达到 44 ZB，其中访问率极低的冷数据将达到 35.2 ZB，约占数据总量的 80%。如何提高数据存储的效率和安全性，同时降低成本，成为卫星网络发展建设中亟须解决的一大难题[16]。

卫星载荷信息存储的安全直接关系到国家基础信息安全、经济社会稳定运行，关系到人民群众的根本利益。

虽然目前我国的数据存储技术已经打破了国外技术壁垒，并逐渐成熟，形成核心产品，但总体上还处于跟跑的水平，缺乏技术原创力。用于大数据存储的硬盘等的核心技术和产品均掌握在美国、日本、韩国等科技强国手中。随着信息网络、物联网技术的发展，互联网产生的数据量激增，海量数据的产生，对寿命长、安全可靠、绿色节能、低成本的大数据存储设备的需求会日益增加和迫切。其中，以光存储为核心技术的磁光电混合存储技术和产品可以满足海量数据存储的技术需求，为自主可控的信息存储产业提供坚实的支撑，有望成为新一代通信系统的网络基础设备中的核心设备。

目前，大数据处理平台最常见的网络架构为 Lambda 架构，其主要优势在于满足实时信息处理与批量处理的技术需求。但从数据存储的角度看，其在当前大数据处理过程中主要存在以下三大技术问题。

（1）实时处理、批处理不统一：大数据处理平台面向不同的处理路径采用不同的存储组件，多存储组件不断切换增加了大数据处理系统的复杂度，导致系统开发人员额外学习成本和工作量激增。

（2）数据存储多组件化、多份化：大数据处理平台中，同样的数据会被存储在多种异构的系统中，数据资源是多份冗余的，极大地增加了用户的数据存储成本。对于企业用户来说，存储冗余就意味着经济损失。

（3）系统的存储组件复杂，增加了运维成本：大数据处理平台的大部分项目还处于"强运维"的产品使用阶段，对于企业用户来说这部分费用是很大的开销。

在面向未来商业应用的大数据存储技术路线中，最典型的有采用刀片服务器（Massive Parallel Processing，MPP）架构的新型数据库集群、基于 Hadoop 技术扩展和封装、大数据一体机和开源分布式流存储四种。

1. 采用 MPP 架构的新型数据库集群

采用 MPP 架构的新型数据库集群存储技术采用 Shared Nothing 网络架构（如图 9-7 所示），重点面向行业大数据存储技术应用需求，通过阵列存储、粗粒度索引等多项大数据处理技术，结合高效的分布式计算模式，完成对大数据分析类应用的技术支撑。采用 MPP 架构的新型数据库集群存储技术的运行环境多为低成本的个人客户端。该存储技术具有高性能和高扩展性，在企业分析应用领域有极其广泛的应用。

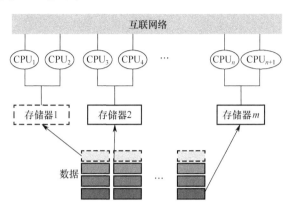

图 9-7　MPP 架构

基于 MPP 架构的新型数据库集群存储，可以有效支撑 PB 级别的结构化数据存储、分析任务，这是传统数据库存储技术无法胜任的。因此，对于新一代企业的数据仓库和结构化数据分析需求，目前的最佳选择是基于 MPP 架构的数据库集群存储技术。

2. 基于 Hadoop 技术扩展和封装

对传统关系型数据库较难处理的数据和场景，围绕 Hadoop 技术衍生出相关的大数据分析技术。例如，充分利用 Hadoop 开源的技术优势，针对非结构化数据的存储和计算场景等，伴随相关计算机网络通信技术的不断进步，其应用场景也将逐步扩大。目前最典型的应用场景为通过扩展和封装 Hadoop 技术来实现对互联网大数据存储、分析。因此，对于非结构、半结构化数据处理、复杂流程处理、复杂的数据挖掘和计算模型，基于 Hadoop 技术扩展和封装建立的大数据处理平台更擅长。

3. 大数据一体机技术

大数据一体机是一种专为大数据分析处理而设计的软、硬件结合的产品。它主要由高度集成的服务器、存储设备、操作系统、数据库管理系统，以及为数据查询、处理、分析任务而预先安装的软件组成。高性能大数据一体机具有良好的技术稳定性和纵向扩展性。

4．开源分布式流存储技术

从数据存储的角度来分析，数据存储架构的顶层设计需要首先明确存储数据的特点。在物联网、自动驾驶、金融、视频通信等实时通信应用场景中，所需存储的数据一般称为流数据。流数据是一组有顺序地大量、快速、连续传输的数据序列。在一般情况下，数据流可被看作一个随时间延续而无限增长的动态传输数据集合。

四大存储类型如图 9-8 所示，从左到右依次为块存储、文件存储、对象存储和流存储，是四种最常见的数据存储类型。不同应用场景需要的数据存储类型不同：基于事务的传统数据库程序适合采用块存储系统；用户间需要文件共享的场景，适合采用文件存储系统；需要无限扩展的非结构化图像、音视频文件适合采用对象存储系统。

传统应用或中间件   流应用或中间件

块存储
- 结构化数据
- 关系数据库

文件存储
- 非结构化数据
- 发布订阅数据
- NoSQL 数据库
- 文件共享

对象存储
- 非结构化数据
- 互联网友好型数据
- 语义上无限扩展
- 跨地点多站点部署

流存储
- 非结构化数据
- 互联网友好型数据
- 语义上无限扩展
- 跨地点多站点部署

图 9-8　四大存储类型

针对流数据的应用场景，需要的流数据存储满足以下需求。

（1）低时延需求：在高并发条件下数据存储需具有低于 10 ms 的读/写时延。

（2）仅处理一次需求：确保任何场景下，单一事件都被处理且仅被处理一次。

（3）顺序保证需求：流数据存储提供严格有序的数据访问模式。

（4）检查点要求：当网络出现故障时，客户端、上层应用能主动恢复原有状态。

9.6　本章小结

　　卫星互联网不会与新一代地面移动通信系统等地面网络构成竞争关系，二者将深度融合、取长补短，共同构成全球无缝全覆盖的海、陆、空、天一体化立体综合信息网络，满足客户端无处不在的多种网络实时业务需求，是未来的重点发展方向。因此，卫星互联网地面组网技术主要以 5G 和宽带互联网技术深度融合的技术方案为主。本章首先简要介绍了卫星互联网地面系统的构成；然后分别介绍了 5G 和宽带互联网网络系统组网过程中的关键技术；最后面向网络技术发展趋势，介绍了基于 5G 和宽带互联网技术深度融合的卫星互联网地面技术方案。

本章参考文献

[1]　王力权. 同步轨道卫星移动通信系统信关站关键技术研究[D/OL]. 西安：西安电子科技大学 2018[2018-03-01]. https://kns.cnki.net/kcms/detail/detail.aspx?dbcode=CMFD&dbname=CMFD201901&filename=1019003390.nh&v=QH2SCODkMQnEFcCBNv7rPRKworAGJYp2aO8pReJAvV3t54hwHDjYF1u7Y1QDiATt.

[2]　武韬. 5G 无线网络及其关键技术[J]. 中国新通信，2018，20(11)：8-10.

[3]　李广达，孙晨华，刘刚. 卫星网络与地面网络融合的 5G 网络架构[J]. 无线电工程，2016，46(3)：5-8.

[4]　何殿宽，刘家新. 浅谈 5G 移动通信的网络构架与关键技术[J]. 中国新通信，2017，7(9)：44-47.

[5]　周述淇，郑辉，李小文. 面向 5G 通信网 D2D 通信的架构综述[J]. 广东通信技术，2017(11)：41-49.

[6]　邓冠文. 中国互联网宽带技术的历史与发展方向[J]. 中国新技术新产品，2011(9)：26-27.

[7]　杨小林，刘德利. 基于 IPTV 业务运营和服务的大数据分析系统设计[J]. 中国有线电视，2019，402(1)：31-35.

[8]　李昊，王军宁. 对等网络技术在网络电视（IPTV）中的应用研究[J]. 中国学术期刊文摘，2008，4(6)：151-151.

[9]　苏雄生. 面向 5G 网络的超密集组网探讨[J]. 电信快报：网络与通信，2017(12)：6-8.

[10]　郭全兴. 卫星网络与地面网络融合的 5G 网络架构研究[J]. 数字化用户，2019，25(45)：9-12.

[11]　吴昊. 5G 无线接入网超密集组网设计方案前瞻[J]. 现代工业经济和信息化，2018，8(16)：

25-26.

[12] 黄泽昱. 多域网络的联合控制与管理[D/OL]. 成都：电子科技大学，2015[2015-06-16].
https://kns.cnki.net/kcms/detail/detail.aspx?dbcode=CMFD&dbname=CMFD201601&filena
me=1015711876.nh&v=ZDFzoSff5L2BInNr49kkJe6uqYbcMem4z8j3wwWVHA3S3j4g2O
yWZeLz6aUlTK4p.

[13] 邹学勇，龙玉荣，魏志刚. 互联网通信[M]. 北京：人民邮电出版社，2014：113.

[14] 胡浩. 网络功能虚拟化平台构建与测试[D/OL]. 北京：北京邮电大学，2017[2016-12-01].
https://kns.cnki.net/kcms/detail/detail.aspx?dbcode=CMFD&dbname=CMFD201801&filena
me=1017291162.nh&v=DToNMiYfWSL50HzO0urgeYxqJY3DwZKDTIK%25mmd2Ba1d
LP%25mmd2BDhVGPJqaL4Ky458H4cKVbP.

[15] 王家明. 基于线性光学下量子态的分辨[D/OL]. 合肥：安徽大学，2017[2017-05-26].
https://kns.cnki.net/kcms/detail/detail.aspx?dbcode=CMFD&dbname=CMFD201702&filena
me=1017159649.nh&v=zhEsq%25mmd2F2HIrsoDxPXjHSdfnu4E1NBWX41hBMCGE3O
CHJ3Ym7C3gmozKZQDyeMGrH3.

[16] 胡建平，孙杰，徐会忠，等. 基于混合轨道组网的空间计算互联网络架构[J]. 天地一体
化信息网络，2020，1(2)：17-21.

第 10 章　卫星互联网边缘计算技术体系

单一云计算模式存在万物互联实时性差、能耗大等问题，不足以全面支撑卫星互联网平台，而边缘计算能够成为卫星互联网实现万物互联应用的重要支撑平台，是目前技术发展的大势所趋。边缘计算是通过在靠近物体或数据产生源头的网络边缘侧，为应用提供融合计算、存储和网络等资源的服务终端，推进云端服务器模式从"云+端"集中式架构向"云+边+端"分布式架构演变，通过在网络边缘侧提供应用需要的计算、存储等资源，满足行业在敏捷连接、实时业务、数据优化、应用智能、安全与隐私保护等方面的关键需求。

本章主要介绍卫星互联网中的边缘计算概念、核心技术、典型应用场景、技术研究现状和挑战等方面内容。

10.1　卫星互联网边缘计算核心技术

边缘计算（Edge Computing，EC）技术是云计算技术向物理边缘设备端的延伸。本节对边缘计算、移动边缘计算（Mobile Edge Computing，MEC）、微云计算、雾计算、霾计算、海计算、认知计算等边缘计算技术领域相关核心技术的概念、定义、架构和场景等进行比较分析，并对相关技术发展趋势给出预测与展望。

在物联网、5G、虚拟现实、人工智能等业务云化需求和技术发展双重驱动下，边缘计算技术应运而生并得到了行业的广泛关注。相对于传统云计算技术带来的"云端"海量计算能力需求，边缘计算技术实现了计算、存储资源和服务向边缘设备端位置的下沉，能够有效降低数据交互时延、减轻网络带宽负担、丰富业务类型、优化服务处理，提升服务质量和用户体验。

边缘计算、雾计算、移动边缘计算、微云边缘计算等领域内核心技术的比较分析见表 10-1。

表 10-1　边缘计算核心技术

项　目	领　域			
	雾　计　算	移动边缘计算	微云边缘计算	边　缘　计　算
与云的关系	对云的延伸,与云协同运作	可与云相对独立	对云的延伸,与云协同运作	对云的延伸,与云协同运作
核心场景	物联网	移动 RAN	计算能力卸载	物联网智能服务
基础设施	雾节点,可能位于端云之间任何位置,可以是路由器、交换机、接入点、网关、边缘集群等各种形态	MEC 主机,通常在基站、接入点、汇聚点、网关等之上	Cloudlet,软件形态,通常位于逻辑上靠近用户侧的基站、移动核心网等位置	边缘计算节点,可以有融合网关、控制器、感知终端、分布式业务网关、边缘集群等多种形态
管理	节点管理 应用支持 应用服务	边缘主机管理:边缘平台管理、VIM;边缘系统管理:边缘编排器、OSS、用户应用管理	应用后端系统全局边缘云管理 边缘云管理 网络管理	系统管理 数据管理 安全管理 智能服务(应用开发、运营)
应用管理	支持	支持	支持	支持
数据管理	支持在线分析及与云端交互	不支持	不支持	支持数据全生命周期管理
端管理	多终端,支持移动端	重点支持移动端	重点支持移动端	多终端,支持移动端

10.1.1　边缘计算

边缘计算产业联盟(Edge Computing Consortium,ECC)于 2016 年成立,是边缘计算技术的极大推动者[1]。边缘计算产业联盟给出边缘计算的定义:在靠近物体或数据产生源头的网络边缘侧,建立融合网络、计算、存储、应用等核心技术能力的分布式开放平台,提供就地边缘化智能服务,满足行业数字化在敏捷连接、实时业务、数据优化、应用智能、安全与隐私保护等方面的关键需求。边缘计算可以作为连接物理和数字世界的桥梁,提供智能资产、智能网关、智能系统和智能服务等多种模式[2,3]。

边缘计算产业联盟认为,边缘计算与云计算技术是行业数字化转型的两大重要支撑者。两者在网络、业务、应用、智能等方面的协同将有助于支撑行业数字化转型中更广泛的场景应用,创造更大的价值。其中,云计算模型适用于非实时、长周期数据、业务决策场景，而边缘计算模型适用于实时性、短周期数据、本地决策等场景。边缘计算产业联盟给出边缘计算的主要特性包括连接性、数据第一入口、约束性、分布性、融合性等。边缘计算产业联盟提出的边缘计算参考架构如图 10-1 所示[4]。

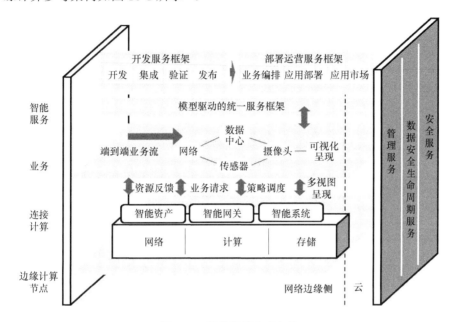

图 10-1　边缘计算参考架构

10.1.2　移动边缘计算

移动边缘计算是欧洲电信标准化协会提出并广泛应用的概念。计算技术本身经历了从移动边缘计算到多接入边缘计算的演变。

移动边缘计算是指在移动网络的边缘节点提供 IT 服务环境和云计算的能力，将集中式云计算中心的网络业务转移到接近移动用户端的无线接入网侧，目的在于降低数据传输时延，实现高效的网络管理和业务分发功能，改善用户体验。

多接入边缘计算是指在网络边缘节点为多个供应商（应用、内容）提供 IT 服务环境和云计算能力，该环境为应用端提供具有超低时延、高带宽、实时接入等特性能力的服务。移动边缘计算的主要特性包括就近接入、超低时延、位置可见、数据分析等。

欧洲电信标准化协会给出的移动边缘计算系统参考架构如图 10-2 所示。

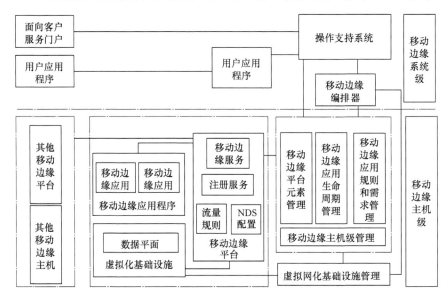

图 10-2　移动边缘计算系统参考架构

10.1.3　微云边缘计算

微云边缘计算是卡内基梅隆大学 2013 年提出的概念，它源于移动边缘计算、物联网与云计算的融合，代表"移动设备/物联网设备-微云-云"三层体系架构的中间层。微云边缘计算的目的在于使云计算更接近用户使用端，具有以软件形态部署、具备计算/连接/安全整体能力、遵循就近部署原则、基于标准云技术构建的四大特性。

微云边缘计算的参考架构如图 10-3 所示，包括移动端、边缘服务器、后端系统等三部分。其中，边缘服务器主要基于微云实现，包括以下三层结构体系。

（1）基础设施层：主要包括硬件、虚拟化和管理设备。

（2）开放云平台：提供客户端运行环境和计算能力，并实现资源统一管理。

（3）应用端：虚拟机支持移动设备安装、卸载的各种各样的应用。

微云边缘计算主要针对移动设备与云计算融合的场景，包括高度响应的云服务、扩展边缘分析、隐私策略执行、屏蔽云中断。微云边缘计算典型场景包括虚拟现实、虚拟客户端设备、企业服务（如虚拟桌面）、公共安全服务、传感器数据服务、车联网服务、移动 App 优化、工业 4.0、无人机支持服务、健康和体育服务、在线游戏服务和通信服务优化等。

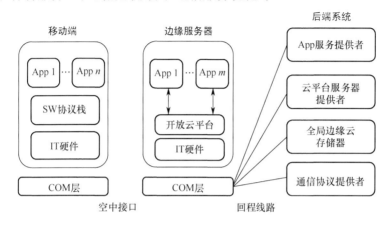

图 10-3　微云边缘计算的参考架构

10.1.4　雾计算

雾计算是 2011 年思科公司提出的概念，开放雾计算联盟是雾计算的主要推动者。其中，雾计算的定义为：一种系统级的水平架构，将计算、存储、网络、控制和决策等资源和服务分布到从云到物的任何位置，旨在解决物联网、人工智能、虚拟现实、5G 等业务场景需求。雾计算是一种面向物联网的分布式计算基础设施，可将计算能力和数据分析应用扩展至网络"边缘"节点，使目标客户能够在本地实时分析和管理数据，通过连接可即时获得运行数据参数。雾计算具有以下三方面特点。

（1）独立水平架构：雾计算支持垂直应用领域多个行业同时接入，将智能应用和控制服务分发到各用户和业务端。

（2）云到物服务的连续：在云和物之间建立服务实现应用分布，服务端更接近物的位置。

（3）系统级服务：雾计算覆盖物和云，形成一个个系统。从物到扩展到网络边缘，再扩展到云，覆盖多个协议层次，而非特定的协议或端到端系统的一部分。

雾计算和云计算相互依赖、相互补充；根据系统需要，部分功能适合在雾节点执行，另一部分功能则适合在云上运行。云计算、雾计算的具体应用边界依据应用场景和网络环境等有所不同。节点是智能终端设备和云计算设备之间的智能接入网络的中间计算网元，可以是物理的，也可以是虚拟的。雾节点与智能终端设备或接入网设备紧密耦合，在终端设备和云之间提供数据管理和通信服务等功能。

开放雾计算联盟给出雾计算参考架构，如图 10-4 所示。

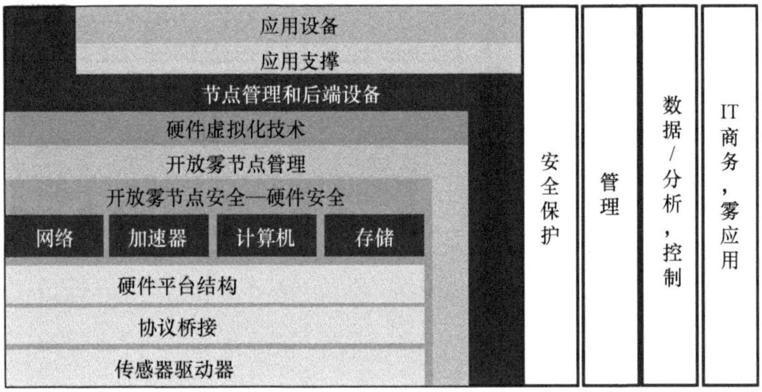

图 10-4　开放雾计算联盟的雾计算参考架构

边缘计算技术强化雾计算"当地终端内的数据处理能力"这一概念，将系统数据处理能力转移到更靠近数据产生侧的终端系统[5]。网络系统内的各设备单元终端侧实时地处理数据，将处理后的数据传送给后续数据处理系统。同时，通过外接数据传感器系统可将数据直接传输至可编程自动控制器上，使双向数据处理和数据通信成为可能。

10.1.5　海计算

海计算对智能设备做前端处理，为用户提供基于互联网的一站式服务，是一种最简单的互联网需求交互模式。用户在海计算模型中输入服务需求，系统就能明确识别这种需求，并将该需求分配给最优的应用或内容资源提供商处理，最终返回给用户相匹配的结果。

1. 海计算概念

海计算是一种针对新型物联网计算应用场景的计算模型，旨在将计算、存储、通信能力和智能算法融入物理世界的物体，以实现物物互联[6]。海计算通过对物理世界物体的多层次组网、多层次处理,将原始数据尽量留在数据产生端,以提高数据信息处理的实时性,缓解物联网系统的数据通信交互压力和计算平台数据处理压力。

海计算技术发展可分为两个阶段:第一阶段重点发展智慧基础设施,实现个体智能化;第二阶段重点研究智慧基础设施的协同联动,实现群体智能化。

1)第一阶段

发展融入式智能信息采集、分析设备,将多元化智能信息采集设备集成到各类基础设施中,形成智慧基础设施,实现基础设施个体信息化、智能化。

2)第二阶段

在实现基础设施个体智能化的基础上,通过组网技术实现个体智慧基础设施间的智能交互,充分发挥智慧基础设施的群体优势,利用相互的分布式处理和信息融合,实现群体智能化。

海计算架构如图 10-5 所示。

图 10-5　海计算架构

2．海计算关键技术

海计算技术涉及智慧基础设施的自组网技术、时间同步技术、短距离通信技术、协同处理技术、信息安全技术等多个领域。从理论上来讲，通信网络架构中参与信息处理的网络节点数目越多，获取信息资源越多，数据计算效果就越好，但同时产生的系统开销也越大（包括存储资源、计算资源、系统能耗等）；交换信息的网络节点层次越低（数据层次最低，特征信息次之，决策信息层次最高），包含的信息量越多，需要的通信带宽也越大。

因此，目前限制海计算技术发展的核心是在满足系统性能要求的情况下尽量减少系统开销。

1）自组网技术

针对某些特殊场景（如战场环境），前端数据采集设备随机部署，因此无法进行现场或远程组网配置，设备间无固定通信链路，这将直接影响海计算群体智能化的实现。因此，需要在设备部署完毕、新设备加入网络、设备退出网络等特定场景下具有智慧设备自由组网功能。

（1）设备部署完毕：在前端数据采集设备首次部署完毕之后，通过设备间自搜索、时间同步等技术，实现设备间通信链路的构建、网络互联，保证设备的正常网络通信。

（2）新设备加入网络：当有新设备加入网络时，原有网络拓扑结构发生变化。新设备主动向附近设备发出加入请求，建立新设备与原有网络设备的信息交互。

（3）设备退出网络：当有设备主动退出或因设备故障退出网络时，原有网络拓扑结构发生变化。附近设备在检测到路由链路断掉的同时，会向周围设备发出信息请求，实现重新组网。

2）时间同步技术

网络单元中不同信息采集设备的时间同步技术是保证设备有效协同的关键。设备的时间同步技术受到发送时间、访问时间、传送时间、传播时间、接收时间和接受时间等多个因素的共同影响，因此不同应用场景中的时间同步技术具有各异性，算法复杂度、算法精度等的要求各不相同。

目前，针对采集设备网络通信中时间同步技术的研究主要包括集中式同步和分布式同步两种机制。

集中式同步机制主要由网络根设备生成网络拓扑树,拓扑树的各级设备与上一级设备同步,不能越级同步。该同步机制由于单跳偏差逐渐累积,会导致整个网络的拓扑性变差,全网同步收敛速度慢。

分布式同步机制无须由根设备生成网络拓扑树,智慧设备单元采用分布式广播同步技术,建立与相邻设备的信息交互,使不同设备的时间同步到相同虚拟时间尺度上。分布式同步机制具有收敛速度快、扩展性好、健壮性强的特点,不会因为根设备失效而导致全网时间重新同步。

3)短距离通信技术

智能采集设备间的物理距离较短,一般采用无线方式直接进行通信。传统的无线数据传输技术具有功耗较高、时延较高的特点,无法满足设备频繁交互的技术需求。短距离通信技术一般采用轻量级的通信协议,可使系统功耗、传输时延性能明显改善,有效保障了海计算模式下智能采集设备的信息交互能力。短距离通信技术主要由物理层和链路层技术、无线通信技术两部分组成。

(1)物理层和链路层技术:目前主要的短距离通信技术主要有蓝牙(IEEE 802.15.1)、超宽带 UWB(IEEE 802.15.3a)和低速低功耗通信等,这些技术为短距离无线通信技术的实现奠定了底层规范。

(2)无线通信技术:目前已有 ZigBee、ISA100 和 Wireless HART 等一系列无线通信技术,该技术主要建立在物理层和链路层。通过无线通信技术可实现短距离情况下,智能采集设备间的无线通信和信息交互,为智能设备的协同信息处理奠定了基础。

4)协同处理技术

由于受单个节点计算、通信和存储等能力的限制,孤立的智能设备采集的数据信息和经过网络单元处理后,决策信息存在片面性和零散性。因此,孤立的智能设备采集的数据信息,无法满足群体智能化系统对信息完整性的需求。通过智慧设备及设备平台的协同处理技术可实现设备群体智能化,从而获取更完整可靠的信息。

协同处理技术的数据种类主要包括上行数据、下行数据、状态数据、控制数据和功能数据五大类。

（1）上行数据：主要包括数据结果信息和计算过程反馈信息。

（2）下行数据：主要包括系统任务说明和服务质量需求信息。

（3）状态数据：主要包括智能设备性能、应用场景特征、状态更新等参数信息。

（4）控制数据：主要包括智能设备状态控制信息、角色控制信息和任务控制信息。

（5）功能数据：主要包括数据层信息、特征层信息和决策层信息。

5）信息安全技术

传统的互联网信息安全技术多关注如何提高防护技术算法的健壮性，主要集中在密码算法、密钥管理技术、认证技术、安全路由技术、入侵检测技术、防 DOS 攻击技术、访问控制技术等方面，而降低防护算法复杂度的驱动力不强。现有物联网前端数据感知设备的处理能力受限，因此对信息安全体系防护能力要求不高。在海计算模型中，设备端需具备抵御拥塞攻击、伪装攻击、黑洞攻击、泛洪攻击等多种常见攻击手段的技术能力。

10.1.6　认知计算

认知计算是一种随着网络技术发展而诞生的全新计算模式，它包含了信息处理、人工智能和机器学习领域的大量技术创新，能够以一种更自然的方式实现智慧设备与人之间的信息交互。认知计算技术发展的终极目标，就是让计算机计算系统能够像人的大脑一样专门获取海量不同类型的数据，并基于感知数据进行学习和思考，根据信息进行推论，做出正确的决策。因此，认知计算技术是很好的辅助性技术工具，可以配合人类进行工作，解决人脑不擅长解决的一些问题。传统的计算技术（云计算、雾计算等）是定量的，且着重于计算精度和序列等级。相比之下，认知计算技术与人脑类似，通过不同程度的感知、记忆、学习、思维模拟过程，旨在解决网络系统中不精确、不确定和部分数据不真实的问题。

随着科学技术发展及大数据人工智能时代的到来，认知计算的发展迎来新的机遇和挑战。实现类似人脑的认知与判断功能，构建智能设备间的新关联模式，实现数据交互，从而指导智能设备自身做出正确的决策，显得尤为重要。

认知计算与人工智能的比较见表 10-2。认知计算的目的在于放大人工智能，以帮助人们更好地思考，辅助人们做出判断。与人工智能相比，认知计算包含部分人工智能领域的元素，但它涉及的范围更广。概括而言，人工智能更偏向技术体系，认知计算更偏向最终的应用形态，二者相辅相成。

表 10-2　认知计算与人工智能的比较

项　　目	名　　称	
	认　知　计　算	人　工　智　能
特　点	强调认知、理解	以人控制为主，由人告知机器如何行动
能力要求	有学习、推理能力，能通过分析做出恰当决策，供人们参考	接受人的训练和培养
与人的关系	与人、环境有互动，增加人类智慧	没有相互反馈，主要由人控制，并根据人的需要工作
衡量标准	没有唯一的标准，具体问题具体分析	有像图灵测试这样的衡量标准
关注领域	大数据，尤其是海量非结构化数据	模拟人

10.1.7　霾计算

与云计算或雾计算相比，霾计算是一种计算能力较差的计算手段。对于云计算和雾计算，数据安全和隐私安全是最让人担心的。近年来，国内外重大网络安全事件频发，网络安全形势严峻，网络安全保护上升到国家安全层面，成为国家安全的基本保障。

首先，网络系统被黑客攻击已是家常便饭，因此在复杂的网络环境中，客户的数据和隐私很容易泄露。

其次，云计算和雾计算对网络稳定性要求较高，网络延迟或中断都会直接影响其计算能力。云计算和雾计算都通过网络系统进行远程访问、数据传输，目前网络传输速度尽管提高得很快，但与局域网数据传输速度相比，仍有所延迟。比起云计算技术，雾计算在数据传输时延上表现稍好，但当网络稳定性差而出现断网情况时，雾计算也无法正常运行。

最后，网络带宽直接影响预算。当面临大量数据传输时，厂商按流量收费有时会超出预算，导致其他应用软件性能不够稳定；同时，部分数据不值得放在云端，容易造成云端数据规模过大；人力、资本的缺乏导致计算能力难以扩展；等等。这些都是霾计算技术诞生的根源。

一般来说，霾计算是比较差的云计算或者雾计算，可以简单理解为"垃圾云"或"垃圾雾"。当依靠"霾计算"提供的服务时，不可避免地存在着隐私数据丢失泄露、数据传输不稳定、网络频繁中断、费用严重超支、用户访问体验差等一系列问题。在这种情况下，霾计算的优势可能远不能补偿它们对用户的伤害，类似于"雾霾"对人体健康造成的危害。因此，从定义上来说，"霾计算"本身带来的负面作用更多。

10.2　卫星互联网边缘计算体系架构与技术

边缘计算是连接真实物理世界和数字世界的纽带，可提供智能网关、智能系统和其他类型的就近边缘智能服务。

10.2.1　宽带网络边缘计算体系架构

通过在终端设备单元和云之间引入边缘设备，可将云服务扩展到更靠近设备端的网络边缘侧，从而实现边缘计算功能。边缘计算体系架构如图 10-6 所示，主要包括三层：终端层、边缘层和云层[7]。

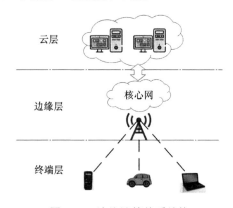

图 10-6　边缘计算体系结构

10.2.2　卫星互联网边缘计算体系架构

卫星互联网与边缘计算的融合，是将成熟的边缘计算技术拓展到卫星边缘节点上，使得卫星边缘计算节点具有一定的服务处理与服务响应能力，能够及时地执行与响应用户终端提出的服务需求。在卫星互联网网络架构体系中，边缘计算节点的实现主要有两种形式，一种是将边缘计算架构部署到移动卫星节点上，形成卫星边缘计算节点；另一种是将边缘计算架构部署到基站等地面网络边缘设备中。卫星互联网边缘计算架构如图 10-7 所示。

图 10-7　卫星互联网边缘计算架构

卫星互联网边缘计算架构主要由用户终端、卫星互联网系统和地面网络系统等三部分组成。

（1）用户终端：主要是指接入卫星网络系统边缘计算节点的便携式设备。用户生成的计算任务可以在用户终端进行本地执行与处理，或者可以将计算任务上传到距离用户最近的卫星边缘计算节点上进行计算。

（2）卫星互联网系统：主要由卫星边缘计算节点组成，可以满足地面用户的大部分计算任务的处理，并可将多余的计算任务转发给地面网络系统。

（3）地面网络系统：主要由接入网系统、数据处理服务器和路由交换设备等组成。地面网络具有多重处理功能，一方面通过地面接入网执行本地计算任务，另一方面通过卫星地面站执行卫星边缘计算节点下发的计算任务，并将计算结果通过卫星中继节点返回给终端用户。这样就形成以下针对卫星网络边缘计算的两种相似的计算卸载情形。

第一种情形：针对稀疏终端用户，如远洋航行轮船、与世隔绝的岛屿、极地等特殊场景。终端用户在地面网络无法为其提供服务支持的情况下，可以将需要进行处理的计算任务转移到卫星互联网边缘计算服务器进行数据计算。

第二种情形：针对大量终端用户同时出现卸载，卫星互联网边缘计算服务器无法满足用户的处理需求，卫星边缘节点可将部分任务下传到地面服务器中执行，并将计算结果回传给终端用户，使得用户获得可靠且不间断的服务体验。

边缘计算技术拓展到卫星网络的边缘地带，使得卫星网络边缘具备了强大的数据处理能力与服务响应能力。这使得从任务请求的发出到处理结果的获得，整个过程的时间延迟大大降低，从而显著提升了终端用户的服务体验 [8]。

1. 虚拟资源设计

卫星边缘计算节点所处的独特环境，导致它是一种资源受限的设备，其上的各种资源都显得弥足珍贵。因此，利用虚拟化技术提高卫星互联网边缘计算节点的资源利用率变得十分重要，同时资源虚拟化技术也能够将云计算中心的硬件资源与边缘计算平台的硬件资源统一管理，使二者的结合在底层硬件上变得更加紧密。

虚拟化技术的主要实施对象为处于基础设施层的各种物理资源。它将云计算中心物理主机的计算、存储和网络资源虚拟化，抽象为相互孤立的虚拟化资源池，在应用服务需要的时候，可进行一定的配置，完成应用服务与硬件资源的匹配，是实现从物理主机到虚拟主机过渡的技术手段。

2. 硬件资源虚拟化

硬件资源虚拟化技术主要是指常用硬件的虚拟化技术，如计算、网络、存储虚拟化。平台架构的基础设施应当具备硬件资源虚拟化的特点。硬件资源虚拟化将传统网络中的物理网络与应用业务解耦，使应用业务的发展不再受硬件资源的限制，将平台架构中所有物理资源进行统一调配和管理，增强网络计算系统的灵活性与可控制性，同时提高整个计算系统的资源使用率。

3. 平台管理层设计

平台管理层对资源虚拟化技术统一进行高效管理，同时提供底层的通信服务及调用服务。平台管理层主要包括控制层与实施层两个模块。

其中，控制层对应于边缘计算平台管理层的控制中心，是整个低轨道星座网络边缘计算架构的"大脑"，为高效的多租户隔离环境的管理提供支持；实施层则用于实现平台服务，为应用程序提供中间应用服务和基础设施服务，包括为应用程序之间的服务发现和相互调用提供透明的支持。

为了能够应对卫星边缘计算节点与后端云计算中心链路中断的场景，需要对卫星边缘计算系统架构进行特殊设计，使得卫星边缘计算节点在"离线"情况下也能确保应用服务持续运行，处理用户的应用请求，从而稳定提高卫星终端用户的体验质量。边缘计算节点组件中可以设计一个边缘控制器，这个控制器是控制层在边缘计算节点的代理，可以保证应用服务实例在边缘计算节点上持续运行。

4. 服务高可用于负载均衡

平台架构的设计具有在多个终端用户同时进行服务请求、多用户并发情形下，依然能够向用户提供可靠且稳定的服务质量的能力。平台架构具备有高并发性能的分布式服务器集群，服务应用能够在虚拟化环境中进行灵活的弹性收缩与扩展，以增强系统的可靠性与容灾能力。服务开发管理者可以通过修改配置文件弹性设置与管理现存服务副本数量，编排管理器时刻监测各个服务副本的运行情况，始终维持副本数量与系统的设定值相同。当多个用户服务请求到来时，负载均衡器负责将各个请求分别发送给各个副本。

10.3 卫星互联网边缘存储技术

边缘存储技术是支撑边缘计算的核心技术。边缘存储技术与云存储技术完全不同，边缘存储是将数据从云端服务器转移到离数据产生端更近的边缘存储设备。边缘存储技术具有更少的网络通信开销、交互时延和带宽成本，能为边缘计算技术提供实时可靠的数据存储和访问服务。

10.3.1 边缘存储的层次结构

边缘存储系统主要由边缘设备、边缘数据中心、分布式数据中心三层结构组成，如图 10-8 所示。

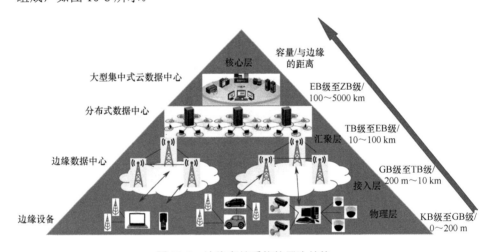

图 10-8 边缘存储系统的层次结构

边缘存储系统的顶层为分布式数据中心，它部署在距离大型集中式云数据中心较远（10～100 km）但接入用户数量最多的区域，是边缘存储系统的汇聚层，主要为用户实时提供 EB 级至 ZB 级的数据存储服务，也称分布式云中心系统，通常与大型集中式云数据中心协同执行存储任务。

边缘数据中心位于边缘存储系统的中间，是边缘存储系统的接入层，该层也称作边缘云。边缘数据中心通常部署在蜂窝基站和人群密集处（200 m～10 km），为区域内提供 GB 级至 TB 级实时存储服务。该层包括多个小型物理数据中心，各数据中心通过软件定义网络可组合成一个逻辑数据中心。

数量庞大的边缘设备位于边缘存储系统底层（0～200 m），为边缘存储系统提供接入服务。边缘设备主要包括计算机终端、移动通信终端、传感器和各种物联网接入设备。物理层内各种边缘设备之间可通过无线接入技术（KB 级至 GB 级）相互连接组成边缘存储网络。

10.3.2　边缘存储的特点和优势

边缘存储技术与集中式云存储技术完全不同，边缘存储是将数据从云端服务器转移到离数据产生端更近的边缘存储设备。该存储技术具有更低的网络通信开销、交互时延和带宽成本特性，能为边缘计算技术提供实时可靠的数据存储和访问服务。与集中式云存储技术相比，如图 10-9 所示，边缘存储具有以下特点和优势。

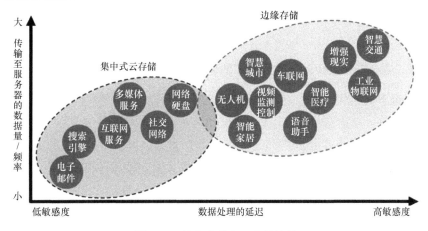

图 10-9　边缘存储与云存储比较

1. 边缘存储设备具备地理分布式特性

边缘存储设备和边缘数据中心在位置分布上具有分布式特点。分散分布的边缘存储设备可借助 Wi-Fi、蓝牙、Zigbee 等无线接入技术，与邻近的存储设备或边缘数据中心建立数据传输链路构成分布式存储网格体系。这种分散分布的边缘存储体系使数据能够及时地就近存储、处理，进一步为边缘计算任务实时性数据存储和访问需求提供了保障。云计算中心在位置分布上是集中式的，具有集中分布特点。数据传输距离较远，易造成传输延迟，使边缘设备的数据存储和处理需求无法被及时处理，容易造成网络拥堵；高时延的服务等都将导致信息服务质量的下降[9]。

2．边缘存储具备异构性

边缘存储介质和系统具有异构存储的特点，主要体现在水平异构和垂直多层异构两个层面。

水平异构是指不同类型的边缘终端设备采用不同的存储介质，或者基于同一种存储介质而进行的数据存储采用的存储系统软件也不相同。水平异构特性使得边缘存储设备能根据目标需求调用不同类型的存储介质和存储系统，就近快速地存储不同类型的边缘终端设备采集的数据信息。

根据与大型集中式云数据中心的物理距离，垂直多层次异构可分为边缘设备、边缘数据中心、分布式数据中心三个层次。不同层次的数据中心对应的数据存储系统不同，使不同层次的存储系统可以相互协作，通过多层次、多级别的数据缓存和预取策略，构建立体化边缘数据存储体系，优化边缘数据的存储和访问系统。

3．边缘存储架构具备支持内部部署的特性

边缘存储架构支持在边缘设备端内部部署存储系统的特性，以实现与外部网络的隔离。设备端内部独立部署的边缘数据存储系统主要具有以下优势：能够为边缘计算任务实时提供高速的本地数据资源访问服务，降低数据传输时延，满足边缘计算技术应用实时性需求；能够允许本地设备端最大限度地控制访问边缘计算体系内的存储设备，实时监测控制数据的存储位置、网络拥堵状况，给出数据机密调整的冗余策略；面向数据源对数据进行加密处理，增强计算数据传输过程中的安全性，减小数据泄露的概率。

4．边缘存储数据具备位置感知的特性

边缘存储就近存储数据，数据分布与地理位置紧密相关，具备地理位置的强感知特性。依托该特性，边缘计算任务在处理数据时，无须查询整个存储网络定位数据，极大地减小了主干网络的流量负载。同时，边缘计算任务可以和所需数据在地理位置上近距离绑定，降低数据在网络上的传输时延，加快数据的处理速度，为大数据分析平台提供了更好的底层支持。此外，通过对边缘存储数据的地理分布情况进行统计和分析，应用服务提供商可以使移动通信用户找到感兴趣的企业和事件，提升用户服务质量。

10.4　本章小结

数量庞大的边缘设备接入卫星互联网系统将带来大量的瞬时时空数据,卫星互联网系统对数据实时性、安全性及硬件系统计算、存储技术提出新的要求。边缘计算技术是提升卫星互联网系统整体计算能力最关键的一招,与边缘存储技术相辅相成[10]。通过虚拟化手段可在用户终端设备、卫星互联网系统和地面网络系统端建立边缘计算平台。满足卫星互联网行业在快速数据连接、实时数据传输、海量数据计算、类脑人工智能、安全与隐私保护等方面的关键技术需求,是卫星互联网发展的重要补充力量和催化剂。本章对卫星互联网中所涉及的边缘技术从核心计算技术、计算体系架构、计算需求、计算架构设计和边缘存储技术等方面进行了总结,为卫星互联网系统计算技术体系的构建提供了一种思路。

本章参考文献

[1]　刘铎,杨涓,谭玉娟. 边缘存储的发展现状与挑战[J]. 中兴通讯技术,2019,25(3): 15-22.

[2]　陈天,陈楠,李阳春,等.边缘计算核心技术辨析[J].广东通信技术,2018,38(12): 40-45.

[3]　靳起朝,任超. 基于零信任架构的边缘计算接入安全体系研究[J]. 网络安全技术与应用,2018,216(12): 29-30.

[4]　齐彦丽,周一青,刘玲,等. 融合移动边缘计算的未来 5G 移动通信网络[J]. 计算机研究与发展,2018,55(3): 478-486.

[5]　王凯,王静. 工业互联网边缘计算技术发展与行业需求分析[J]. 中国仪器仪表,2019 (10): 67-72.

[6]　赵俊钰. 海计算:智慧安防的助推器[J]. 中国公共安全,2014 (16): 138-141.

[7]　张骏. 边缘计算方法与工程实践[J]. 自动化博览,2019,12(7): 15-18.

[8]　鲁义轩. 探路 5G 中兴通讯边缘计算落地多个场景[J]. 通信世界,2019,803(11): 32-33.

[9]　陈志伟,郭宝,张阳.5G 网络边缘计算 MEC 技术方案及应用分析[J]. 移动通信,2018,42(7): 34-38.

[10] 李天慈,赖贞,陈立群.2020 年中国智能物联网(AIoT)白皮书[J]. 互联网经济,2020(3): 90-97.

第 11 章　卫星互联网安全技术体系

　　卫星互联网体系复杂，主要由天基骨干网、天基接入网、地基互联网、地基移动通信网等多种异构网络融合而成。卫星互联网主要存在以下四方面安全问题：第一，缺乏国家卫星互联网安全标准规范，天基网络中所需卫星等设备基本由多厂商提供，同时在转发器、网络和地面系统等众多环节中，可能存在许多漏洞和设计缺陷，存在巨大技术安全隐患；第二，相对于传统地基网络，卫星互联网具有网络信道开放、拓扑结构动态变化、链路间歇等特征，在网络攻击、数据窃取等方面存在许多威胁和挑战；第三：卫星之间数据传输的物理距离很远且受到光速延迟效应和失帧丢包的影响，因此当前卫星数据传输很难采用地基高可靠、高强度的加密传输方式；第四，基于载荷限制，卫星计算能力必须与其他能力进行权衡，这大大增加了卫星互联网被攻击的可能性[1]。鉴于以上安全问题，需要设计有针对性的抗损毁、抗干扰、防窃听技术，以及安全路由、安全切换、安全传输、安全接入和密钥管理等网络安全防护技术来构建卫星互联网网络安全架构，保障卫星互联网体系安全运行。

11.1　卫星互联网安全挑战

　　卫星互联网网络跨陆、海、空、天多层级建设，其中由于天基网络的特殊性导致其具有卫星节点暴露、信道开放、异构网络互联互通、拓扑动态变化、传输时延高及星载处理能力受限等特点，从而面临诸多安全挑战[2]。

11.1.1　卫星节点暴露且信道开放

　　在卫星互联网天基网络中，卫星直接暴露于太空，长期处于恶劣的太空环境，容易遭受非法截获、无意/蓄意干扰甚至摧毁。卫星互联网网络传输链路开放，缺少合理有效的物理保护手段，星间、星地等传输链路极易受到电磁信号、大气层电磁信号及宇宙射线等的干扰，并可能遭受恶意用户窃听。

11.1.2 异构网络互联且网络拓扑高度动态变化

卫星互联网网络涵盖陆、海、空、天范围内的多种异构网络，对传统路由、网络接入技术和安全性要求进一步提高。卫星互联网在军民领域存在共用需求，面向不同应用场景，网络安全等级要求不同，对不同安全等级的网络实施不同级别的防护，可实现对不同场景下网络的互联控制，保证多级安全。卫星互联网网络节点包含星间节点、地面节点等多种类型，星间节点处于高速运转状态，频繁地加入或退出网络，导致网络拓扑不断发生变化，通信往返时延方差较大，难以准确预测，会造成不必要的数据重传，增加网络负担。

11.1.3 时延方差大且具有间歇链路

由于链路传输距离大于传统地面网络传输距离，卫星互联网信息网络中的数据传输存在高时延问题，同时由于卫星始终处于恶劣的太空环境中，太阳黑子爆发、暴雨天气等都将影响卫星链路通信效率，难以像传统地面网络那样保持时间连通性，会造成通信时延波动幅度大。

低轨道卫星处于高速运动状态，加之地球自转与公转效应，使星间、星地通信无法长时间处于各自信号覆盖范围内，这加大了通信链路持续保持的难度和通信时延抖动的幅度，因而卫星互联网呈现连通间断、时延方差大等特点。

11.1.4 卫星节点处理能力受限

受太空环境恶劣（宇宙射线等）等因素影响，卫星节点的处理能力受限，计算、存储、带宽、物理空间等资源均受到较大限制。

在现有技术条件下，星载设备几乎没有升级改造的可能，难以通过提升载荷能力实现安全防护能力的有效扩展，一旦黑客接入卫星互联网系统，并对卫星互联网进行网络攻击，其影响将数倍强于对传统网络的攻击。

11.2 卫星互联网安全防护技术

卫星互联网通过卫星为全球提供互联网接入服务，它可与地面 5G 深度融合互补，将是 6G 的重要发展方向，有望成为引领全球科技发展和拉动全球经济增长的新引擎。在空间分布上，卫星互联网主要涉及天基系统、地基系统和边缘系统三大模块，是多层次、多种技术融合的超级集合体。每一模块的应用环境都有其特殊性、复杂性，因此每一模块的安全防护技术都具有独特性。从安全防护对象及防护方案角度分析，三大模块所涉及的安全防护技术基本一致。本节主要从物理安全、数据安全和运行安全几个方向论述卫星互联网体系涉及的安全防护技术，在每一方向中均结合天基、地基和边缘系统的自身特点加以论述。

安全防护方案主要采用威胁识别、脆弱性识别、漏洞管理等已有安全识别和风险分析措施，对卫星互联网从物理、运行和数据三个维度进行风险识别；在满足信息等级保护合规要求后，采用同步规划、同步建设、同步使用的"三同步原则"，对卫星互联网信息基础设施在数据保护、灾难备份、人员组织、人员培训、维护和供应链等方面实施安全保护措施；卫星互联网基础设施运营者每年至少应进行一次安全评估，在安全评估中发现的问题应及时整改；采取检测预警制度，并制定应急处置计划，定期开展应急培训、应急演练等，发生安全事件时，按照应急处置计划处理，并在安全事件结束后进行事件总结和改进[3]。

11.2.1 物理安全技术

物理安全技术是指对卫星互联网网络中物理装置或设备的防护。针对卫星互联网信息网络物理层安全的保障技术主要包括抗毁技术、抗干扰技术、人工噪声技术和多波束通信技术等。

1. 抗毁技术

抗毁技术是指在空间内卫星星座面临人为的无意、恶意攻击或遭遇恶劣空间环境，空间通信节点、通信链路等发生故障时，卫星网络具有一定的维持自身功能的能力。

目前，抗毁技术的主要解决方案有多站备份和优化网络结构两种形式。例如，TDMA 卫星系统采用网状网络结构，导致该通信系统对卫星主站可靠性的要求较高。为了避免由于单一主站破坏而造成通信网络瘫痪，TDMA 主站采用双主站的方式搭建。主、备站之间通过实时信号互检测的方法实现数据异地备份和主、备站在线热切换，保证切换过程中业务无感，大幅提高了卫星网络的抗毁性和可靠性。

2. 抗干扰技术

目前，针对卫星网络的干扰主要有欺骗干扰和压制干扰两种类型，对应的抗干扰技术也主要针对这两种类型。

对于欺骗干扰，利用残留信号检测、到达角检测、电文加密认证检测及信号传输延迟检测等手段从信号体制设计与信号处理两个层面对欺骗干扰信号进行识别，可直接用于 GNSS 接收机的设计。

对于压制干扰，最简单的技术手段是提高信号的发射功率，但由于星载系统的供电能力有限，单纯通过提高信号发射功率来提高抗压制干扰的效果不好。伪卫星技术、扩频技术也可以提高星载系统的抗压制干扰能力。在伪卫星技术中，伪卫星与用户间距远小于卫星与用户的距离，因此该技术可将卫星信号强度增强数百倍，从而抵抗压制干扰。扩频技术通过对干扰信号进行"稀释"的手段达到抗干扰目的。

考虑到卫星的工作环境恶劣，单一的卫星网络抗干扰技术效果不佳，于是提出了多域协同的抗干扰技术，主要利用凸集投影理论将时域、空域、频域的多种抗干扰技术进行融合，对各域的参数和变量进行统一处理，并设计了不同技术在域内、域间的切换机制，大幅增强了抗干扰效果。

3. 其他技术

针对卫星互联网系统物理安全的其他研究内容包括人工噪声、多波束通信等。其中，通过人工噪声的方式实施窃听反制，在确保原始信源质量不受影响的前提下，在其冗余频段内添加人工噪声信号，干扰其真实信号解析能力，可进一步提高其窃听信道的解析速率[4]。

11.2.2　运行安全技术

卫星互联网运行安全技术主要指在网络运行过程、状态及空间段内卫星运行的保护技术。目前，针对卫星互联网网络的运行安全技术的研究主要集中在安全接入、安全路由、安全切换、入侵检测和访问控制等方面。

1. 安全接入技术

卫星互联网网络空间段星载设备节点能力有限、设备节点接入的网络结构各不相同，因此卫星互联网对节点接入的安全性、吞吐率等的要求比传统网络接入更高。

现有的卫星网络大多直接采用地面网络的接入认证体制，并未考虑到卫星互联网组网时复杂异构、多域互联场景的统一认证与互联控制的问题。尤其是在高、低轨道卫星系统互联组网时，在通信链路高时延、间歇变化、多链路接入和复杂动态网络结构等场景中缺乏对安全接入技术的深度考虑。

2. 安全路由技术

考虑到卫星互联网网络体系主要由多种异构的网络互联而成，在数据发送、转发、接收等过程中需要统一的安全、高效路由协议，以保证通信数据以最优路径传输。

卫星互联网网络具有拓扑高度动态变化、节点处理能力有限等特点，而现有路由技术方案大多集中在降低链路开销、保证路由可靠性等方面，很少有技术方案将路由协议的安全性纳入考核范围。通过开发一套高可靠性的路由算法，提出一种有服务质量保证的安全多播路由协议，既能降低总链路开销、端到端时延，又能保证路由可靠性和降低多播连接失败率。

3. 安全切换技术

卫星互联网网络中通信节点相对位置不固定，网络拓扑处于高度动态变化状态，为保证节点间的通信不间断，要求卫星互联网具有安全高效的网络切换机制。

现有星间网络切换方案多从降低切换开销、切换时延等角度考虑切换性能的优化。目前，仅有部分方案利用签名、加密等技术对切换方案的安全性进行了保障。

4. 维护安全技术

空间内卫星载荷的维修和维护是载人航天飞机的一种特殊勤务活动。卫星载荷的维护安全技术的涉及范围很广，包括对各种航天器和航天设备的回收、修复、更换等。

空间内卫星载荷要实现维修和维护，就必须具备航天器能够拆卸、有长时间空间停留的载人航天器两个条件。目前，能够做到空间内卫星载荷空间维修、维护的只有航天飞机和空间站系统，空间维修任务都是由航天员在太空环境中完成的。

5．其他技术

针对卫星互联网信息网络运行安全的保障技术研究还应包括入侵检测和访问控制技术等。

入侵检测技术是指通过对卫星互联网信息网络内外部行为进行实时监控，在危害发生前及时拦截和响应入侵，从而保证卫星互联网系统的可控性、可用性、可确认性及稳定性。

访问控制技术的主要功能是允许合法用户访问和使用系统受保护的资源和服务，并防止非法用户的访问和合法用户的非法访问。

此外，卫星互联网网络运行安全应全网统一管理，同时还应建立全网安全威胁态势感知与预警系统。然而，现有的安全管理防护技术存在"各自为政"的问题，各防护技术之间缺乏沟通，缺乏统一的管理体系和机制。同时，卫星互联网网络通信过程有时延高、链路有间歇、通信节点多等独有特征，现有态势感知技术难以直接用于卫星互联网网络，因此适用于卫星互联网的新一代态势感知技术亟须进一步研究。

11.2.3　数据安全技术

数据安全主要指对卫星互联网在收集、处理、传输等过程中的数据进行保护。专门针对卫星互联网网络数据安全技术的研究主要包括安全传输和密钥管理两部分[5]。

1．安全传输

卫星互联网网络中发送端到接收端的数据传输过程需跨越多个异构网络，传输链路长、时延高，且存在方差大、星上处理能力受限等问题。因此，为提高数据的机密性和可用性，需保证数据传输过程的可靠性和安全性等。

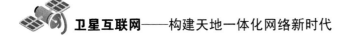

现有的星间数据传输协议包括 SCPS、空间 IP 改进协议等，数据安全传输主要通过对传统的 TCP 和 IPSec 协议改进等方式实现。目前，现有卫星系统大多采用星间链路加密机制保护星地链路的数据通信安全，实现遥测数据和部分数传加密；民用通信卫星一般采用 IP 加密技术，实现卫星通信接收端到发送端的加密过程。

2．密钥管理

密钥管理是实现卫星互联网网络一系列安全手段的重要基础。目前，关于密钥管理的研究一般从提高密钥的灵活性和安全性等方面展开。

现有卫星互联网网络中的密钥管理方案主要可分为集中式、分布式和集中式与分布式结合三种类型。多数密钥管理方案在考虑计算、存储、通信开销的同时，会着重考虑单点失效的问题。大多数密钥管理方案存在可扩展性不强的问题。

11.3　卫星互联网安全防护方案

卫星互联网安全防护主要从天基、地基和边缘三个维度给出设计方案，天基安全防护方案给出安全防护体系和密码系统设计；地基安全防护方案首先给出安全总体架构，然后从物理安全、网络安全、主机安全、数据安全、应用和虚拟安全六个方面给出详细方案；边缘安全方案从卫星互联网系统边缘计算特点和面临的主要问题出发，提出端到端的边缘计算安全防护方案。

11.3.1　卫星互联网安全体系架构

IPSec 协议用来构建卫星互联网安全体系结构，该协议是一种基于平坦密钥管理交换协议的密钥管理协议，在星状拓扑结构的网络的前向和反向链路上，该协议提供单播和多播卫星传输的新型、透明、高效安全保证方法，由 IPSec 标准协议演变而来。卫星互联网 IPSec 安全结构包括安全协议、安全联盟、密钥交换、热证和加密算法[6]。

1．IP 层的 IPSec

图 11-1 所示为 IP 层的 IPSec 体系结构示意图，IPSec 客户端、组控制器和

密码服务器独立于其他卫星系统,每个卫星终端后面都设置一个 IPSec 客户端。实际上,IPsec 机制也可以直接在卫星终端的 IP 协议栈中实现。组控制器和密码服务器通常位于星状拓扑结构的网关侧。IPSec 客户端之所以设置在终端后面,是因为这样便于在需要时对经过卫星网络传输的数据流进行保护。数据在径卫星系统传输之前,IPSec 客户端对每个 IP 报文都进行加密,并计算身份认证值;在卫星链路接收端,IPSec 客户端对数据进行解密并验证身份,然后将数据传输给地面网络。IPSec 可以对星状网或网状网、中心站到卫星终端、卫星终端到中心站,或者终端之间的单播、多播 IP 数据传输实施安全保护。

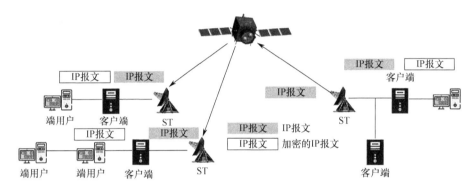

图 11-1　IPSec 体系结构示意图

2. 链路层的 IPSec

在卫星网络系统中,IPSec 也可用于提供链路层安全。此时,需要每个卫星终端和网关都配置一个 IPSec 客户端模块。由组控制器和密码服务器对 IPSec 客户端进行配置,组控制器和密码服务器位于网关或网控中心,如图 11-2 所示。

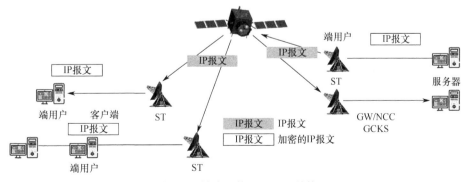

图 11-2　链路层的 SatIPSec 结构

SatIPSec 在链路层可提供的安全服务包括五个方面：提供链路级的数据机密性，以对抗被动攻击；在链路层对数据源进行身份认证和数据完整性验证；对抗重放攻击；对二层地址进行保护；卫星终端/网关的身份认证和鉴权。

11.3.2　卫星互联网天基安全防护方案

空间环境的极其复杂，成熟的地基安全防护手段还无法适用于天基网络，这里只给出天基安全防护体系的设想。

1.　天基安全防护体系

天基安全既要保护网络和设备不遭破坏，还要保护各种信息不被窃取和冒用。目前，卫星互联网天基安全防护主要集中在物理层/数据链路层安全防护和网络层/传输层安全防护两个方面，而对安全防护的整体研究和顶层设计研究较弱。参考 Internet 工程专门小组（Internet Engineering Task Force，IETF）定义的安全标准框架和 BSM（Business Service Management）安全框架，卫星互联网天基安全体系结构由三个功能模块组成，即安全数据处理、密钥管理和安全策略，如图 11-3 所示。

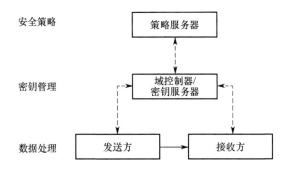

图 11-3　卫星互联网天基安全体系结构

域控制器/密钥服务器代表网络中与加密密钥发布和管理有关的实体和功能，同时也执行用户身份认证和授权检查。在实现密钥管理功能时，域控制器/密钥服务器通常也就是负责创建并向发送方和接收方分发密钥的网管中心。

发送方和接收方必须与域控制器/密钥服务器交互，以实现密钥管理。具体操作主要包括用户或终端的认证和鉴权，根据特定的密钥管理策略获取密钥，密钥更新时获取新的密钥，获取与密钥管理和安全参数相关的其他信息等。发送方和接收方可能从域控制器/密钥服务器接收安全策略，也可能直接与策略服务器交互。在进行数据处理时，发送方和接收方可以是终端用户或卫星终端，数据的保密性和完整性需要采用安全机制来保证，这些安全机制根据网络安全策略和规则在密钥管理消息的交互过程中协商确定。

策略服务器表示那些创建和管理与卫星网络应用有关的安全策略的功能和实体，与域控制器/密钥服务器交互，实现安全策略安装和管理。策略服务器与其他实体的交互关系则由采用的特定安全策略决定。卫星互联网的安全策略可由网控中心创建，这些策略必须分发到卫星互联网中所有的安全实体，可以利用密钥管理协议等安全机制进行分发。

另外，借鉴体系工程思想，适用于卫星互联网系统的安全防护体系主要包括战略层、系统组成层、防护需求层、防护设计层、防护技术层和防护效果层，如图 11-4 所示[7,8]。

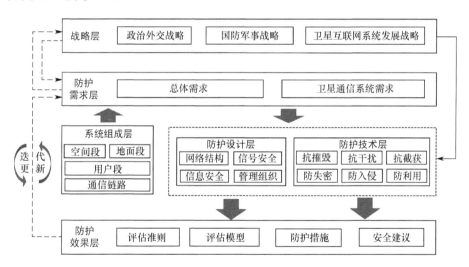

图 11-4　卫星互联网的安全防护体系

（1）战略层：主要是指我国卫星网络安全防护的国家战略，是依据我国的中长期国家战略及未来国际局势变化，针对未来我国卫星网络面临的威胁和斗争场景，制定的卫星系统安全防护的国家战略。

（2）防护需求层：主要分析卫星互联网系统当前、未来可能面临的各种安全威胁，依据国家战略，全面梳理卫星网络的威胁要素、薄弱环节及威胁等级，从而确定系统的安全防护需求，包括总体层面的宏观需求和各节点、链路层面的具体需求。

（3）系统组成层：主要描述卫星互联网系统的基本节点和通信链路。其中的基本节点指卫星网络空间段、地面段、用户段中的卫星、站点、用户终端等，通信链路包括星间链路、星地链路、地面链路。

（4）防护设计层：主要是依据卫星网络的安全防护需求，设计安全防护的具体技术方案，总体层面和系统层面均按网络结构、信号安全、信息安全及组织管理等方面进行设计。

（5）防护技术层：主要指应用于卫星网络安全防护的各种技术，为军用卫星系统安全防护提供相应的技术基础。这些技术按照防护作用基本可以划分为"三防三抗"，即防失密、防入侵、防利用、抗摧毁、抗干扰、抗截获。

（6）防护效果层：主要评估采用上述防护设计方案后，卫星互联网系统的安全防护效能，包括受攻击后系统状态的改变、网络服务性能降低的影响等。

2．天基密码系统

卫星网络为高速卫星通信、千兆比特级宽带数字传输、高清晰度电视、卫星新闻采集、甚小口径卫星通信业务、直播卫星电视广播业务及个人卫星通信等提供了一种崭新手段。密码技术是网络安全中最有效的技术之一，不但可以防止非授权用户的搭线窃听和入网，而且也是对付恶意软件的有效方法之一。

卫星网络由主站、通信卫星和大量的远端小站组成。在每个小站都部署一台加解密机，在主站处部署密钥管理设备和加/解密设备，构成加密网络系统，系统组成图如图 11-5 所示。密钥管理设备进行协议管理，执行接入认证和传输密钥的协商、会话密钥协商。主站和小站的加/解密机用于对数据的加密、小站加/解密机间的密钥协商等。

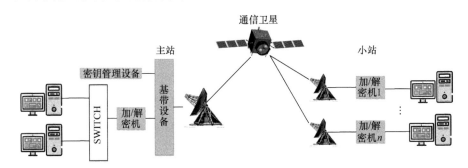

图 11-5　加密网络系统组成

11.3.3　卫星互联网地基安全防护方案

卫星互联网地基安全防护方案采用成熟的现有安全技术手段和措施，以等级保护 2.0 要求的安全维度给出地基安全防护方案。

1. 地基安全总体架构

参照等级保护合规方案，地基安全防护方案需要考虑等级保护的基本要求，如图 11-6 所示。

物理安全	网络安全管理	主机安全	应用安全	数据安全与备份恢复
• 机房位置选择 • 防火防雷 • 防水防潮 • 防静电 • 物理访问控制 • 防盗窃，防破坏 • 温/湿度控制 • 电力供应 • 电磁防护	• 区域划分 • 边界防护 • 访问控制 • 安全设计 • 入侵防范 • 病毒防护 • 通信保护	• 身份鉴别 • 访问控制 • 安全审计 • 入侵防范 • 病毒防护 • 资源控制 • 安全标记 • 剩余信息保护	• 身份鉴别 • 访问控制 • 安全审计 • 通信完整性 • 通信保密性 • 软件容错 • 资源控制 • 安全标记 • 抗抵赖	• 数据保密性 • 数据完整性 • 备份与恢复

图 11-6　等级保护的基本要求

随着地基网络业务的规模化增长，地基网络信息安全的重心从以网络防护、传统 DC 保护为中心向以数据平台安全、大数据防护为中心进行转变，卫星互联网地基安全总体架构如图 11-7 所示。

应以卫星互联网安全目标和战略为驱动，在法规、安全管控和风险管控三方面管理办法的指导下，全面保障卫星互联网地基的安全。卫星互联网地基安全建设除遵从国家及行业数字化、信息化法规和规范外，还要防范来自外部的各种网络攻击和威胁，以及解决内网用户的安全管理与控制。

2. 地基物理安全防护方案

物理安全是保护地基系统基础设备、设施等免遭地震、水灾、火灾、雷电等自然灾害，人为操作失误或错误及各种网络攻击行为导致的破坏。卫星互联网平台的物理安全设计主要包括环境安全和设备安全两个方面，环境安全主要包括设备机房与设施安全、环境与人员安全等；设备安全主要包括通信设备的防盗、防毁、防电磁泄漏及抗电磁干扰等。

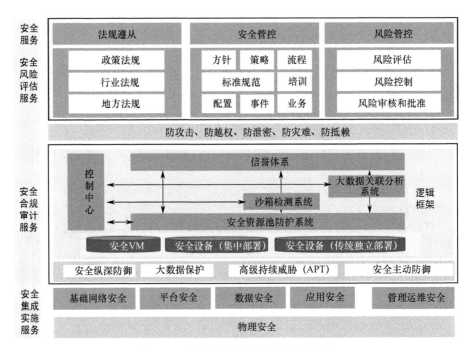

图 11-7　卫星互联网地基安全总体架构

1）安全域划分

安全域主要是由实施相同或相似的安全策略的主/客体结构集合，集合要素主要包括网络区域、主机和系统、人和组织、物理环境、策略和流程、业务和使命六大方面。网络安全域是指同一系统内有相同的安全保护需求、安全访问控制和边界控制策略，相同的网络安全域共享统一的安全策略。

依据安全域划分原则，相同的安全域拥有相同的安全等级和属性，域内是相互信任的，安全风险主要来自不同的安全域互访，需要加强安全域边界的安全防护。区域之间依据业务及安全的需要配置安全策略，有效实现信息系统合理安全域划分，如图 11-8 所示。

2）地基安全技术体系设计

地基安全技术体系包括安全区域边界、安全通信网络、安全计算环境和各类管理平台，如图 11-9 所示。

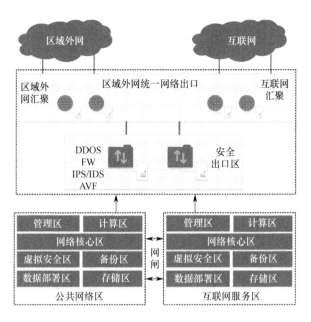

图 11-8　地基物理安全域设计

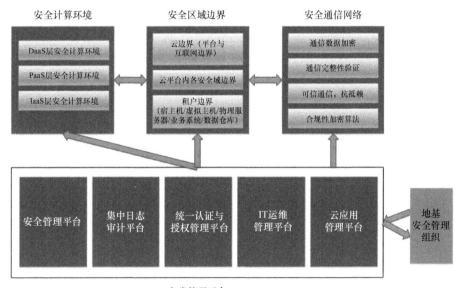

图 11-9　地基安全技术体系

3．地基网络安全防护方案

地基网络安全防护方案包括结构安全、访问控制、安全审计、边界完整性

审查、入侵防范、备份和恢复和网络设备防护七个方面。

1）结构安全

确保地基系统核心网络设备、外联区域外网和城域互联网均具备多路冗余接入的配置，具备完整的冗余、容错能力。

在外网接入区、互联网安全接入区和互联网安全出口区边界，配置一定数量防火墙、入侵检测和 VPN 设备，确保服务终端与系统外的各终端与业务服务器之间的访问能够实现可控可管。

根据不同用户重要性和所涉及业务信息的重要程度等，在外网应用部署区、共性服务区域中划分不同子网或网段，以方便管理和控制为原则给各子网、网段分配地址段。

在外网应用和互联网应用区域之间，通过安全数据交换系统等安全控制设备将需要隔离又需要数据交换的资源进行连接，可确保信息交换可以在可控可管的传输通道内进行。

在所有与外部网络互联的边界都配备防火墙设备进行网络隔离将外网应用、互联网应用与外部网络进行分离，同时外网应用区域和互联网应用区域避免将重要网段部署在网络边界处且直接连接外部信息系统，重要网段与其他网段之间采取可靠的技术隔离手段；多个区域网络边界之间均有防火墙进行网络隔离。

互联网安全出口区引入了安全隔离区域，目的是在满足互联网应用对公网提供服务的同时，有效保护互联网应用区域内部网络安全，根据不同需要，有针对性地采取相应隔离措施。安全隔离区域除一个核心路由设备外，还配备冗余代理和缓存。

按照对业务服务的重要次序来指定带宽分配优先级别，保证在网络发生拥堵的时候优先保护重要主机；所有业务不共用网络资源，不同的业务使用不同的网络资源，分别提供不同的服务保障能力。

2）访问控制

在网络边界侧部署控制冗余访问设备，启用访问控制功能；设备会根据会话状态信息为数据流提供明确允许或拒绝访问能力，控制路径主要为 IP 和端口级；多个区域网络边界均通过防火墙进行网络隔离。在核心交换机部分，采用 VLAN 隔离和访问列表控制（Access Control List，ACL），在网络边界通过防火墙进行访问策略定义。在整体网络设计中，在内外网防火墙之间的区域加入隔离区（Demilitarized Zone，DMZ），用于隔离对外部非可信用户的服务；
DMZ 与系统内部区域的网络访问受到防火墙的策略保护和控制。

对进出网络的信息内容进行有效过滤，可实现对应用层 HTTP、FTP、
TELNET、SMTP、邮局协议版本 3（Post Office Protocol - Version 3，POP3）等
协议命令的控制。所有会话策略均配置为：在会话窗口处于一定非活跃时间时
或会话结束后，终止网络连接；限制网络最大流量及连接网络数量；在各业务
区域核心交换机上，通过端口镜像技术，将所有网络类的数据包送到独立的入
侵检测系统，进行检测和控制。

各核心网络区域和网络边界均采取技术手段防止地址欺骗：重要网段采用
地址解析协议绑定（Address Resolution Protocol，ARP）技术，防止地址欺骗；
通过独立的运维专网进行，完全不通过互联网通道；同时具备双因子认证特性，
对管理平台的使用者进行身份鉴别。

3）安全审计

提供完善的日志审计体系，配置日志审计服务器，日志审计范围包括通信
日志、访问日志、内容日志等。

4）边界完整性审查

对非授权设备私自接入内部网络的行为进行排查，并通过端口控制准确定
出位置，依据安全管理机制对非授权接入设备通信进行有效阻断；提供服务的
机房只有指定机房维护人员可以进入；各办公端访问请求，通过部署物理地址
绑定和防止 ARP 欺骗的安全设备进行接入控制；对 VPN 接入的远程终端，通
过物理的动态密码口令卡限制其访问。

5）入侵防范

在网络边界处通过部署在内外部核心区的入侵检测系统监视以下攻击行
为：端口扫描、强力攻击、木马后门攻击、拒绝服务攻击、缓冲区溢出攻击、
IP 碎片攻击和网络蠕虫攻击等。当检测到攻击行为时，记录攻击源 IP、攻击
类型、攻击目的、攻击时间；在发生严重入侵事件时，应提供报警服务。

6）备份和恢复

所有网络设备均为冗余架构，以确保网络设施的任意故障都不会影响业务
的连续性，同时，整个平台提供同城双活中心及异地的备份中心，双活中心之
间及与异地备份系统之间在配置上互为备份同步，所有网络设备都通过独立运

维专网对其配置进行标准的备份（日/周/月/年全备份）。

7）网络设备防护

所有网络设备均不使用默认权限，并对登录网络设备用户进行身份鉴别，所有网络设备登录均采用 AAA 方式进行统一用户身份鉴别，网络设施的权限配置有效周期由管理员在运营负责人授权的情况下定期更新，所有口令为至少 8 位以上大小写字母、数字及特殊字符的组合。

网络设施的日志管理和系统管理权限由专人专岗分别管理，避免互相影响产生网络设施安全隐患。

4．地基主机安全防护方案

地基主机安全主要包括以下四个方面。

1）主机系统漏洞扫描与加固

采用安全扫描技术，对网络中关键的主机和服务器进行定期漏洞扫描与评估，针对相关系统漏洞，提出修补措施，并定期进行相关操作系统裁剪、修补和加固工作。

2）操作系统安全

通过使用主机访问控制等技术措施及手段，对系统中主机与服务器系统严格划分、管理、控制用户的权限和行为，增强操作系统的健壮性及安全性，使操作系统达到更高层次安全级别。

3）网络病毒防杀系统

建立全网的病毒检测与防范系统，及时检测和控制各种文件、宏和其他网络病毒的传播和破坏，具有集中统一的管理界面，系统可自动升级、自动数据更新，具有可管理性。

4）主机安全监管

通过网络安全综合管理，对关键主机和服务器系统的运行状态、资源的使用情况、安全日志等进行监管，以及时发现系统的异常行为和故障，保障主机与业务系统的可用性。

5．地基数据安全防护方案

地基数据安全主要包括以下三方面。

1）数据完整性

通过标准数据传输协议及专享软件系统提供的数据校验机制，确保各类应用数据在平台中存储、传输完整。

2）数据保密性

通过存储机制，将所有用户数据按照一定数据块，随机分散到所有存储池磁盘中，即便出现少量物理介质被盗，也可保证被盗磁盘中的用户数据无法恢复，从而确保数据保密性。

3）备份和恢复

本地数据备份采用 1∶2 加本机 RAID 方式的备份冗余备份策略；所有本地存储设备采用冗余配备；具备镜像恢复功能，进行完全数据备份。

提供异地数据备份，在备份中心配备与生产中心数量相同的业务主机，提供定期可定义策略的备份方案，通过 IP-SAN 协议将数据从本地数据中心传输到异地备份中心，提升业务连续性。

6．地基应用安全防护方案

地基应用安全主要有安全审计和通信完整性、保密性及抗抵赖。

1）安全审计

通过在内部及互联网部署专门日志审计服务器和数据库审计服务器为应用系统提供覆盖到每个用户的安全审计功能，对应用系统重要安全事件进行审计。通过专门部署在安全管理区内的上述日志审计服务器和数据库审计服务器，保证公众用户或一般内网用户（信任用户）无法单独中断审计进程，无法删除、修改或覆盖审计记录。上述日志审计服务器和数据库审计服务器负责的审计记录的内容包括事件的日期、时间、发起者信息、类型、描述和结果等。

通过上述日志审计服务器和数据库审计服务器可提供对审计记录数据进行统计、查询、分析及生成审计报表的功能。

2）通信完整性、保密性及抗抵赖

通信完整性和应用系统关系密切，采用 SSL（Security Socket Layer）协议实现远程登录 VPN，为远程 VPN 拨入终端用户提供 SSL VPN 通道，实现对内网业务系统的访问控制。

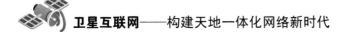

7．地基虚拟化安全防护方案

地基虚拟安全由控制中心、信誉体系、沙箱检测系统、大数据关联分析系统、安全资源池防护系统五大部分组成，实现数据中心用户和应用的安全按需部署、按需调用、按需删除、安全智能感知、适时处置和善后处置安全事件。安全池是数据中心安全技术架构的核心，安全池提供了安全纵深防御、大数据保护、高级持续威胁防护和安全主动防御四大安全保护方案，对数据中心的基础网络、平台、数据、应用及运维管理五个方面提供全方位安全保障，最终实现防攻击、防越权、防泄密、防灾难、防抵赖的五防目标[9]。

（1）控制中心：相当于人的大脑，主要下发策略指令。管理员可按照网络与业务的实际需要，在控制中心提出相应的策略需求。随后这个"大脑"将策略需求结合已知的网络拓扑、地址、设备类型等信息，转换成相关设备所能识别的设备配置并进行统一下发。组成安全资源池的各类安全设备实体就成为方案的"手"和"脚"，接受来自"大脑"的指令，执行相应的安全处理。同时，控制中心能够接收沙箱检测系统与大数据关联分析系统的结果，及时调整安全策略。

（2）信誉体系：提供一套基于 IP 地址、文件和 Web URL 的信誉库，支撑安全资源池防护系统的实时查询，帮助辨别相关信息是否可被信任。信誉库可以通过沙箱检测系统与大数据关联分析系统的结果进行积累。

（3）沙箱检测系统：负责对可疑流量和内容进行模拟执行测试，以达到确认是否存在风险的目的，可通过沙箱检测的主要内容包括 Office 文件、PDF 文件、可执行文件、Web 文件、Android APK 文件等。

（4）大数据关联分析系统：从整网主机、服务器、交换机、路由器及安全设备收集日志与事件等信息，经过大数据关联分析，发现潜在的安全威胁和风险，实现全网安全协防的目的。

（5）安全资源池防护系统：指防火墙、入侵防御系统（Intrusion Prevention System，IPS）、防病毒等软硬件安全设备，包含集中统一部署的各类硬件安全设备，以及通过在虚拟机上安装的软件安全功能组件（如虚拟防火墙等），是对攻击、威胁和风险进行防护处理的执行主体。为了能更好地结合传统网络，安全资源池兼容已经部署的独立安全设备，可最大限度地保护数据中心的投资。

1）控制中心功能及组件

控制中心主要由数据中心管理软件以及 SDN 控制器组成。数据中心管理软件通过 SDN 控制器进行安全资源池中各安全设备的安全策略的下发。用户通过管理软件的 Service Center 可完成自助安全配置，数据中心管理员通过配置中心可完成统一安全策略的下发。同时，SDN 控制器负责接收沙箱检测系统和大数据关联分析系统的分析结果，由配置中心进行统一的安全策略控制。

2）信誉体系的功能及组成

信誉体系是可信度信息查询库，其中保存着经过详细分析得到的可信度结果。信誉体系包含 IP 信誉、Web 信誉和文件信誉[10]。信誉体系框架如图 11-10 所示。

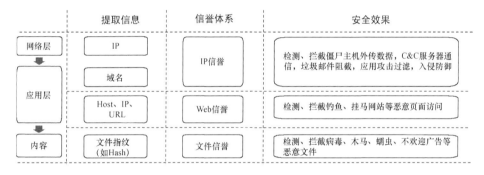

图 11-10　信誉体系框架

各安全设备同步最新的信誉库，以进行安全信誉判断，也可直接到信誉库在线查询。

3）沙箱和 APT 威胁防护

高级持续性威胁（Advanced Persistent Threat，ATP）是指精通复杂技术的攻击者利用多种攻击向量（如网络、物理和欺诈），借助丰富资源创建机会实现攻击。APT 越来越多地利用社会工程学、高级规避攻击等多种技术手段。传统单纯基于已知漏洞签名的深度包检测技术已经不能有效防护新型高级攻击。

安全沙箱是一种针对可疑流量、未知威胁的检测系统。通过模拟真实的环境，让威胁充分展现和暴露，进而从中分析出攻击特征及信誉信息。沙箱技术可以实现安全能力积累的自循环，持续提升漏洞发现、IPS、僵尸网络的安全能力。典型的 APT 攻击流程都要基于未知恶意软件的使用，沙箱可以快速准确地检出未知恶意软件，从而为用户提供实时或准实时的 APT 攻击防御能力。

沙箱主要包含 PE 沙箱、Web 沙箱和移动沙箱[11,12]。

（1）PE 沙箱：主要用于模拟 Windows 系统和 Office 软件使用环境，检测可执行文件和 Office 文档是否存在威胁隐患。

（2）Web 沙箱：主要用于模拟各种主流的浏览器环境，分析针对 Web 的攻击行为。

（3）移动沙箱：主要用于安卓运行环境，分析 APK 文件潜在安全问题。

基于沙箱的 APT 安全解决方案如图 11-11 所示。

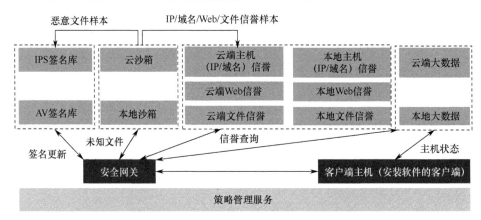

图 11-11　基于沙箱的 APT 安全解决方案

4）安全资源池组成及组件

安全资源池由三个主系统组成：统一管理平台、虚拟化网关服务资源池、虚拟化分布式安全网关。安全资源池具体组成模块如图 11-12 所示。

（1）统一管理平台（安全资源池管理模块）：可管理安全资源池、SDN 导流管理和安全资源管理。同时，通过租户自服务界面，租户可以自行配置安全策略，租户之间的安全策略相互独立。可以实现基于虚拟机对象、虚拟机安全组的策略配置模式。所有安全设备发生的安全事件日志都会被收集进行大数据分析，并按照租户生成攻击统计及攻击报表、安全报警。

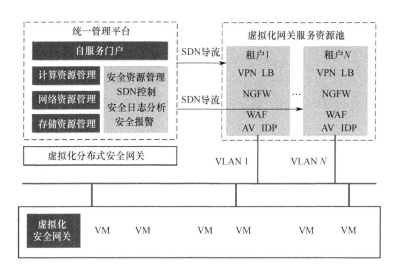

图 11-12　安全资源池组成

（2）虚拟化网关服务资源池：通过 SDN 导流、NFV 架构对虚拟专用网络（Virtual Private Network，VPN）、Web 应用防火墙（Web Application Firewall，WAF）、普通防火墙（Fire Wall，WF）、入侵检测防御系统（Intrusion Prevention System，IPS）、负载均衡、防病毒网关等安全资源进行池化，每个租户都创建一组安全资源，可以提供访问控制、入侵防御、Web 防护、VPN 和病毒过滤等安全功能服务。租户通过自服务界面，可以向配置物理安全设备一样配置虚拟化安全设备，自定义安全策略。网关服务资源池相当于租户门口的安全网关，主要提供数据中心南北向流量安全服务功能，根据租户的需求，提供 VPN、IPS、WAF、FW 等虚拟资源，并对外提供安全服务。资源池具有两个维度的弹性扩展能力，第一个维度是安全资源随着租户的增多而动态扩展，每个租户一组安全资源；第二个维度是每个租户内部安全处理能力的弹性扩展，通过动态探测和负载均衡技术，动态调整安全处理性能。

（3）虚拟化分布式安全网关：在每个物理服务器上都安装一个或多个虚拟化安全网关，通过 SDN 的服务链注册机制或 Hypervisor 底层的流量重定向机制，把本台物理服务器上每个客户虚拟机的流量重定向到虚拟化安全网关中，从而实现虚拟机之间，以及进出虚拟机的流量的安全防护功能。分布式安全网关主要针对数据中心东西向流量的安全防护，因为一旦有客户虚拟机被黑客入侵，就相当于进入了数据中心内部，同时针对虚拟化服务器，多台客户虚拟机在物理服务器内部进行通信，传统边界安全设备无法起作用，就需要在服务器内部进行安全防护，因此采用虚拟化分布式安全网关，每台虚拟机的进出流量都被重定向到虚拟化安全网关。这样，同一台物理服务器上的虚拟机之间的通信，以及数据中心内部的东西向通信流量都可以实现安全防护。配合基于Hypervisor的防病毒进行病毒过滤、查杀，可大大提高数据中心内部的安全防护能力。

虚拟化网关资源池对数据中心南北向流量提供可灵活编排的安全防护，分布式安全网关用于防护数据中心东西向流量。这样既能满足多租户按需弹性扩展安全功能的需求，又能增强数据中心内部安全。把东西向流量的安全策略下沉到分布式安全网关上实现，能够保证虚拟机之间通信的安全，同时增加了水平扩展能力。

在虚拟资源的防护上，采用基于软件方式的NFV部署架构，具体如图11-13所示。

应用系统的主机上通过安全组规则进行基于端口的访问控制。通过设置安全策略，实时监控虚拟机运行状况，保证任一虚拟机都能获得相对独立的物理资源，并能屏蔽虚拟资源故障；确保任何虚拟机崩溃后都不影响其他虚拟机；实现计算、存储资源隔离，虚拟机只能访问分配给该虚拟机的物理磁盘；不同虚拟机的虚拟CPU实现隔离；不同虚拟机的内存实现隔离；虚拟机之间及虚拟机和物理机之间所有的数据通信均可控制；在迁移或删除虚拟机后应确保当地数据清理及备份数据清理，如镜像文件、快照文件等；定时进行漏洞检测、安全加固和补丁升级，保证虚拟化平台的动态可靠。

部署虚拟路由器实现虚拟私有云（Virtual Private Cloud，VPC）内部不同子网的网络互通，各VPC之间通过虚拟局域网（Virtual Local Area Network，VLAN）实现逻辑隔离；并可通过SDN导流技术进行灵活的安全防护编排，满足各类租户的特殊性安全需求，实现精确防护；可以定义用户南北向网关资源，配置FW、IPS、VPN等虚拟设备的安全策略；通过虚拟防火墙实现VPC内外部之间的基于通信端口的访问控制；通过在VPC内部部署虚拟的IDS/IPS实现对入侵的及时检测与快速防护；并针对Web系统部署虚拟WAF实现安全防护。

可为用户提供五种灵活选择的安全服务功能，主要包括：虚拟化防火墙服务、虚拟化入侵防御服务、虚拟化Web防护、虚拟化防病毒服务和虚拟化VPN服务，以上服务主要通过安全资源池来实现。

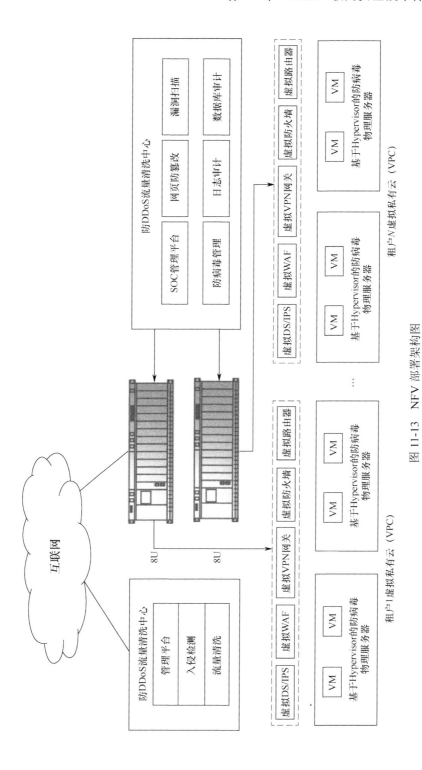

图 11-13　NFV 部署架构图

11.3.4 卫星互联网边缘安全防护方案

随着卫星互联网技术与大数据、物联网、车联网技术的深度融合发展，系统数据量呈现爆炸式上升。其中，对数据格式的多样化和处理的高度要求（快速感知、低时延及快速响应）在很多领域已经超出云计算中心的处理能力范围，边缘计算成为云计算之后的重要发展趋势及方向。边缘计算弥补了云计算在实时性、带宽、能耗等方面的缺点，提高了万物互联时代数据处理的效率。随着边缘计算应用场景的逐渐丰富，边缘计算系统的不稳定性和不可预知性也加大了，出现了边缘计算终端节点威胁、网络传输威胁、应用威胁和安全管理威胁等[13]。

1. 边缘计算面临的威胁

边缘计算系统所面临的威胁主要来源于边缘计算架构中应用域、数据域、网络域和设备域这四大板块[14]，任一板块面临的威胁和风险都有各自独有的特征。边缘计算面临的威胁按照防护对象的类型主要可以划分为节点威胁、网络威胁、数据威胁、应用威胁、安全管理威胁及身份认证威胁六类。以下将对这六类威胁进行详细论述。

1）节点威胁

节点威胁主要包括边缘终端、边缘服务器、边缘网关和云计算中心服务器各个节点终端的安全风险。鉴于不同节点终端的应用特点和安全防护等级存在差异，需要结合木桶原理设计整体安全防御方案。

2）网络威胁

相对于云计算中心集中式布置模式，边缘计算的网络接入点分布广、体系异构且安全防护脆弱，因此边缘计算网络层面临的入侵威胁急剧增加。边缘计算系统一旦被入侵和劫持，就会导致整个边缘网络系统失控瘫痪。

3）数据威胁

边缘计算系统数据的产生、传输、存储、分析计算、共享及开发过程中都有数据泄露风险，对于有保密要求的网络系统，数据安全防御至关重要。

4）应用威胁

人机交互和设备之间的交互通信都建立在 IP 网络之上，一旦网络被劫持或被入侵，通过应用之间的交互信息便可窃取系统重要的信息和权限，导致不可预知的损失。

5）安全管理威胁

安全管理制度、人员操作管理及协同作业管理存在安全威胁和风险，需要结合具体的应用场景制定管理制度、规范及监管和追责措施。

6）身份认证威胁

边缘计算系统规模巨大，边缘网络接入及交互装备和系统繁多，需要通过身份认证构建可信边缘网络，否则易被伪装者以合法身份入侵，窃取重要信息或破坏整个边缘网络。

2. 端到端边缘计算安全防护体系

边缘计算安全防护体系的构建参考不同层级之间的属性和安全要求，建立了规范和统一的架构。该体系要求态势感知与安全情报共享、统一的安全管理与流程编排、统一的身份认证与权限管理、统一的安全运维与应急响应、统一的密码支撑体系和机制、统一的资源管理和配置及统一的数据安全管理，以最大限度地保障整个边缘计算网络系统的安全与可靠。边缘计算安全防护体系如图 11-14 所示。

1）应用安全

应用安全主要包含白名单、恶意攻击防范、WAF、安全检测和响应、应用安全审计、软件加固和补丁、安全配置管理、沙箱及访问行为监管等。其中，白名单是边缘计算安全架构的重要功能，基于终端的海量异构接入，业务种类繁多，传统的 IT 安全授权模式不再适用，往往需要采用最小授权的安全模型管理应用及访问权限。

2）数据安全

数据安全包含数据隔离和销毁、数据防篡改、数据脱敏、数据加密、数据访问控制和数据隐私保护等。其中，数据加密包括数据在传输过程的加密和存储过程的加密。边缘计算的数据防泄露与传统的数据防泄露有所不同，边缘计算的设备往往是分布式部署的，需要考虑这些设备被盗后即使数据被获取也不应泄露任何信息。

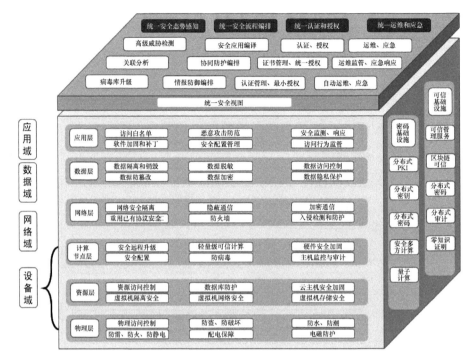

图 11-14　边缘计算安全防护体系

3）网络安全

网络安全包含网络安全隔离、重用已有协议安全、IPSec、防火墙、入侵检测和防护、DDoS 防护、VPN/TLS、隐蔽通信和加密通信等。其中，DDoS防护在物联网和边缘计算中至关重要，越来越多的物联网攻击是 DDoS 攻击，即攻击者通过控制安全性较弱的物联网设备集中攻击特定目标。

4）节点安全

节点安全需要提供基础的 ECN 安全、安全可靠的远程升级、轻量级可信计算、软硬件加固、安全配置、防病毒、漏洞扫描和主机监控与审计等功能。其中，安全与可靠的远程升级能够及时完成漏洞和补丁的修复，避免升级后系统失效；轻量级可信计算用于计算 CPU 和存储资源受限的简单物联网设备，解决最基本的可信问题。

5）资源安全

资源安全需要提供物理资源（云主机、云终端）和虚拟资源（虚拟机隔离、网络、存储、数据及操作系统）的安全、资源访问控制及数据库防护等功能。其中，物理资源和虚拟资源协同安全防护是常见的边缘资源安全防御形式。

6）物理安全

物理安全需要提供物理访问控制，智慧门禁和机房，防盗、防破坏，防水、防潮，温度湿度控制，防雷、防火、防静电，配电保障，电磁防护和红黑电源隔离等功能。其中，物理安全防御需要结合具体的领域和安全级别要求实施安全管控。

7）安全态势感知和安全流程编排

网络边缘侧接入的终端类型广泛、数量巨大，承载的业务繁杂，被动的安全防御往往没有到良好的效果。因此，需要采用更加积极主动的安全防御手段，包括基于大数据的态势感知和高级威胁检测、综合安全监管和风险评估、安全合规审计和威胁溯源、漏洞统计和杀毒库升级，以及统一的全网安全决策指挥，从而更加快速地响应安全风险和强化安全防护，结合完善的安全情报共享和防御流程编排，最大限度地保障边缘计算系统的安全、可用及可信。

8）认证权限管理和运维应急响应

身份认证和权限管理功能遍布边缘计算所有的功能层级。在网络边缘侧有海量设备的接入，传统的集中式安全认证面临巨大的性能压力。特别是在设备集中上线时，认证系统往往不堪重负，需要根据需求行为的最小授权模型，采用去中心化、分布式的认证方式。统一运维及应急响应需要实现监管、自动化及可配置。

9）密码和可信管理

整个边缘计算安全防护体系的安全基础设施，需要强化对密码相关装备及管理系统的安全防护，通过量子密码、安全多方计算及零知识证明应对新技术变革及量子技术引入的安全风险。边缘计算系统的 PKI 公钥基础设施采用区块链技术实现证书、密钥全周期及密码机负载均衡的管理，借助于区块链的分布式共识记账技术、隐蔽通信及审计保障可信边缘网络的安全，降低单点故障类安全风险。

11.4　本章小结

　　本章针对卫星互联网网络中卫星节点暴露且信道开放、异构网络互连、网络拓扑高度动态变化、传输时延高、时延方差大、链路具有间歇性、星上节点处理能力受限等独有特点，分别详细阐述了这些特点对网络安全带来的威胁。在此基础上，从物理安全、运行安全、数据安全等三个层面对目前卫星互联网网络的相关安全技术进行了分析。现有卫星互联网的研究多针对单一卫星网络展开，为了实现今后天地网络的真正完全融合，应开展卫星互联网安全架构研究。在研究卫星互联网系统物理安全、运行安全和数据安全等技术的基础上，进一步对威胁感知技术与多联动管控技术、安全仿真验证技术展开研究，以实现卫星互联网信息网络安全的全面保护。

本章参考文献

[1] 范红，邵华，李海涛. 物联网安全技术实现与应用[J]. 信息网络安全，2017，10(9)：10-12.

[2] 常亮. "新基建"下的卫星互联网安全态势分析[J]. 网事焦点，2020(7)：47-48.

[3] 安锦程. 从美国"CISA 法案"看美国关键基础设施管理体系对我国的借鉴[J]. 法制与社会，2019(10)：155-156.

[4] 王超. 加强关键信息基础设施网络安全保障刻不容缓[J]. 信息安全与技术，2018(6)：50-55.

[5] 吕欣，韩晓露. 健全大数据安全保障体系研究[J]. 信息安全研究，2015，1(3)：211-216.

[6] 刘华峰，李琼，徐潇审. 卫星组网的原理与协议[M]. 北京：国防工业出版社，2016：261.

[7] 韩晓露，吕欣. 应急资源大数据云安全管理模式研究[J]. 信息安全研究，2016，2(2)：159-165.

[8] 陈越峰. 关键信息基础设施保护的合作治理[J]. 法学研究，2018，40（6）：177-195.

[9] 张新跃，冯燕春，李若愚. 关键信息基础设施风险评估方法研究[J]. 网络空间安全，2019，10(1)：55-60.

[10] 高原，吕欣，李阳，等. 国家关键信息基础设施系统安全防护研究综述[J]. 信息安全研究，2020，6(1)：14-24.

[11] 张旺勋，范鹏，吴卓亮. 军用卫星系统安全防护体系结构研究[C]. 北京：第六届中国指挥控制大会论文集（下册），2018.

[12] 何元智. 卫星通信系统安全防护体系研究[C]. 北京：第十八次全国计算机安全学术交流会论文集，2003.

[13] 代兴宇，廖飞，陈捷. 边缘计算安全防护体系研究[J]. 通信技术，2020，53(1)：207-215.

[14] 张政. 移动边缘计算引领 5G 新业务发展[J]. 通信企业管理，2017(9)：33-35.

第 4 篇

产 业 篇

第 12 章 卫星互联网产业链

作为未来社会经济发展的动力之一，卫星互联网产业已成为世界各国争夺的主要太空资源。美国、欧盟、俄罗斯、中国等先后出台相关政策推动相关产业发展，覆盖从卫星制造、发射、地面设备到星座组网等的全产业链，全球卫星互联网行业呈现前所未有的蓬勃发展态势[1]。

12.1 产业发展现状及趋势

自 20 世纪 80 年代起，全球卫星互联网的发展经历了与地面网络竞争、补充、融合三个阶段。2010—2020 年卫星互联网产业呈现以下特征：全球在轨卫星数量持续稳步增长，并呈现低轨道化、小体量化趋势；航天产业得到各国政府的大力支持，商业航天从国家主导走向商业化；太空经济规模发展的未来可期。

1. 卫星互联网的演进

1980—2000 年是卫星互联网与地面网络竞争的阶段，以摩托罗拉公司"铱星"为代表的多个星座计划实施，提供话音、数据等服务。与地面系统相比，卫星互联网从资费到服务均无优势，难以维系运营。2000—2014 年，以"新铱星（Iridium Next）轨道通信"为代表的卫星系统成为地面系统的补充。2014年至今，以 Space X 的"星链"为代表的新型卫星互联网高质量快速发展，与地面系统互补、融合[2]。

2. 卫星互联网产业发展规模

从国内外产业发展来看，卫星互联网产业呈现上升趋势，行业价值日益凸显。

卫星数量稳步增长，截至 2020 年第 1 季度，全球在轨卫星数量为 2 666 颗，其中通信卫星占 45.3%，遥感卫星占 33.2%；低轨道卫星占 58.8%；小体量卫星占 60.6%。

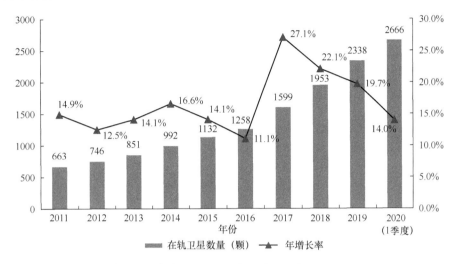

图 12-1　全球卫星数量（数据来源：赛迪顾问）

近年来，全球商业航天产业正在从国家主导向商业化发展，通过市场化机制推动行业发展。目前，全球主要国家的商业航天产业以卫星应用服务为主，包括通信、导航、遥感和科研等主要应用方向。

全球卫星互联网的发展仍然以美国、俄罗斯等发达国家领先，中国发展活跃、积极跟跑。首先，美国在在轨卫星数量、战略部署、技术创新、产业发展等多方面占据优势。截至 2020 年第 1 季度，全球在轨的低轨道通信卫星数量为 710 颗，其中美国占据 74%，即 526 颗[3]。美国政府推出"国家航天战略"，通过部署卫星星座计划，推荐低轨道通信卫星组网工程建设，以主导世界低轨道宽带卫星市场。美国"星链计划"预计在 2019—2024 年间发射 1.2 万颗低轨道卫星组成星链网络，并在全球范围内提供低成本的卫星互联网服务。作为"星链计划"的主要竞争对手，美国 OneWeb 公司的卫星制造速度高达每天 2 颗，实力也不容小觑。亚马逊的"柯伊伯"项目计划将 3 236 颗卫星发射入轨，并为全球提供低时延、高速度的卫星互联网服务。

俄罗斯在商业航天发射市场处于全球领先地位。俄罗斯计划启用"安加拉"型运载火箭，以覆盖 3.5～35 吨不同负荷的低轨道卫星运载发射需求，保持其在航天发射市场领跑地位。俄罗斯主要的星座计划有"太空""信使-2"，主要用于宽带、窄带通信服务，物联网等。

加拿大在低轨道通信领域，通过提供低带宽、低速率的窄带物联网卫星星座，避开与美国的直接竞争，广泛用于交通、油气、能源、环保、工业互联网等领域。加拿大的主要星座计划有 TeleSat LEO、Kepler、Helios Wire 等。

欧洲通过多国分工合作，寻求对外协同合作，探索先进卫星星座的共建共有。代表性星座计划有英美联合的 OneWeb 及法国的 Kineis、欧盟联合的低轨道卫星星座等。

中国卫星互联网产业起步稍晚，但政府、国有企业与商业航天企业一并发力，活跃发展。首先，政府政策鼓励，2015 年发改委、财政部、国防科工委联合印发《国家民用空间基础设施中长期发展规划（2015—2025 年）》，支持民间资本投资卫星研发、制造和卫星互联网系统建设。另外，地方政府相继出台各种产业政策，如《北京市"十三五"时期信息化发展规划》《北京市加快新型基础设施建设行动方案（2020—2022 年）》《上海市制造业转型升级"十三五"规划》《深圳市航空寒天产业发展规划（2013—2030 年）》《西安国家民用航天产业基地支持商业航天发展的扶持办法》等，大力支持卫星互联网产业发展。

其次，卫星企业发展迅速。央企方面，早在 2015 年，中国航天科技和中国航天科工分别提出了低轨道卫星通信项目"鸿雁"和"虹云"。这两项工程均在 2018 年年底发射了首颗验证性试验卫星。此外，民营航天企业，银河航天于 2020 年 1 月 16 日成功发射首颗通信能力达 10 Gbps 的低轨道通信卫星，可通过低轨道卫星终端为用户提供互联网宽带服务。"九天微星"计划用 72 颗低轨道卫星构建物联网星座，计划在 2022 年前完成卫星部署[2]。

3. 太空经济以及卫星互联网的市场将迎来爆发式增长

2019 年摩根士丹利关于未来太空经济报告中指出，预计到 2040 年，太空经济规模将会达到 1 万亿美元。赛迪顾问研究数据显示，2010—2019 年全球卫星互联网产业规模稳步增长，2019 年达到 2 860 亿美元，同比增长 3.2%[4]。

中国银河证券认为，按照"星链"项目用户数量比例估算，我国卫星互联网的市场规模有望达到 560 亿元。实现全球卫星互联网服务后，市场规模将成倍增长，与卫星制造和火箭发射相关的公司将首先受益，与终端设备和卫星通信运营相关的公司将在后期受益，但市场空间更大。

12.2　卫星互联网产业链

卫星互联网产业链主要由以金属材料、燃料、电子元器件制造为主的上游产业，以卫星发射、卫星研制、地面设备制造和卫星运营为主的中游产业，以及以卫星应用为主的下游产业三部分组成，如图 12-2 所示。按照美国卫星协会的预测，上、中、下游产业的市场规模占比分别约为 7.5%、44.6% 和 47.9%。

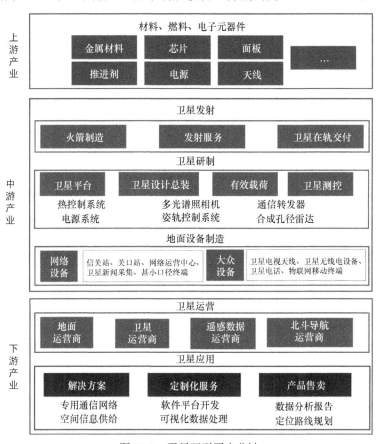

图 12-2　卫星互联网产业链

12.2.1　上游产业

上游产业主要包括卫星平台和卫星载荷的制造，如图 12-3 所示。卫星平台制造主要包括遥感测控系统、供电系统、结构系统、推进系统、数据管理系统、热控系统及姿轨控制系统的设计制造等；卫星载荷制造包括天线系统、转发器系统，以及金属或非金属原材料和电子元器件制造等环节。

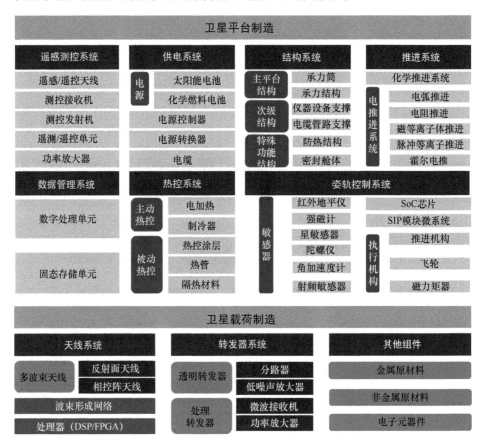

图 12-3　上游产业全景图

根据未来宇航研究院的统计数据，当前中国卫星制造企业有 36 家，其中卫星总体制造企业有 18 家，卫星配套制造企业有 16 家，但专业卫星载荷制造企业仅有 2 家。从行业结构来看，卫星载荷制造企业更为稀缺。

12.2.2　中游产业

中游产业主要涉及卫星发射、卫星研制、地面设备制造三个方面。其中，卫星发射为主要环节，包括火箭制造及发射服务及卫星在轨交付，如图 12-4 所示。

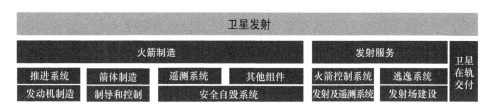

图 12-4　卫星发射产业全景图

　　随着多个星座计划的推出，未来卫星发射的需求也日益增加，商业卫星发射行业的发展潜力巨大，将成为国有企业的有效补充。

　　航天科技集团与航天科工集团是我国火箭制造与火箭发射的国有企业。航天科技集团一院、八院是我国航天运载火箭主要的生产商。航天科技集团一院生产的运载火箭型号有长征二号 F，长征三号系列，长征五号、七号、十一号，其中长征五号是目前我国研制的直径最大、运载能力最强的新一代大型运载火箭。航天科技集团八院设计的火箭型号有长征二号丁、长征四号系列和长征六号。2016 年 10 月，依托于航天科技集团的中国长征火箭有限公司正式成立，进一步推进了我国卫星发射产业的商业化。

　　航天科工集团旗下的航天科工火箭技术有限公司于 2016 年 2 月注册成立，其核心产品是快舟系列运载火箭，主要包括快舟一号、快舟一号甲、快舟十一号等。快舟一号甲火箭在 2017 年 1 月 9 日在酒泉卫星发射中心完成首飞，成功实施"一箭三星"发射，实现了我国首次商业运载火箭发射服务。

　　尽管航天科技和航天科工两大集团推进了中国卫星发射的商业化进程，但是长征系列和快舟系列运载火箭搭载能力依然有限，给予了民营航天发射公司发展空间。蓝箭航天、零壹空间、九州云箭、星际荣耀、翎客航天等民营火箭初创公司在近几年大量涌现，但目前仍处于成长初期。据未来宇航研究院统计，目前国内卫星发射相关企业仅 22 家，是四大领域中数量最少的，体现出目前我国航天发射企业的稀缺性及火箭制造行业的高技术壁垒。

　　关于火箭发射场，目前我国共有四个航天发射场地：酒泉卫星发射中心、西昌卫星发射中心、太原卫星发射中心和文昌航天发射场，完全可以满足当前我国商业发射的需要，火箭发射场商业化尚在积极探索中。

卫星研制主要包括卫星平台、卫星设计总装、有效载荷和卫星测控四大部分的研制，涉及热控制系统、电源系统、多光谱照相机、姿轨控制系统、通信转发器和合成孔径雷达六大系统。

目前中国卫星制造主要分为两个方向：大容量、通用型的大卫星和高可靠、低成本的小卫星。大卫星的研制周期长、成本高，批量生产难度大，基本被航天科技集团五院垄断。而随着低成本、可批量化生产的微小卫星星座逐步兴起，更多的市场参与者逐渐出现。

在卫星研制领域，中国通过东方红系列通信卫星平台研发过程积累了经验，目前已经能够研制涵盖固定、中继和直播等多业务领域，频谱范围涉及 S、C、Ku、Ka 等各个频段的小型到超大型通信卫星。其中，"东方红五号"卫星平台使用自主研发电推进技术、可展开式热辐射器技术、二维二次展开半刚性太阳翼、全管理贮箱、新一代电源控制器技术、综合电子技术等多种先进技术，有效载荷质量达到 1 200～2 000 kg，整星功率达到 10 000～30 000 W，已达国际领先水平。

从市场规模看，2025 年我国卫星互联网设备行业产值将超过 500 亿元，设备制造相关产业市场空间巨大。同时，小卫星产业的迅速发展将带动卫星制造市场扩大，预计 2025 年全球小卫星制造和发射市场规模将达 200 亿美元，经济效益可观。从投融资角度看，2018 年我国商业航天领域年度投融资总额为 35.71 亿元，小卫星制造是民用航天企业融资的重要方向。

2018 年，"九天微星""银河航天"完成 A+轮融资，项目估值 30 亿元以上；"微纳星空"获得航天科技集团产业基金投资，主要用于小卫星制造。从企业研发态势来看，传统航天优势企业发挥牵头引领作用。中国航天科技集团、中国航天科工集团在基础设施、资金配套、技术创新、重大航天科技项目承担方面具有突出优势，欧比特、行云、欧科微、九天微星、天仪研究院等企业主要聚焦小卫星制造，成长迅速[5]。

地面设备制造主要包括地面网络设备和大众设备两个方面。其中，网络设备主要涉及信关站、关口站、网络运营中心、卫星新闻采集、甚小口径终端等；大众设备主要涉及卫星电视天线、卫星无线电设备、卫星电话、物联网移动终端等。

12.2.3　下游产业

下游产业主要包括卫星运营和卫星应用两部分[6]。卫星运营企业主要包括地面运营商、卫星运营商、遥感数据运营商和北斗导航运营商。

卫星运营商提供的服务主要包括卫星移动通信服务、宽带广播服务及卫星固定服务等，如图 12-5 所示。

图 12-5　卫星运营商提供的服务

目前，我国商业航天领域发展迅速，但大多数用户对于商业航天的认识仍然不足，市场需求也未被完全开发。相关数据显示，目前国内卫星运营及卫星应用企业超过 83 家，其中卫星运营企业 39 家、卫星应用企业 44 家。空间段运营服务主要是指卫星转发器的租赁业务，参与企业主要有中国卫通、亚太卫星、亚洲卫星等。地面段运营服务企业较多，主要有中国直播卫星有限公司、中国电信集团卫星通信公司、众多 VSAT 运营商及多个新兴商业卫星公司。卫星互联网正朝着高通量方向发展，即宽带化、多媒体化，且卫星互联网的各类业务在不断融合。

卫星应用主要涉及解决方案、定制化服务和产品售卖三大业务板块。根据国际经验，卫星应用涉及企业最多，在卫星产业中有最大的市场，目前国内该市场体量仍然较小，发展潜力较大。

12.2.4　产业链重点企业

中国拥有世界上第二大消费市场，以及先进的航天技术。随着商业航天市场需求的不断扩大，国有企业的科研人才、技术资源开始与民间资本交流互动。中国商业航天产业起点较高，发展势头迅猛，迅速构建起全产业链条，如图 12-6 所示。

产业链		参与公司
上游产业		上市公司：航天电器、航天电子、七一二、天奥电子、亚光科技、振华科技、鸿远电子、和而泰等
卫星研制	卫星总体	上市公司：中国卫星、上海沪工
		非上市公司：航天科技集团、航天科工集团、中科院小卫星所、长光卫星、天仪研究院、银河航天、九天卫星
	分系统及部件	上市公司：天银机电、中国卫星、康拓红外、航天电子、欧比特、奥普光电、铂力特等
		非上市公司中电科18所、中电科54所、航天科技集团五院
卫星发射	火箭总体	非上市公司：航天科技集团、航天科工集团、星际荣耀、蓝箭航天、零壹空间等
	部件	上市公司：海沪工、航天电子等
	测控	上市公司：中国卫星、航天电子等
		非上市公司：航天科技集团、中电科集团、航天驭星等
地面设备制造		上市公司：华力创通、雷科防务、星网宇达、天箭科技、杰赛科技等
		非上市公司：中电科集团等
卫星运营和卫星应用		上市公司：中国卫通、亚太卫星、欧比特等
		非上市公司：航天科技集团、三大运营商等

图 12-6　卫星互联网产业链梳理

12.3　本章小结

目前，地球上超过 70%的地区、30 亿人口尚未实现互联网接入服务，因此卫星互联网技术面向不同行业背景具备广泛应用前景，如低轨道卫星互联网、航天互联网、车联网等。卫星互联网产业属于高技术、高投入、高产出的战略性新兴技术产业，涉及卫星制造、发射，地面设备制造及卫星运营服务等多个环节，是未来全球经济的新增长点。

我国卫星发射及制造等环节主要由航天科技集团和航天科工集团等国有企业主导。随着政策的进一步放开，低轨道卫星星座商业需求不断增长，上、中、下游产业链产品孵化商业化空间较大。我国在卫星互联网技术产业化方面处于全球领先地位，国家层面出台相关政策将低轨道卫星系统列入新基建规划，发力推动"虹云""鸿雁"两大系统工程的建设，通过国家力量建立健全产业链，为卫星互联网领域民营、国有、商用企业的深度融合打下了基础。

本章参考文献

[1]　招商证券. 卫星互联网纳入新基建，产业链迎重要发展机遇[R]. 2020.

[2] 赛迪顾问物联网产业研究中心. "新基建"之全球卫星互联网产业区域发展分析白皮书
    [R]. 2020

[3] 梅强, 史楠, 等. 天地一体化信息网络应用运营发展研究[J]. 天地一体化信息网络,
    2020, 1(2): 95-102.

[4] 中科院西光所. 2022 年底前完成 72 颗物联网小卫星部署[EB/OL]. http://finance.sina.com.
    cn/roll/2019-06-26/doc-ihytcitk7876953.shtml.

[5] 赛迪顾问物联网产业研究中心. 中国卫星互联网产业发展研究白皮书[N]. 通信产业
    报, 2020-6-15.

[6] 孙美玉. 我国卫星通信产业发展研究[N]. 中国计算机报, 2020-1-13.

第13章 卫星互联网产业模式

20 世纪 60 年代，通信卫星首次为东京奥运会全球实况转播提供服务，开辟了卫星市场化运营道路。然而，此后卫星的运营远不及人们期待的那样发展迅速，主要原因是产业链、技术发展等诸多因素的限制，其中项目耗资巨大也是关键因素之一。以美国卫星网络发展为例，1960 年代开始的美国阿波罗计划，10 年左右耗资将近 240 亿美元；创造诸多人类太空奇迹的 SpaceX 则得益于美国政府的政策支持，美国大学培养了大量的航天科技人才，领先的太空材料制造业和材料工艺，以及更为重要的活跃的金融风险投资。美国著名太空创投公司 Space Angels 投资数据显示，虽然投资 12 年项目仍未盈利，但公司仍然持续投资，其行业分析报告提出太空领域已逐渐成为吸引创投的新赛道，行业前景值得期待。正是卫星互联网投资巨大的特点，决定了该行业的投资、建设、运营及盈利模式。

13.1 卫星互联网投资模式

面向卫星互联网建设的新需求，商业低轨道卫星系统正在崛起。低轨道卫星行业巨头吸引到众多投资，产业分化明显。

面对有限频轨道资源的激烈竞争和上千颗卫星组网部署的压力，卫星互联网产业发展面临巨大的资金需求。全球领军企业通过多元合作和持续性融资，竞相布局各自的卫星互联网生态圈，抢占卫星互联网产业新高地。根据统计数据，2019 年全球航天初创企业融资达到 57 亿美元，较 2018 年同期增长 34%。航天领域投资模式概况见表 13-1。

表 13-1　航天领域投资模式

代表公司	国家	主要产品	融资概况	投资公司
SpaceX	美国	猎鹰9、重型猎鹰	2019 年在三轮融资中共筹资13.3 亿美元；2020 年 3 月获 5 亿美元新融资	Pegasus Tech Ventures、Fusion Fund、俄亥俄州教师退休基金等 72 家
Blue Origin	美国	New Shepard、New Glenn	自 2000 年，贝索斯个人总共投资近 34 亿美元	NASA、Ares EIF Group、Benzos Expeditions
航天科工火箭	中国	快舟系列	2017 年完成 12 亿元 A 轮融资	金研资本、浙民投、国富资本等
零壹空间	中国	OS-M 系列	截至 2018 年获得 8 亿元融资	中金公司、中金佳泰资本、招商局资本等
蓝剑航天	中国	朱雀系列	截至 2019 年累计超 14 亿元融资	碧桂园、戈盛投资、鲁信创投、陕西高端装备基金
星际荣耀	中国	双曲线系列	截至 2019 年累计 8 亿元融资	京港合众、沃德融金投资
银河航天	中国	银河航天首发星	截至 2019 年累计超 9 亿元融资	建投华科、顺为资本、IDG资本、君联资本、晨兴资本
星河动力	中国	谷神星、智神星	截至 2019 年累计超 3 亿元融资	普华资本、华强资本、联储创投、川商基金、野草创投、梅花创投、新势能资本

13.1.1　美国商业航天投资模式

在美国商业航天投资模式中，商业航天的主体是企业；企业对航天活动进行投资并承担风险；按照市场方式运作；产品推向市场。盈利、竞争和私人投资，是美国商业航天的三大要素。其中，私人投资是美国商业航天的最重要部分。

非政府行为及政府以资金或技术形式参与的 PPP 模式是目前美国商业航天发展的两种模式。在非政府行为中，商业卫星通信系统最典型。它采用完全的商业化运行模式，即以私人投资、市场化运行为商业客户服务，政府只负责分配卫星频谱、审核发射载荷等监管，不参与企业经营。近年兴起的太空旅游、小火箭研制与发射服务等都是这种模式。政府以资金或技术形式参与的 PPP 模式，更多地应用于传统卫星商业遥感服务，以及近年私营企业开展的深空探测活动。具体可分为两种，一种是政府提供资金支持，与企业共同开发相关技术或开展应用服务，如政府注资或参股一些卫星遥感企业，或负责运营政府投资的遥感卫星，开拓遥感应用市场。在深空领域，美国航天局通过专项计划与企业共同投资开发"深空门廊"关键技术。另一种是政府为企业提供技术或基础设施支持，双方分享研制成果。例如，美国航天局的"月球催化剂"专项计划，向月球快车公司、太空机器人技术公司、马斯特太空系统公司等企业提供试验基础设施、仿真软件等，支持技术开发；联合发展月球有效载荷运技术，提升企业的月球运输能力，实现美国航天局不投入资金而获得企业的技术服务。

13.1.2　中国商业航天投资模式

从 2015 年开始，中国在火箭研发、卫星制造、卫星应用等领域在政策上向民间资本开放，鼓励民间资本进入。商业航天发展模式强调竞争、盈利及市场化运营。目前，中国航天资金来源主要有国家财政、企业自有资金、商业战略合作投资、风险投资及银行商业贷款等。

（1）国家财政：包括用于航天或军队项目的专项拨款、科研经费及地方政府科技项目经费、园区、土地等资源。

（2）企业自有资金。指国有企业可支配用于科技项目研发及拓展的资金，以及民营企业自筹资金。

（3）商业战略合作投资。与国有企业、商业航天企业、互联网企业等进行技术、人力、卫星采集数据等资源共享。

（4）风险投资：近年关注中国商业航天企业的风险资本越来越多。根据 Start-Up Space 相关报告，2019 年中国商业航天企业是除美国外获得投资最多的企业，占比达到 16%。从企业端看，中国有 22 家企业收到投资，仅次于美国的 79 家。其中"北斗"系统高精度服务提供商千寻位置和民营运载火箭研制企业蓝箭航天，成为获得投资最多的航天初创企业，分别获得 1.41 亿美元和 8 500 万美元的投资。从投资端看，自 2014 年开始，我国鼓励私人资本参与中国航天投资，非政府的航天投资快速增长。2019 年，中国资本投资了 3.14 亿美元，较 2018 年的 2.88 亿美元有所提升。大部分投资中国航天初创企业的资本来自中国境内。2019 年，中国有 24 笔交易、62 家投资者参与，交易数目和投资者数量均约是 2018 年的两倍，也是除美国外其他国家所无法比拟的。

13.1.3　世界卫星经营公司的产业发展模式

世界卫星经营公司的发展模式主要有以下五种。

（1）私人风险投资公司收购，发行公开上市股票开创融资。例如，泛美卫星、国际通信卫星及新天空卫星，这些公司的债务状况和股息策略均可制约公司投资新业务的能力，从短期发展看不是问题，但从长期发展来看，沉重的股息和债务是企业沉重的负担。

（2）开拓新业务，扩大市场，增加盈利。世界上最大的商业卫星经营商欧洲卫星全球公司，采取了开拓新业务的方式，在加拿大、墨西哥和美国开展新业务，扩大市场范围，以增加公司盈利能力。

（3）扩大业务类型，由发展卫星宽带业务转向高清电视。美国直播电视公司用 10 亿美元的投资向波音卫星系统公司定购了 3 颗大型 Ka 频段卫星，同时将波音制造的"太空之路"宽带业务卫星改建成直播卫星，大力开发 Ka 频段高清电视。直播电视公司的竞争对手回声星公司也将制定一个类似的频段卫星计划，将与欧洲卫星公司一起投资发展高清电视。

（4）投资开发宽带移动通信业务。国际移动卫星公司在现有资源基础上，继续计划投资 15 亿美元采购 3 颗新卫星，用以开发宽带移动业务。美国移动卫星风险公司决定投资 5 亿美元，选择劳拉空间系统公司第二代大型卫星，为北美洲地区提供卫星移动通信业务。欧洲卫星全球公司也正在考虑进入卫星移动业务市场。

（5）向宽带业务市场进军。加拿大 Telesat 公司和美国的狂蓝公司，除在已发射的阿尼克-F2 大型卫星上开展 Ka 频段商业宽带业务外，还将专门订购 1 颗 Ka 频段卫星，建立双向商业宽带通信链路。此外，泰国的 iPSTAR 宽带卫星已由劳拉空间系统公司制造完毕等待发射，开展商业宽带业务。

13.2　卫星互联网建设模式

卫星互联网系统建设初投资巨大，应用场景不明朗，投资回报缓慢，系统后期运维困难，项目建设风险大。目前，我国卫星互联网建设模式有以下三种。

（1）创新卫星互联网建设的现代企业体制，加大对卫星互联网系统的投入。成立、规划、建设、研发、应用、投资为一体的超级混合所有制企业，以资本为纽带，把责、权、利结合起来，利用资本市场进行公开融资，积极开展各行业需求调查和规划，共同开发基础应用和增值应用，积极拓宽卫星互联网全球应用。

（2）同步建设感知地球和社会经济的卫星物联网体系，为卫星互联网的应用提供时空大数据基础，按照"点、线、面"三步开展地球时空信息智能服务系统建设。

（3）利用地球观测组织，推进中国卫星物联网技术的国际合作和应用推广；降低民营企业进入卫星互联网产业的门槛，发展天使投资、创业投资等多种融资方式，促进科技创新型小微企业发展[1]。

13.3　卫星互联网运营模式

卫星互联网的运营服务环节具有明显的壁垒，市场准入门槛较高，运营机会大多集中于具有准入许可的龙头企业。卫星互联网的运营服务分为空间段和地面段两部分。

空间段运营服务主要是卫星转发器租赁业务。该业务前期投资规模大，需要对在轨卫星进行跟踪、检测及维护，且我国对卫星行业的管制相对严格，只有获得工信部经营许可牌照的企业才可以开展经营活动。目前空间段运营服务的参与企业主要有中国卫通、亚太卫星（香港）、亚洲卫星（香港）。空间段运营服务门槛较高，未来的机会将集中于少量持照的企业。

随着我国"北斗"系统的行业应用和大众应用逐步进入服务化阶段、各种类型的公共服务平台大量出现和智能终端的普及[2]，"北斗"产业链下游运营服务收入快速增长，2019年的产值占比已经上升到44.23%。

13.4　卫星互联网盈利模式

当前，整个航天领域本质上依然是由各国政府主导的特殊专有化市场。即使是商业化成熟的美国航天也依然是国有体制，即通过政府采购实现盈利，因为客观现实是美国政府的发射订单远超其他商业发射的总和。以 SpaceX 为例，目前已经完成 540 颗"星链"卫星的组网，初步具备盈利能力。《华尔街日报》预测，"星链"于 2020 年开始工作并产生收入。目前，"星链"未来的市场空间较为确定，围绕特斯拉业务协同建立的车联网、军方合作及金融行业等的企业用户的具体情况如下[3]。

（1）基于特斯拉的车联网发展潜力较大，确定性较强。在汽车智能化和车联网快速发展态势下，卫星导航、卫星互联网通信及信息服务技术已经成为智能车联网发展的关键技术。未来的智能汽车将不只是通过汽车传感器实现智能功能，多传感器、多维度的计算将在上层网络进行，卫星互联网可协助 5G 处理智能汽车的海量数据。"星链"至少可以满足以特斯拉为首的未来智能汽车网络需求。数据专家凯文·鲁克表示，截至 2019 年 10 月，特斯拉全球存量汽车为 80 万辆，预计 2021 年可逾 100 万辆。根据科技新闻杂志 Inverse 的预测，"星链"的入网费估计在 100～300 美元之间，每月订阅费用为 80 美元。如果按照 50% 的订阅率计算，"星链"每年仅订阅费就可达 4.8 亿美元。如果加上其他特斯拉可能嵌入的生态，如特斯拉音乐、云服务等，收入的空间较大。

（2）军事领域的合作。2018 年，SpaceX 与美国空军研究实验室签署 2870 万美元的合同，此次研究项目是"使用商用太空互联网防御实验"计划的一部分，目的是使美国空军可以利用通用的硬件使用多个卫星互联网服务进行通信。这一项目推动"星链"宽带卫星服务取得进一步发展。2019 年年初，美国航天局明确表示，将从 SpaceX 等实施低轨道巨型星座计划的企业采购卫星互联网服务。2020 年 5 月，SpaceX 与美国陆军签署协议，内容包括美国陆军有权在 3 年内尝试使用"星链"宽带卫星网络传输数据，此项业务有望带来稳定收入[4]。

（3）降低现有金融跨区时延将带来可观收益。在金融交易中，低时延可以使机构的程序化交易对市场事件的反应比竞争者更快，以此提高交易的盈利能力。据市场研究机构评估，在金融电子交易中，交易处理时间比竞争对手慢 5 ms，将损失 1% 的利润，慢 10 ms 则损失扩大到 10%。1 ms 的时延将造成 400 万美元损失。SpaceX 称其"星链"可提供高达 1 Gbps 的速度，延迟为 25～35 ms。据模拟分析，"伦敦-纽约"线路采用"星链"卫星可比地面光纤快 15 ms，"伦敦-约翰内斯堡（南非）"可快 100 ms，而这毫厘之间的通信延迟领先将为金融从业者带来丰厚利润。"星链"作为全球领先的可提

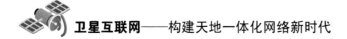

供服务的低轨道卫星星座，技术优势叠加先发优势，有望为金融业带来可观的收益[5]。

  卫星互联网建设在我国内尚处早期阶段，利润释放不及预期。但我国将迎来低轨道卫星建设的重要发展期，国有企业作为主力参与低轨道卫星建设。目前，卫星互联网产业"国家队"以航天科工集团的"虹云"和"行云"工程、航天科技集团的"鸿雁"星座、中电科的"天象"星座为代表，已围绕卫星互联网初步形成细分产业模块。国有企业在资金投入和人才储备方面与民营资本相比具有一定优势。参照"北斗"导航卫星系统的建设，民营企业的加入或许能够使我国更加快速高效布局卫星互联网，弥补前期卫星建设现金流不足的情况。"国家队"与民营企业合作，共同打造卫星互联网的模式可以充分调动国家社会资源，加速产业链的完善，从而更快地在国际竞争中取得优势地位，未来产业链上游的元器件制造、中游的终端设备及下游的运营有望全面受益。

13.5 本章小结

  国内外商业卫星运营模式有相似之处，以公私合营运营模式为主。我国商业航天投资主要来自国家财政、企业自有资金、风险投资商、商业战略合作及银行商业贷款等。其中，国家财政体现在专项拨款、科研经费、园区、土地等资源，部分建设、运营由民营企业完成。美国商业航天运营采取完全商业化运营，政府只负责分配卫星频谱、审核发射载荷等监管。政府鼓励商业航天公司研发和运营高分辨率遥感卫星，并大量订购资源以满足军事、情报、民用多种需求。美国政府曾先后与数字地球公司、地球眼、SpaceX 等签署长期、高额合同。另外，国外卫星产业中有些军民融合发展经验，如美国 GPS、俄罗斯 GLONASS 主要用于军用市场，对民用市场开放部分信号业务。美国通过颁布政府法规政策鼓励 GPS 提高兼容性和操作性，旨在推动 GPS 产业的军民融合发展，推动民用服务以拓展国际市场。俄罗斯 GLONASS 卫星最初完全军用，到 2007 年取消所有民用限制，使其最大程度商业化。总之，卫星互联网商业化是趋势，但其运营模式和风险控制还在不断探索中。

本章参考文献

[1]　毛新愿. 与"星链"对抗，"一网"首批卫星发射组网[J]. 卫星与网络，2020(Z1)：52-55.

[2]　长城证券. 新基建之卫星互联网行业专题报告：卫星互联网建设开启，低轨道卫星产业链全面受益[R]. 2020.

[3]　唐塞丽，康斯贝，李天祥，等. 国外卫星产业军民融合发展模式研究[J]. 军民两用技术与产品，2015(3)：48-50.

[4]　李云志. 卫星导航商业运营模式及风险[J]. 现代商业，2014(21)：38-39.

[5]　乐逢敏，刘富荣，白晨，等. 遥感业务卫星 PPP 模式项目的策划[J]. 国防科技工业，2017(8)：12-14.

第 14 章　卫星互联网产业应用

卫星互联网具有全球覆盖的优势，可为地面互联网无法覆盖到的区域，如偏远地区，以及航海、航空等领域提供服务，能够拓展当前互联网的应用场景及适用范围。目前，卫星互联网的代表性产业应用领域有气象、环保、海洋、无人机等。

14.1　气象领域产业应用

卫星数据和产品被广泛应用于海洋、农业、林业、环保、水利、交通、航空、电力等行业，产生了良好的经济效益和社会效益，实现了高精度长期稳定观测，提升了气象防灾减灾的应急响应能力、应对气候变化的响应能力，提高了气象预报预测准确率，保障经济社会可持续发展。

14.1.1　产业场景

在传统地面通信技术难以覆盖的区域实时获取气象预警信息，可有效降低气象灾害带来的经济损失和人员伤亡，极大提升我国气象预报的时效性。

利用"北斗"系统的反射信号进行气象测量，不受时间、空间限制，可大幅提升气象预警的精确性。

卫星互联网可以用于海洋气象观测（海风、海浪等探测工作），具有成本低廉、污染较少、功耗较低等优势，能够帮助科研工作者高效、实时、精确地获取大量重要的海洋气象数据。

14.1.2　产业需求

目前，我国气象数据传输方式主要包括以下三种。

（1）以移动通信技术为基础：在投入成本和能耗方面具有优势，但通信基站的覆盖范围有限，难以保证通信的全覆盖性。

（2）以卫星通信为基础的 VSAT 卫星通信站：可保证通信的覆盖性，但对投入成本、能耗方面的依赖性非常强，不具备在野外快速建设的可操作性。

（3）以短波电台为基础：操作简单方便，但不具备全天候、全地域传输的可能性。

综上所述，我国现有的气象数据传输的通信方式，均不能保证将气象灾害信息及时、全面、准确地传输给特定区域，而卫星互联网可以弥补以上不足[1]。

14.1.3 产业应用

在国家安全及市场需求的推动下，随着卫星互联网与地面系统的深度融合，气象产业将呈现更为多样的趋势。进一步，卫星互联网技术将在高铁、渔业、电力、林业、减灾等的气象方面广泛使用。

1. 卫星互联网在农业中的气象应用

根据气候条件的地区差异进行农业气候区划分，是一件重要却难度较大的工作。一些难以布置气象检测设备的地区或没有布置气象检测设备的地区，气象观测资料的缺失会影响到高质量农业气候区划的制定，进而会影响农业生产的科学合理布局。

应用卫星遥感资料，可以获得常规观测难以获得的气象资料，就更容易研制出科学合理的农业气候区划，有利于农业生产的健康发展，在农作物生长监控、防治农田病虫害、灾害性天气预报和防灾减灾、农作物产量预报、农作物和森林防火等诸多方面对发挥积极作用。例如，在防灾减灾方面，卫星云图既可以帮助预报员做出准确的短期天气预报，也可以帮助预报员做出准确的灾害性天气短时临近预报。准确的气象预报可为农业生产、防灾减灾工作做出积极的贡献。当灾害发生时，通过对卫星遥感资料反演分析，还可以测算出受灾地区的受灾程度和受灾面积等灾情信息，这对防灾减灾会起到非常重要的作用。

2. 卫星互联网在民航气象领域的应用

中国"北斗"系统为民航气象领域的气象观测提供了高精度的测风定位服

务，所谓测风定位，就是给出风向等相关测试的最准确位置。测风定位的准确性直接影响到测量结果的准确性，因此在整个气象领域占据着重要的数据地位，也直接影响到整个气象测试的科学性，进一步影响到人们所接受到的信息的准确性。

借助"北斗"系统，可以增强民航气象领域的应急能力，气象专家可以通过气象测量数据预测未来几天的气候变化，以此为人们提供准确的气象信息和出行信息，也为民航路线、出行等提供重要气象信息参考。面对一些紧急的天气状况，如雷电、暴风等突发情况，"北斗"系统能够第一时间给出实时信息，方便相关技术人员尽快做出应急方案，将科技和人力结合，最大限度地保障人身安全[2]。

利用"北斗"卫星定位系统可在很大程度上提升 GPS 定位的准确性，这是民航气象领域中较为重要的必备信息，可通过 GPS 定位保证民航的安全飞行和降落。"北斗"卫星定位系统的其中一项基础功能就是 GPS 定位功能，与原来的 GPS 定位技术相比较，"北斗"卫星定位系统是突破性的应用，而更加准确的 GPS 定位功能就意味着更高的安全性。

与中国时钟严格同步是"北斗"卫星定位系统特点之一[3]。很多意外的发生都离不开时间差，避开这个时间差能够节省出很多的时间和空间，"北斗"卫星系统与中国时钟的严格同步是避开这个时间差的重要途径，这是中国自身技术发展给中国带来的优越性。

14.2　环保领域产业应用

构建全天时、全天候、全尺度、全谱段、全要素的卫星遥感观测网络体系，可形成高时间分辨率、高空间分辨率、高光谱分辨率、高辐射分辨率、高监测精度的生态环境遥感服务能力，逐步开展大气、地表水、土壤、海洋、温室气体等领域全球生态环境遥感监测。

14.2.1　产业场景

卫星遥感技术作为一门实用、先进的空间探测技术，可以用来监测生态环境的变化。卫星遥感器根据地面物体不同的光谱响应特征，从空中识别地面上生态环境状况及动态变化，从而识别地面生态环境的变化。我国在卫星遥感业务产业化应用等方面已经处于国际领先地位。

14.2.2　产业需求

面向生态环境监测的技术需求，根据生态环境监测网络系统建设要求，在现有污染源自动监测、环境在线监测设备的基础上，合理布点，扩充监测类别和种类，形成覆盖水、气、声、渣、辐射全方位的智慧环保监测网络。

14.2.3　产业应用

构建全行业领域的卫星遥感观测网络体系，逐步开展大气、地表水、土壤、海洋、温室气体等领域全球生态环境遥感监测。

1. 边远自然保护区的保护

中国的西藏、青海、新疆、云南等省份有许多自然保护区，这些保护区地处偏远，气候恶劣，无道路通行，缺少固定和移动互联网资源。卫星互联网可以保证人口稀少的边远自然保护区享有同样的卫星网络服务，极大地改善和促进生态环境保护和环境检测条件，减轻自然保护区工作人员的工作负担和工作难度。

例如，位于可可西里腹地的卓乃湖，海拔约为 5 000 m，气候寒冷，风大地湿，最低气温达-41°C，8 级以上大风日数达 200 天/年，距离青藏公路 180 km，是可可西里保护区中距离公路最远的保护站。该地严酷的自然条件、恶劣的通信状况限制了生态环境保护、环境监测等工作的有效开展。尽管卓乃湖核心保护区通过卫星通信固定站接入了卫星互联网，基本上解决了保护站的通信问题，但对于监测盗猎、盗采，紧急事件处理等工作，卫星互联网时延过高。在盗猎、盗采情况下，卫星互联网采集图片证据回传慢，工作人员无法立即向管理部门进行汇报；保环境监测、基因采集、地质勘探等科考工作需要高速稳定的网络来传输数据，卫星互联网难以有效支持；驻站、巡山工作中发生危险时，与外界联系的延迟有可能耽误救援，难以及时保障人员生命安全。未来低轨道通信卫星网络的使用将解决以上问题，极大地方便保护站的工作。

2. 生态环境监测

传统水体污染监测主要依靠人工现场实地测量，采样点的数量和监测的频

率有限，遥感卫星技术可以很好地解决这些难题。可实现对生态环境的快速、动态、全局性监测，定期、定量对水体治理效果进行监控评价。为了实现这一应用，首先要同步开展地面统一调查，建立受污染水体和水质较好水体的天地统一光谱特征库，该数据库建立后可开展水体识别和诊断工作，如果能再与城市管网、水厂联动，则将形成一套成熟的智慧水务平台。

14.3　海洋领域产业应用

地球表面积的 70% 是海洋，随着人类开发海洋的脚步越来越快，人类在海洋上的活动越来越频繁，如军事活动、石油勘探、远洋捕鱼、游轮航行等。为了方便在海洋上的作业，对海上通信提出了要求，卫星互联网提供的通信服务渐渐进入人们的视野。

14.3.1　产业场景

海洋海事是卫星的主要应用领域之一。没有地面网络、无线通信网络，卫星通信是船员或船只与岸基进行数据通信的唯一手段。卫星互联网通信系统在海洋海事领域通过构建基于卫星通信的窄带物联网、M2M 系统，为海洋船舶、浮标、岸基之间提供基于短数据的采集、交互、AIS 服务，从而保障船员、船只安全，完成渔业捕捞、燃油监控、海洋环境信息实时采集等工作。

14.3.2　产业需求

海洋中埋藏着丰富的资源，面对日益匮乏的陆地资源，开发海洋资源显得格外重要和急迫。对于在海洋上进行运输、作业、军事巡航的船只或休闲娱乐的游轮都需要互联网，因为互联网不仅能为常年在海上的人们提供互联网娱乐，提高生活质量，令他们实时与外界取得联系，而且能在危急时刻使他们得到及时的救援。

14.3.3　产业应用

在海洋应用领域，卫星互联网目前主要应用于船只跟踪、浮标监测和跟踪、卫星 AIS 船舶定位、渔船海上通信等[4]。

1. 船只跟踪

卫星互联网系统的船只跟踪应用体现在引导救援行动、监控发动机状态和连续船只性能数据监测三方面。

（1）引导救援行动：快速识别紧急情况，通过紧急按钮指导救援行动；发送天气和安全预警；确保船只航线符合船舶远程识别和跟踪服务条例。

（2）监控发动机状态，降低船只燃油成本：主要通过对燃油传感器、发动机性能实时监控，优化后给出控制策略。

（3）连续船只性能数据监测，确保所有船只高效率工作：通过船载 IT 系统，实现渔情报告。

2. 浮标监测和跟踪

卫星互联网系统的浮标监测跟踪应用体现在跟踪鱼类聚集位置来优化捕鱼操作，通过定位浮标位置发送环境数据，浮标远程监控三方面；通过异常的浮标报告来标志异常事件，通过远程指令控制浮标远程监控系统，改变数据上报频率或控制传感器开关。

3. 卫星 AIS 船舶定位

通过卫星 AIS 船舶定位系统发送船只的身份、位置和其他关键数据，用于协助船只航行，改善海上安全环境和跟踪船舶、管理船队，实现加强海洋监视、反海盗袭击、提高搜救效率、支持渔业和环境监测等。

4. 渔船海上通信

当渔民出海捕鱼时，在离开陆地一段距离后与外界联系只能通过卫星电话，而卫星电话存在着资费贵、稳定性不高的缺陷。利用卫星互联网系统不仅可以满足渔民的海上网络通信需求，而且渔民还可以打电话、上网、传输图片和文件。渔民在海上可实时和家人、朋友打电话报平安，第一时间将捕鱼的图片、小视频传给岸上的客户，了解市场报价、市场需求，优选买家。根据农业农村部统计，我国渔船总量为 94 万余艘，如果每艘都通过卫星电话与外界联系，将会产生巨大的费用；如果使用低轨道卫星互联网，不仅费用可以大大降低，而且可以随时随地地打电话、上网、传输图片和文件，届时海上渔船因上网而产生的网络费用也将非常巨大，该领域将拥有广阔的市场。

14.4 无人机领域产业应用

经过多年发展，无人机技术日益成熟，产品性能逐步完善，加上便于携带、持续工作能力强、不受专用跑道起降影响、天气条件限制少、空域管制影响小等优势，近几年无人机应用范围逐渐扩大，成为卫星互联网的重要应用之一。军用领域的无人机主要分为侦察机和靶机，民用领域的无人机使用范围更加广泛，无人机结合行业背景在诸多领域得到应用。

14.4.1 产业场景

当前无人机在民用领域的很多需求已渐渐成为刚需，主要包括工业领域、环保领域和应急领域。

（1）工业领域应用：包括电力架线和巡检、太阳能板巡查等。

（2）环保领域应用：包括环境监测、环境执法、环境治理。

（3）应急领域应用：针对突发事件进行处理，包括农业、交通、物流、新闻报道、影视拍摄、自拍等[5]。

14.4.2 产业需求

无人机与卫星互联网的结合，补充了固定和移动网络的缺陷，但卫星互联网的高时延及资源相对紧张的问题需要改善，低轨道卫星使用及行业发展将会满足产业需求。

14.4.3 产业应用

随着技术的沉淀，无人机已经显现出其巨大的生产力。无人机应用领域日渐广泛，扩展到农业、应急救援、消防、能源、测绘与城市管理等多个垂直领域。

1. 无人机电力工业领域应用

根据普华永道相关报告，世界范围内电力领域的无人机市场的潜在规模为

94.6 亿美元，无人机可用于电力生产装置的监测维护，通过无人机实时回传视频或高分辨率图像，既可以寻找问题，也可以对影响因素进行分析。

2．无人机应急领域应用

针对突发事件在空间、时间和规模等方面的不确定性，信息采集手段的有效性存在不足。使用无人机可以弥补应急反应速度、环境特殊性等方面的问题。

比如，针对地震、火灾、山体滑坡等灾后应急救援应用场景，无人机动作迅速，可通过航拍为救灾重点区域的确认、安全救援路线的选择、救灾力量的合理分配、灾后重建选址等提供有效参考，同时可以对受灾地区的地貌环境等实施监测，防止次生灾害发生。

3．无人机高速公路信息化应用

无人机高速公路信息化应用场景主要有日常路况监控、交通管制及应急事件中的现场监控、指挥和协助救援。日常路况监控可以通过无人机的巡航模式将固定路段的视频信息发送给道路指挥中心。交通管制时，无人机可对车辆进行长距离、长时间的实时定位，引导执法人员进行拦截处置。应急处置指在交通事故、火灾及气象因素等造成的长时间影响下，无人机能够第一时间将现场视频传输给道路指挥和调度中心，同时无人机可以搭载喊话器、警报器等不同模块，先于执法人员到达核心地带，实现现场交通的指挥疏通。另外，无人机可以避开交通堵塞和人群，投送急需物资和医疗器具等，甚至转移事故受伤人员。

4．无人机环保领域应用

无人机不受空间与地形限制，具有机动性好、巡查范围广等优点。环保工作人员可以利用无人机的机载图像数据采集功能，对特定区域进行整体监测，实时采集高污染源数据，并开展管控措施。

无人机在环保领域的应用，根据场景大致可分为以下三种类型。

（1）环境监测：观测空气、土壤、植被和水质状况，实时快速跟踪和监测突发环境污染事件。

（2）环境执法：环境监管部门利用搭载了环境监测设备的无人机在特定区域巡航，实时监测企业的废气与废水排放，寻找污染源。

（3）环境治理：利用携带催化剂和环境探测设备的无人机，通过在空中喷撒，在一定区域内消除雾霾。

5. 无人机农业植保领域应用

对于农作物病虫害防治，无人机喷洒农药具有高效、环保、节约等特点，可解决地形复杂、广袤辽阔等问题。

（1）高效、安全：无人机操作简单，易学习，人工成本低，更高效；可减少人与农药等化学药剂接触的潜在风险。

（2）节约能源，更加环保：无人机设备精密、性能优良，操作灵活，低空作业时，可以利用机翼旋转使药液迅速雾化，从而使药液充分覆盖植物茎叶表面，喷洒更全面、均匀、精准。

（3）防治效果好：无人机不仅可提高劳动生产率，而且通过机翼螺旋结构助力，可使农药充分接触农作物，更好地预防和治理病虫害。

（4）节约成本：与传统喷药方式相比，无人机可以节约用药量、用水量，充分提高资源利用率。

另外，针对安防监测系统灵活性、实时性、应急性方面的技术需求，利用无人机系统，可分析监测数据，提供实时智能化处理方案，建立立体化安防应急监测系统。

无人机的应用场景远远不止以上这些，数字城市、城市规划、国土资源调查、土地调查执法、矿产资源开发、森林防火监测、防汛抗旱、环境监测、边防监控、军事侦察和警情消防监控等行业都可以与无人机技术深度融合，提高工作效率，减少工作成本。

14.5 公共安全领域产业应用

公共安全应急保障工作是国家安全、社会稳定的基石，世界主要国家都在大力支持公共安全与应急平台体系的建设。利用卫星互联网能够更好地保护公共安全。美国、英国、法国和日本等国的公共安全电子产业一直走在世界前列，其中，美国公共安全产业占全球产业的一半左右，已形成若干大型跨国企业，集工程安装、网络监控和运营服务为一体。

14.5.1　产业场景

中国在 20 世纪末开始重视城市应急联动系统建设，2000 年后在多个城市陆续建设应急联动中心，并建立联动系统。卫星互联网系统在公共安全应急保障工作中发挥着重要作用，包括应急通信、应急现场与安全区域的通信、安全区域内通信及遥感监测等。

14.5.2　产业需求

应站在国家战略的高度来规划、建设全国应急卫星互联网通信系统，满足民用救灾信息通信需求，建立一个统一、高效的应急卫星互联网系统。深入开展应急卫星互联网通信技术需求论证和研究，加强技术体系建设和顶层设计能力；建立统一的应急卫星互联网通信技术标准规范，统一相关技术体制及信息格式，实现资源共享及互联互通互操作；应急卫星互联网通信与其他地面通信系统必须协调发展，并且能融为一体；开展关键基础设施应急能力研究，建立基于基础通信设施的公共应急体系，最大限度地利用现有的基础通信资源；加强突发事件现场通信网络的恢复能力建设；大力支持高轨道卫星通信系统，直升机、无人机机载卫星互联网通信系统建设。

14.5.3　产业应用

卫星互联网系统在公共安全应急保障工作中发挥着重要作用，主要包括公安遥感监测、应急通信系统与防灾减灾、灾害医疗救援等方面。

1．公安遥感监测

建立公安遥感监测平台，实现重要地区遥感监测，发现毒品源和制毒工厂。公安遥感监测系统主要包括遥感处理子系统、安全子系统、信息交换子系统、数据管理子系统和多源跨警种信息协同分析子系统。

2．应急通信系统

当我国局部地区遭受到严重自然灾害或发生重大突发事件时，这能够快速部署、及时建立卫星互联网通信系统，以保障在地面通信系统严重受损情况下的信息畅通，满足国家应急体系的通信需求。

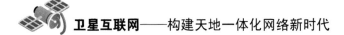

3．防灾减灾系统

利用地面导航、通信，天基无人机遥感系统，空基导航定位、遥感、通信卫星，建设天空地一体化的防灾减灾监测系统；同时利用地面通信网络、卫星互联网通信网络进行救灾信息的实时传输，实现灾情快速调查，为国家防灾减灾提供全面的技术支撑。

4．遥感减灾系统

建立遥感减灾数据处理服务平台，实现数据处理，灾害预警、监测与评估信息服务运行管理，并实现对灾情研判、灾害预警预报、灾情评估和减灾应用产品检验与评价等减灾应用的流程管理，以及减灾业务的观测需求管理、任务调度管理，数据库设计建设与动态定制，数据资源智能管理，以及运行信息可视化功能。

5．灾害医疗救援卫星服务

综合应用卫星通信技术、"北斗"卫星导航技术、云计算技术，构建重大灾害医学救援卫星综合应用信息服务平台，可为重大灾害医学救援提供救援方案辅助制定服务、现场医疗救治服务和医疗资源应急指挥调度服务。通过卫星应用技术，可提供医疗资源位置服务，快速建立通信链路，辅助医学救援决策和现场救治。

14.6 本章小结

卫星互联网覆盖不受地形的限制，能够覆盖极地地区（南、北极）、陆地网络覆盖盲区（沙漠、山区、偏远村落等特殊地区）、海洋（远海船舶、深海油气平台、海洋气象传感网络等）、高空（飞机、热气球、高空无人机等）、灾害（地震、海啸、龙卷风、战争等）区域等，可在这些区域内开展传统地面互联网无法开展的业务应用。本章介绍了卫星互联网在气象、环保、海洋、无人机、公共安全领域的产业应用情况，未来随着卫星成本降低及物联网应用的推广，将产生更多应用。

本章参考文献

[1] 温莉. "北斗" 卫星系统在民航气象领域中的应用展望[J]. 数字通信世界，2019(12)：200-201.

[2] 张军，周亮，张诗怡. 卫星在海洋互联网中的应用研究[J]. 电脑知识与技术，2019，15(18)：42-44.

[3] 王静巧，车航宇，史小金，等. 高低轨遥感卫星联合监测火灾模式分析[J]. 航天器工程，2019，28(6)：101-105.

[4] 孙惠. 无人机在应急领域的应用与前景[J]. 科学与财富，2020(11).

[5] 任神河，梁家玮，刘英.探究无人机在农业喷药领域的应用[J]. 农村实用技术，2020(1)：61-62.

第 15 章　卫星互联网冷思考

卫星互联网不会取代地面互联网，可以认为地面互联网是卫星互联网重要的组成部分。虽然卫星互联网具有鲜明的时代特征，有重要的产业应用价值，但是卫星互联网技术存在不确定性，国内卫星互联网产业市场整体尚处于萌芽阶段，规模较小。本章主要从行业、技术、安全等方面对卫星互联网技术及产业应用进行深度思考。

15.1　卫星互联网产业需求不明确

卫星互联网属于重资产建设，前期研发投资巨大、后期回收期长，因此当前卫星互联网建设作为国家战略资源和基础设施，基本是国家投资、国家使用，并不具备盈利的特性。另外，卫星互联网处在技术井喷阶段，新技术迭代快，卫星发射后很快就可能面临淘汰。以上原因制约了卫星互联网技术的快速发展[1]。

卫星互联网产业需求存在不确定性，卫星互联网市场拓展，形成大众化的消费和普及化应用所需时间较长。卫星互联网的多样化业务和海、空及边远地区客户的实际需求存在较大偏差，业务需求的用户规模和数据规模有待深入调研，这些制约了卫星互联网的产业化进程。卫星的商业服务包括卫星研制服务、卫星测运控服务、卫星数据服务。最终卫星服务要对接到终端用户（国土、应急、农林草、保险、金融等行业）。商业服务是需要及时性、性价比、整体解决方案的，而终端用户对商业卫星能够提供的服务还是存疑的。

15.2 对过境国外低轨道卫星缺乏有效监管

国际电信联盟《无线电规则》中规定，除了卫星广播业务，任何国家建设的卫星网络都可以覆盖全球，也就意味着境外卫星网络可以覆盖我国领土。鉴于卫星覆盖范围广、通信距离远，我国无法对终端用户通过境外卫星、地球站、通信链路等组成的卫星互联网进行有效监管。当具有观测功能载荷的境外卫星在我国境内开展相关卫星互联网业务时，我国重要基础设施的相关信息就会被泄露，而且由于无法监管，会造成发现滞后、难以溯源等，给国家安全和社会安全带来新的威胁[2]。

卫星互联网主要涉及静止轨道的高轨道卫星系统和非静止轨道的中、低轨道卫星系统，工作频率一般为 Ku、Ka 频段。卫星终端具有数量多、体积小、质量轻、可移动、易隐蔽等特点，而我国现有卫星监测技术无法实时对新型卫星终端进行监测定位，一旦境外组织利用这些卫星信号对我国电网、供水网络和运输系统等关键基础设施加干扰或欺骗，就会造成灾难性的后果；另外也可借由故障来改变卫星轨道，控制其撞向我方卫星和空间站。

15.3 太空网络安全面临巨大挑战

卫星互联网是当前发展的热点，大量的中低轨道卫星被发射到太空。据联合国外太空事务办公室统计，SpaceX、OneWeb、Telesat 和 Kuiper 计划未来数年内将发射 46 100 颗卫星，到 2029 年将会有 57 000 颗卫星发射到不同地球轨道上，10 倍于过去 60 年内发射的卫星数量[2]。

传统卫星包括基础设施、设备、研发、集成、人工、发射等巨大成本，小型卫星成为发展方向。卫星互联网厂商间竞争越发激烈，尤其是小型卫星制造商，都逐步使用软件定义功能等技术来实现在轨重新编程，以降低卫星本身的成本。如果要确保每个组件的安全性，网络安全的成本可能超过卫星本身的成本，因此卫星互联网的安全保障较为薄弱。同时，卫星零部件众多，设备链条长，在接收器、网络和地面系统等环节都可能存在漏洞和设计缺陷，用户很容易通过不安全的卫星互联网使用业务，这具有较高被黑客入侵的风险。360 的太空安全实验室的卫星轨道监测、太空监测两大平台已曝光了多个危及太空安全的卫星漏洞。

15.4　卫星互联网产业缺乏有效卫星载荷设备

卫星互联网各项业务的开展需要匹配高性能中央处理器和图形处理器设备。由于太空环境复杂，现有地面技术成熟、性能稳定的设备无法在太空环境下进行部署。高性能数据计算与信息处理功能要求星载计算机的处理器计算能力达 5 TB，光口数不少于 4 路 10 Gbps，切换时间不长于 90 ms。而当前微型卫星的计算与存储能力都非常有限，只能完成初步的数据处理和存储[3]。

卫星载荷设备研发还处于一个探索的过程，因此距开展类似互联网的业务还有很长的路要走。另外，太空环境拓扑结构不断变化，也增加了管理难度。

15.5　卫星维护成本较高，太空垃圾不断产生

卫星处于太空环境，出现故障后难以得到有效维护。太空维护包括对卫星、航天器、航天设备的回收、维修、更换等。当在地面无法进行远程维护、排查故障时，就需要通过具备长时间空间停留的载人航天器将航天维修人员送入太空，这就会产生巨大的经济成本[4]。

高轨道卫星的设计寿命一般可达 8～10 年，低轨道卫星设计寿命一般为 2～5 年。卫星互联网所涉及的卫星基本属于低轨道卫星，因此寿命较短，加上维修成本巨大，出现故障时，一般就会直接丢弃而形成轨道碎片，即太空垃圾[5]。2018 年，美国国防部与美国航天局建立的太空监视网公开了在太空的 19 000 多个轨道物体，其中只有 2 000 多个是在轨卫星，剩下的都是轨道碎片。这些轨道碎片可能会导致严重碰撞，这会威胁太空安全，甚至威胁地面居住地和设施安全，造成巨大人员和经济损失。

本章参考文献

[1] 李力，戴阳利．"新基建"背景下卫星互联网发展的机遇和风险[J]．卫星应用，2020（8）：
38-42．

[2]　沈永言. 新基建和产业互联网背景下的卫星互联网应用[J]. 卫星与网络，2020(5): 50-54.

[3]　赛迪智库. 跨国卫星网擅自在我境内开展业务的风险[EB/OL]. 2019. https://www. hulanedu.net.cn/tech/1532362.html.

[4]　虎符智库. 深度分析：卫星互联网的安全风险[EB/OL]. 2020. https://ishare.ifeng.com/ c/s/7wItyGh25ap.

[5]　杨丹，刘江，张然，等. 基于 SDN 的卫星通信网络：现状、机遇与挑战[J]. 天地一体化信息网络，2020，1(2): 34-41.